高职高专"十五"规划教材

GAOZHI
GAOZHUAN
SHIWU
GUIHUA JIAOCAI

机械工程控制基础

主 编 蒋 丽
编 写 李 岩 殷洪军
郭永刚 王仲民
主 审 杜太行

中国电力出版社
http://jc.cepp.com.cn

内 容 提 要

本书着重讨论了经典控制理论中线性连续系统的基本概念、基本原理和基本方法。内容包括：控制系统的组成，性能指标；控制系统的数学模型；控制系统的时域分析法；根轨迹分析法；频率特性分析法；控制系统的校正；以及现代控制理论的基本概念，基本理论的初步介绍。附录中提供了使用MATLAB语言编制的计算机仿真实验程序，以新的实验方法和实验手段配合本课程的教学实验环节。本书不仅适用于高等工科院校机械类以及其他非电类专业的学生学习，同时也可作为成人教育和继续教育的教材。

图书在版编目（CIP）数据

机械工程控制基础/蒋丽主编. —北京：中国电力出版社，2005.8（2018.6重印）
高职高专"十五"规划教材
ISBN 978-7-5083-3020-4

Ⅰ.机... Ⅱ.蒋... Ⅲ.机械工程-控制系统-高等学校：技术学校-教材 Ⅳ.TH

中国版本图书馆CIP数据核字（2005）第004973号

中国电力出版社出版、发行
（北京市东城区北京站西街19号 100005 http://jc.cepp.com.cn）
三河市百盛印装有限公司印刷
各地新华书店经售
*
2005年3月第一版 2018年6月北京第五次印刷
787毫米×1092毫米 16开本 13.25印张 305千字
定价 **36.00** 元

序

随着新世纪的到来，我国进入全面建设小康社会、加快推进社会主义现代化的新的发展阶段。新世纪新阶段的新任务，对我国高等职业教育提出了新要求。我国加入世界贸易组织和经济全球化迅速发展的新形势，也要求高等职业教育必须开创新局面。

高职高专教材建设是高等职业教育的重要组成部分，是一项极具重要意义的基础性工作，对高等职业教育培养目标的实现起着举足轻重的作用。为贯彻落实《国务院关于大力推进职业教育改革与发展的决定》精神，进一步推动高等职业教育的发展，加强高职高专教材建设，根据教育部关于通过多层次的教材建设，逐步建立起多学科、多类型、多层次、多品种系列配套的教材体系的精神，中国电力教育协会会同中国高等职业技术教育研究会和中国电力出版社，组织有关专家对高职高专“十五”教材规划工作进行研究，在广泛征求各方面意见的基础上，制订了反映电力及相关行业特点、体现高等职业教育特色的高职高专“十五”教材规划。同时，为适应电力体制改革和电力高等职业教育发展的需要，中国电力教育协会筹备组建全国电力高等职业教育教材建设指导委员会，以便更好地推动新世纪电力高职高专教材的研究、规划与开发。

高职高专“十五”规划教材紧紧围绕培养高等技术应用性专门人才开展编写工作。基础课程教材注重体现以应用为目的，以必需、够用为度，以讲清概念、强化应用为教学重点；专业课程教材着重加强针对性和实用性。同时，“十五”规划教材不仅注重内容和体系的改革，还注重方法和手段的改革，以满足科技发展和生产实际的需求。此外，高职高专“十五”规划教材还着力推动高等职业教育人才培养模式改革，促进高等职业教育协调发展。相信通过我们的不断努力，一批内容新、体系新、方法新、手段新，在内容质量上和出版质量上有突破的高水平高职高专教材，很快就能陆续推出，力争尽快形成一纲多本、优化配套，适用于不同地区、不同学校、特色鲜明的高职高专教育教材体系。

在高职高专“十五”教材规划的组织实施过程中，得到了教育部、国家电力公司、中国电力企业联合会、中国高等职业技术教育研究会、中国电力出版社、有关院校和广大教师的大力支持，在此一并表示衷心的感谢。

教材建设是一项长期而艰巨的任务，不可能一蹴而就，需要不断完善。因此，在教材的使用过程中，请大家随时提出宝贵的意见和建议，以便今后修订或增补。（联系方式：100005　北京市东城区北京站西街19号507室　中国电力教育协会教材建设办公室　010-63412378）

中国电力教育协会

前　言

在机电一体化技术迅猛发展的进程中，自动控制技术发挥着越来越重要的作用。对于机械类和其他非电类专业的高等院校学生来说，学习掌握自动控制技术的基本概念、基本原理和基本方法并应用于工程实践，有助于学生提高辩证思维能力、分析问题和解决问题的能力。

本书立足于“高职、高专”的人才培养目标——技术应用型人才的培养，着重于基础知识及应用能力的培养，压缩了数理论证和推导，力求合理组织教材内容，适应专科教学。

本书着重讨论了经典控制理论中线性连续系统的基本概念、基本原理和基本方法。内容包括：控制系统的组成，性能指标；控制系统的数学模型；控制系统的时域分析法；根轨迹分析法；频率特性分析法；控制系统的校正；以及现代控制理论的基本概念，基本理论的初步介绍。本书对数学基础拉普拉斯变换及其应用作了简要介绍，以满足不同需要。附录中提供了使用 MATLAB 语言编制的计算机仿真实验程序，以新的实验方法和实验手段配合本课程的教学实验环节。

本书不仅适用于高等工科院校机械类以及其他非电类专业的学生学习，同时也可作为成人教育和继续教育的教材。

本书由天津工程师范学院蒋丽任主编，河北工业大学博士生导师杜太行教授任主审。全书包括 9 个部分，其中第 1、2 章和附录 A 由蒋丽编写，第 3 章由天津工业大学李岩编写，第 5 章由天津工业大学殷洪军编写，第 6 章由核工业理化工程研究院郭永刚编写，第 4、7 章由天津工程师范学院王仲民编写，附录 B 由天津工程师范学院李丽霞编写，全书由蒋丽定稿。

限于作者水平，在编写过程中如有不当之处，敬请读者批评指正。

作　者

2004 年 5 月

目　录

第1章

概　　述

机械制造业是重要的基础工业，是国民经济发展的先导部门。现代制造已进入到机械电子、计算机和自动控制等技术有机结合的机电一体化阶段。制造业要与机电一体化的发展进程相适应，必面临许多新的课题，需要更广泛而深入地引入控制理论，应用工程控制的基础知识加以研究、分析，努力揭示其本质，以更有效地控制或改善其性能。

机械工程控制基础主要阐述的是自动控制技术的原理和方法，并应用它们来研究和解决工程技术领域中有关的实际问题。自动控制原理的研究对象是自动控制系统。本章首先介绍自动控制与自动控制系统的基本概念以及自动控制理论的发展概况。

1.1　自动控制和自动控制系统

在科学技术飞速发展的今天，无论是在宇宙飞船、导弹制导的尖端技术领域，还是在机器制造业、工业过程控制中，以及人们的日常生活中，自动控制技术所起的作用越来越重要。例如，日常生活中恒温工作室的室内温度不受室外温度高低的影响而基本保持不变；载人电梯为保证乘梯人的安全平稳，无论人多人少都应按预定的规律进行升速、匀速及降速的平稳运行。而室内温度的基本恒定和电梯运行速度的按规律变化都是应用了自动控制原理进行自动调节的结果；实现调温或调速控制的所有环节则构成了相应的自动控制系统。

1.1.1　自动控制

所谓自动控制，是指在没有人的直接参与下，通过控制装置来操纵机器设备或工艺过程，使被控制的物理量保持恒定，或者按照希望的规律变化，达到控制的目的。

在自动控制系统中，被控制的机器设备或工艺过程称为受控对象；被控制的物理量称为被控量或系统的输出量；决定被控量的物理量或希望的规律（希望值）称为控制量或系统的给定量；影响被控量达到希望值的所有因素称为扰动，按其来源分为内部扰动和外部扰动；给定量和扰动都是系统的输入量。

自动控制的任务就是尽量克服扰动的影响，使系统按照给定量所预定的规律运行，即维持系统输出量与给定量之间的对应关系。

1.1.2　自动控制系统的基本控制方式

自动控制系统的形式是多种多样的，某一个具体系统所应采取的控制手段要根据其用途和目的而定。控制系统中最基本的控制方式，是按其结构来分的开环控制和闭环控制两种控制方式。

一、开环控制

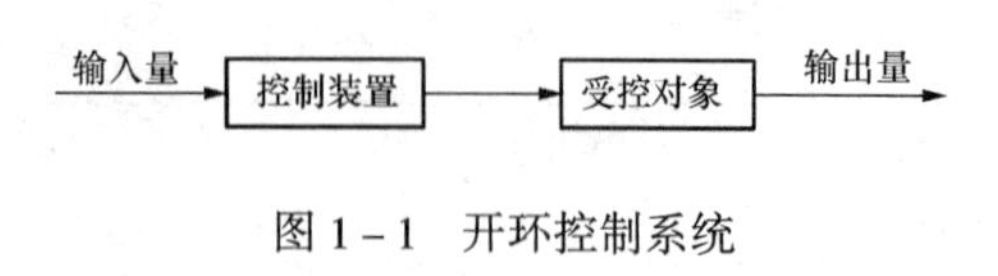

图 1-1　开环控制系统

开环控制是最简单的一种控制方式，见图 1-1。它的特点是，控制系统的控制量与被控量之间只有前向通路（从输入端到输出端的单方向通路），而无反向通路。也就是说，系统中只有输入量对输出量产生控制作用，而输出量不参与系统的控制，控制作用的传递路径不是闭合的。开环控制方式按照输入信号的不同，又可分为按给定控制和按扰动补偿控制两种形式。

1. 按给定控制

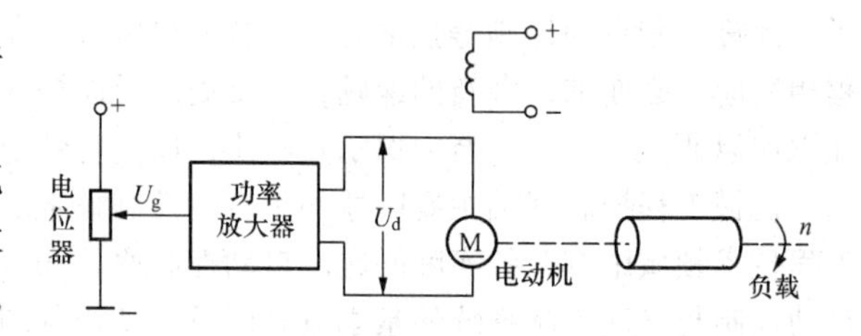

图 1-2　电动机转速控制系统

图 1-2 是一个简单的按给定进行控制的电动机转速控制系统。系统中，受控对象为电动机，是电枢控制的直流电动机，控制装置为电位器、功率放大器，为电动机提供所需要的电枢电压。当调节电位器滑臂位置，即改变给定电压 U_g 时，也就是改变了功率放大器的输入电压，功率放大器的输出电压即电动机电枢电压 U_d 也随之改变，最终改变了电动机的转速。

上面所述的电动机转速的控制过程，可用方框图来表示，见图 1-3。

在这里简要介绍一下方框图。

把组成一个系统的各个部分都用一个方框来表示，并注上代表该部分的相应文字或代号，然后根据各组成部分之间的信息传递关系，用有向线段把各个方框依次连接起来，并注明各方框之间相应的信息，就得到了整个系统的方框图。

方框图是人们应用控制理论“信息传递”的重要观点，由控制系统原理图抽象而来的，是我们进行自控系统性能分析的最常用的手段。有了表明系统各部分及其连接的整个系统的方框图，就可以通过对各部分的功能进行分析而取得各部分的数学模型，从而得到整个系统的数学模型以便进行深入的定性、定量分析。所以方框图在自控系统性能分析过程中是不可缺少的。

从图 1-3 方框图可以很清晰地看到图 1-2 所示的电动机转速控制系统的控制作用施加的单一性（控制作用仅由系统的输入量决定）和控制作用传递的单向性（控制信息的传递是由输入端沿箭头传向输出端，控制作用路径不是闭合的），因而该系统是典型的开环控制方式。

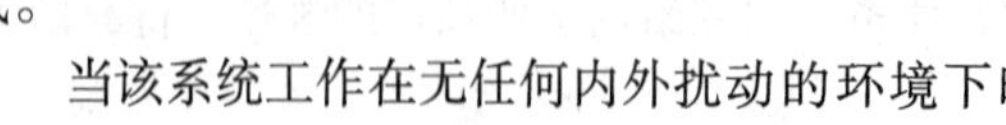

当该系统工作在无任何内外扰动的环境下时，系统既简单又能实现一一对应的控制目的，即对应一已知的给定量，有一个确定的系统输出量。但我们知道该转速控制系统在实际的工作环境中进行转速控制时，各种扰

滑臂位置 → 电位器 → U_g → 功率放大器 → U_d → 电动机 → n

图 1-3　电动机转速控制系统方框图

动对系统的影响是随时存在的，只不过或大或小。当控制系统的给定量维持恒定，系统由于受到电网电压的波动，或负载的变化等扰动量的影响，就会引起输出量 n 的变化，而偏离原来的希望输出量。由于该系统的单向控制性，偏差不能反馈回来影响控制量，所以系统的抗干扰能力差。当干扰信号引起的偏差过大时，系统不能满足控制精度的要求。另外，组成该开环转速控制系统的所有元件的性能好坏也都会直接影响系统的控制精度的高低。

开环控制结构简单、调整方便、成本低、不会振荡，系统总能稳定工作，但抗扰动能力差，在一些控制精度要求不高、扰动作用不大的场合，仍有较广泛的应用。如日常生活中所使用的普通的洗衣机、普通电烤箱、交通红绿灯及工业上使用的简易数控机床等。

2. 按扰动控制

为克服开环控制抗扰能力差的缺点，提高控制精度，在一些扰动可以预计、可以检测出的场合，可进行按扰动的补偿控制。其工作原理是，根据测得的扰动量的大小，对系统产生一种适当的补偿和修正，以减小或抵消扰动对输出量的影响。这种控制方式也称为顺馈控制。

图 1－4　按扰动控制电动机转速控制系统

前面的转速开环控制系统，负载的变化是可预计到的，也是可以测出来的。因此，可采取如下的补偿措施，见图 1－4。

该系统在运行时，当 U_g 一定时，系统的转速会由于负载的增大而降低，此时，为了克服负载的增大，电枢回路的电流将上升，测出由于负载变化而引起的电流的变化，按电流的变化大小来对系统施加一个附加的控制作用，补偿由于负载增加而引起的转速下降。因而称该控制方式为按扰动补偿控制。上述控制过程用方框图 1－5 表示。

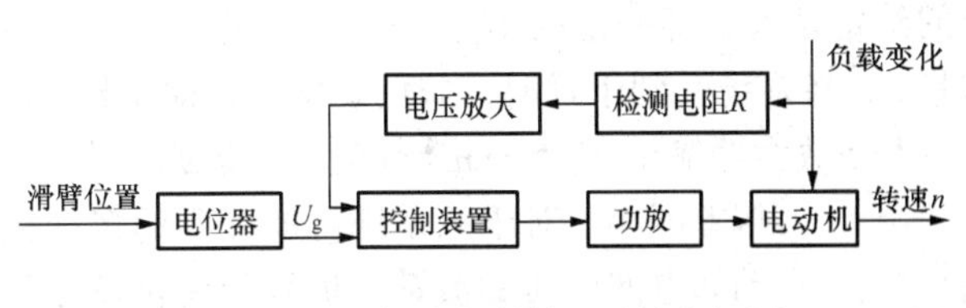

图 1－5　按扰动控制转速系统方框图

由图 1－5 可看出控制作用的传递过程：该系统的输入量与扰动共同作用，使系统的输出量基本不受扰动的影响。可以看到，系统信号传递的方向仍然是单向的，输出量仍不能参与系统的控制，所以该系统仍属于开环控制。扰动补偿的抗扰性能较好，控制精度也较高，但它只能补偿可预计、可测得的扰动，对未知扰动则无能为力。

二、闭环控制

图 1－6 是闭环控制系统的典型方框图。

闭环控制系统不仅有一条从输入端→输出端的前向通路，还有一条从输出端→输入端的反馈通路；参与系统控制的不只是系统的输入量，还有输出量，控制作用的传递路径是闭合

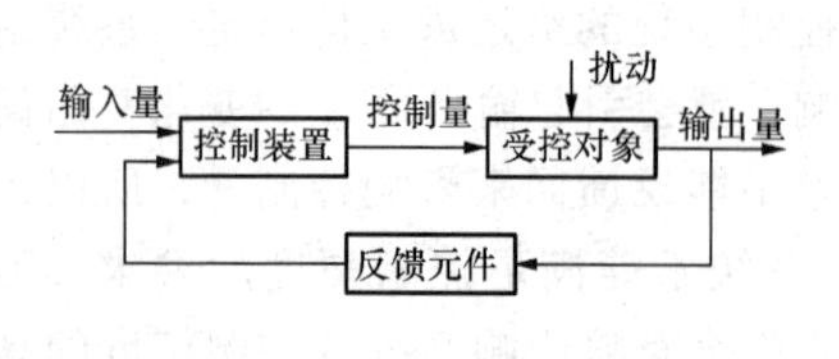

图 1-6　闭环控制系统

的，因而称为闭环控制。

系统对受控对象的控制作用不再是只由输入量决定，而是由输入量与反映实际输出的反馈量综合以后的偏差量来决定的。反馈的作用是减小偏差、克服扰动，因而，闭环控制又称为反馈控制或按偏差控制。

所谓反馈，就是将系统的输出量通过一定的检测元件变送返回到系统的输入端，并和系统的输入量作比较的过程。输入量与反馈量相减则称该反馈为负反馈，称输入量与反馈量之差为偏差信号；输入量与反馈量相加则称该反馈为正反馈。控制系统一般采用负反馈工作方式，因为只有负反馈才能减小偏差量，使系统最终能稳定工作。

要说明的是，根据自控理论"信息传递"观点，图 1-6 方框图中输出量的引出不反映能量分流与否，只表明信号的传递路径。

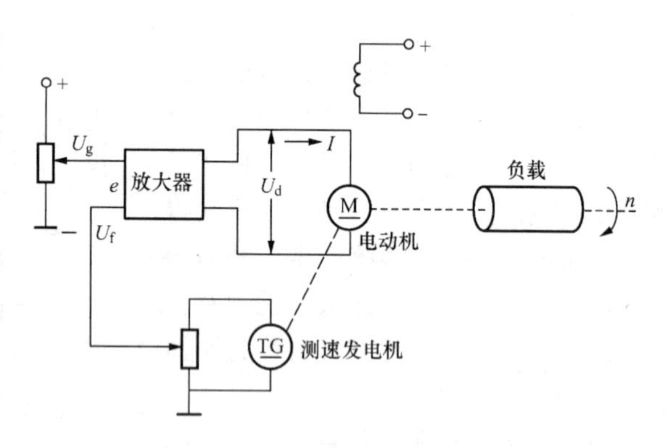

图 1-7　直流电动机闭环调速系统

图 1-7 所示为采用转速负反馈的直流电动机闭环调速系统。该系统是在前面所述的按给定控制的开环调速系统的基础上增加一测速负反馈回路来检测输出量 n，并给出与 n 成正比的负反馈电压，去与给定电压信号作比较，以比较后所得到的偏差信号 $e=U_g-U_f$ 控制转速 n。把上述原理图用方框图表示，见图 1-8。

该闭环系统对应于一个电位器滑臂的给定位置，即一定的 U_g；一个确定的测速反馈回路，即对应有一个输出转速值 n 和偏差量 e。当系统受到干扰时，如负载增大，即 $I\uparrow\rightarrow$转速 $n\downarrow\rightarrow$测速反馈回路的 $U_f\downarrow\rightarrow$偏差量 $e\uparrow\rightarrow$放大器输出 $U_d\uparrow\rightarrow n\uparrow$恢复或接近原状态$\rightarrow n$偏差减小。对于该系统可能受到的多种扰动如电网电压的波动、负载的变化及除测量装置以外的系统其他部分的元件参数的变化等可预见的、不可预见的扰动，最终都将导致输出量的变化，通过闭环反馈作用，将通过偏差量的变化来对闭环系统进行调整控制，以使系统的输出量 n 基本维持恒定。

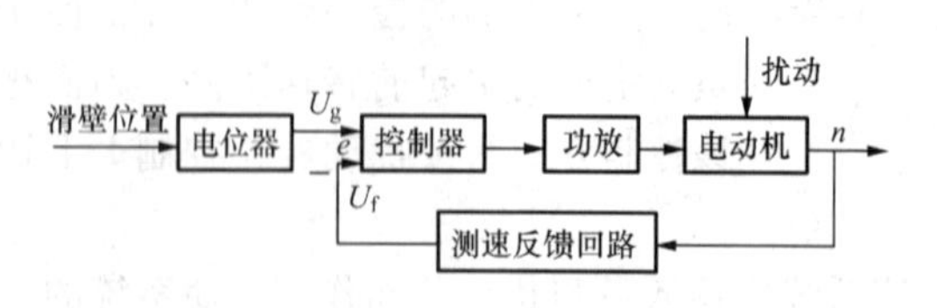

图 1-8　直流电动机闭环调速系统方框图

从上述闭环系统的调节过程可以看出，闭环控制系统能同时抵制多种扰动的影响，且对系统本身的元件参数也不敏感，因而有较高的控制精度和较强的抗扰能力，在对控制精度有较高要求的场合得到了广泛的应用。就目前得到广泛应用的数控机床的控制来说，在其各进给轴和主轴的伺服控制中，就采用了多个闭环反馈控制对位置信号、速度信号等被控量进行自动调节，以使数控机床的加工精度满足设计要求。但闭环控制系统元件相对开环要多，成本高，功率大，调试工作量也较大。闭环控制系统若设计调试不当，易产生振荡甚至不能正常工作。自控原理讨论的主要是闭环控制系统。本书主要分析讨论如何使负反馈闭环控制系统能在稳定工作的前提下有满足实际需求的系统性能指标。

另外，还可采取复合控制，以达到更高的精度和快速性。

前面分析了在闭环控制中，无论何种干扰出现都要最终反映到输出量发生变化，再经反馈调整，使输出恢复或接近原状态。但在如航空航天、军事武器等高精度控制系统中，不允许输出有较大的波动，即使是系统的输出量最终调整恢复至原状态，这个控制过程在精度和快速性上也不能满足要求。利用开环控制系统的按扰动补偿控制，对一些可预计、可测量且影响严重的扰动进行补偿控制，一旦扰动出现时，未等扰动使输出量变化，已经将扰动测出并施加了补偿，快速克服了扰动的影响。所以在要求更高的场合，可采用闭环控制加按扰动补偿控制的复合控制方式。

1.2　控制系统的组成和基本环节

在以反馈控制为最基本的控制方式之一的形形色色的自控系统中，概括起来一般都以如下基本环节组成：

(1) 被控对象　自控系统需要进行控制的机器设备或生产过程。被控对象内要求实现自动控制的物理量称为被控量或系统的输出量。如前面所述转速控制系统中的电动机即为被控对象，电动机的转速即为系统的输出量。闭环控制系统的任务就是控制系统的输出量的变化规律以满足生产实际的要求。

(2) 给定环节　是设定被控制量的参考输入或给定值的环节，可以是电位器等模拟装置，也可以是计算机等高精度数字给定装置。

(3) 检测装置　又称传感器，用于检测受控对象的输出量，并将其转换为与给定量相同的物理量。例如用测速发电机回路检测电动机的转速并将其转换为相应的电信号作为反馈量送到控制器。检测装置的精度直接影响控制系统的控制精度，是构成自动控制系统的关键元件。

(4) 比较环节　将所检测到的被控量的反馈量与给定值进行代数运算，从而确定偏差信号，起信号的综合作用。该环节通常用符号“$\otimes$”表示，其综合作用符号 $\xrightarrow{1}\otimes\xrightarrow{3}$（$-$(+)$\uparrow$2）中，箭头代表信息的作用方向，符号还表明 1 量与 2 量进行代数相减(−)或相加(+)后得到偏差量 3。

(5) 放大环节　将微弱的偏差信号进行电压放大和功率放大。

(6) 执行机构　根据放大后的偏差信号直接对被控对象执行控制作用，使被控量达到所要求的数值。

(7) 校正环节　参数或结构便于调整的附加装置，用以改善系统的性能。有串联校正和并联校正等形式。

上述各环节构成图 1－9 的典型的闭环控制系统，它们各司其职，共同完成闭环控制任务。各环节信号传递是有方向的，总是前一环节影响后一环节。

在闭环控制系统中，系统输出量的反馈称为主反馈。为改善系统中某些环节的特性而在部分环节之间附加的中间量的反馈称为局部反馈。

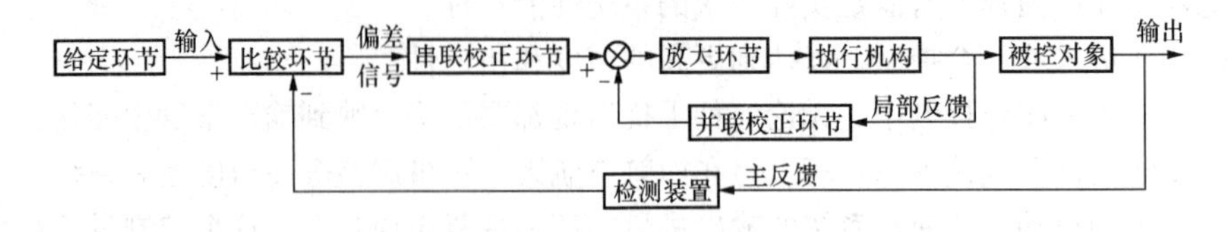

图 1-9　典型闭环控制系统方框图

1.3　控制系统的分类及基本要求

1.3.1　自动控制系统的分类

自动控制系统分类的方法很多，按照不同的分类方法可以把系统分成不同的类型。实际系统为了全面反映自动控制系统的特点，可能是几种方式的组合应用。

前面介绍的开环控制与闭环控制，是从控制信息传递路径上划分的。其他几种主要分类方式分别为

（1）按系统输出量与输入量之间的关系，系统可分为线性系统和非线性系统。

系统都是由元器件构成的。如果组成系统的所有元器件均为线性元器件（即其输入/输出特性曲线为直线），则该系统为线性系统；如果组成系统的元器件中有一个为非线性元器件，则该系统为非线性系统。

对线性系统，我们就可以利用叠加原理的齐次性和叠加性方便地对系统进行分析。

所谓叠加性即为：当几个输入信号同时作用在系统上时，产生的总输出量等于各个输入信号单独作用时系统的输出量之和。齐次性即为：当系统的输入量增大或缩小多少倍时，系统的输出量也增大或缩小相同的倍数。

线性系统的数学模型为线性微分方程（对连续系统而言）或差分方程（对离散系统而言），方程中的各项系数都是不随方程变量的变化而改变的。

线性系统中，如果系统微分方程的系数既不随变量变化，也不随时间变化，为一常数，则该类系统为线性定常系统，系统的输出响应与施加输入的时间无关，只要输入信号一致，所得响应就必然一致；如果系统微分方程的系数是时间的函数，则该类系统为线性时常系统，不同时刻对系统施加相同的输入，所得到的响应将不同，系统的分析较复杂。线性定常系统的分析、讨论是我们阐述的重点。

（2）按系统中信号对时间的关系，系统可分为连续系统和离散系统。

如果系统各部分的信号都是时间的连续函数，也即都为模拟量，则这种系统称为连续系统。如果系统的一处或几处的信号为时间的离散函数，如为脉冲序列或数码信号，则这种系统称为离散系统。通常，对于离散信号取脉冲形式的离散系统，又称为脉冲控制系统；对于

离散信号以数码形式传递的离散系统，又称为采样数字控制系统。由于当前计算机产业的快速发展，采样数字控制系统的应用越来越广泛，大有取代传统的模拟量闭环控制系统的趋势。

(3) 按输入量的变化规律，系统可分为恒值系统、程序控制系统和随动系统。

如果系统的给定量是一恒定值，如恒温、恒速、恒压等自动控制系统，系统的控制任务就是克服扰动，使系统的输出量也维持恒定，这类系统称为恒值系统，是生产中应用最多的闭环控制系统。

如果系统的给定量是按一定的时间函数变化的，同时也要求被控量按同样的规律变化，则这类系统称为程序控制系统，如数控机床的伺服运动控制等。

如果系统的给定量是按照事先未知的时间函数变化，并要求被控量准确、快速地跟随给定量变化，则这类系统称为随动系统，如数控机床仿形刀架随动系统、火炮自动跟踪系统等。

自动控制系统除了上述几种分类方法外，还可分为：单变量（单输入单输出）系统和多变量（多输入多输出）系统；机械系统、液压系统、气动系统及综合控制系统等。

本书的讨论着重以单变量、连续的线性定常系统为例，阐明自动控制系统的基本原理。

1.3.2　对自动控制系统的基本要求

不同组成、不同目的的各类自动控制系统的共同要求就是希望被控量始终能与给定值保持一致。但是，由于系统中各组成部分惯性（如机械惯性、电磁惯性、热惯性等）的存在、能源功率的限制等因素的影响，系统中的各种变量值（如加速度、速度、位置、电压、温度等）难以瞬时变化。所以，当系统给定发生变化时，被控量不能立即突变等于给定值，而需要经历一段时间的过渡过程，即动态过程。

由于系统中控制装置以及各种功能部件的特征参数的匹配各不相同，系统所表现出来的动态过程的快速性和达到新稳态时的准确性等性能差异很大，当系统的各个参数分配不当时，系统甚至不能稳定工作。因此工程上对自动控制系统提出了关于系统的稳定性、快速性和准确性三个方面的基本要求。

1. 稳定性

所谓稳定性是指系统受到外加信号（给定值或扰动）作用而偏离相对稳定的平衡状态后，系统动态过程的振荡倾向和重新恢复平衡的能力。我们把被控量处于相对稳定的平衡状态称为静态或稳态。

当系统在被施加新的给定或受到扰动后，如果经过一段时间的动态过程，由于反馈的作用，通过系统内部的自动调节，被控量随时间收敛而最终可达到一新的平衡状态或恢复至原来的平衡状态，则系统是稳定的，见图1-10；如果被控量是发散的而失去平衡，则系统是不稳定的，见图1-11。

稳定是系统正常运行的前提，不稳定的系统无法正常工作，甚至会毁坏设备，造成损失。对稳定的系统来说，因工作目的不同，对其在动态过程中振荡的大小即动态平衡性也有不同的要求。

2. 快速性

快速性是指系统动态调整过程的长短，即系统受到外信号作用后，重新达到稳定值的快慢程度。系统动态平稳性和输出响应的快速性反映了系统动态过渡过程中的性能，故称为系统的动态品质或动态性能。

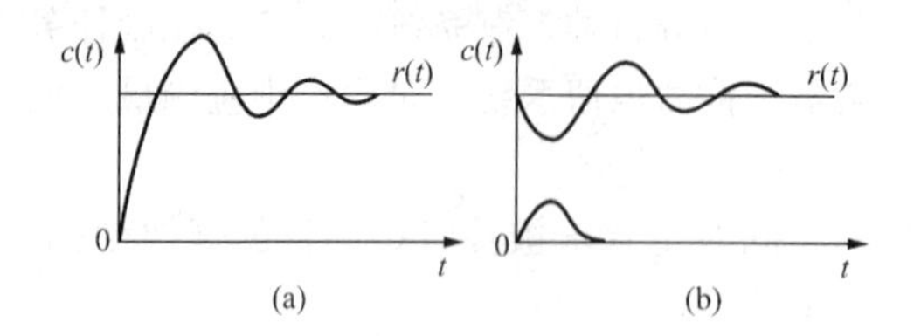

图 1－10 稳定系统的动态过程

(a) 施加新给定；(b) 受到扰动

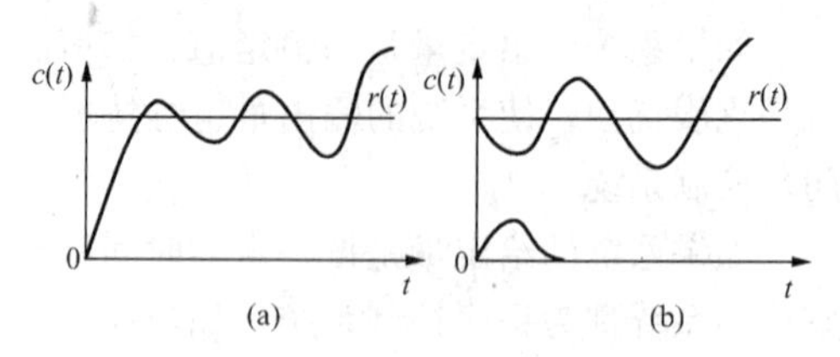

图 1－11 不稳定系统的动态过程

(a) 施加新给定；(b) 受到扰动

3. 准确性

准确性是指动态调整过程结束后实际输出值与希望输出值之间的偏差，即稳态精度，也可称为系统的稳态品质或稳态性能。

系统进入稳态后，输出响应能否准确跟踪给定，决定了系统是稳态误差为零的无差系统，还是存在稳态误差的有差系统，误差值有多大，能否满足控制的要求。

不同的系统对稳、快、准这三方面的要求各有侧重，如恒值系统对稳态精度的要求较严格，而随动系统对快速性要求较高。同一系统的稳、快、准这三方面的性能是相互制约的。改善稳定性，可能导致控制过程反应迟缓，精度降低；提高快速性，可能产生强烈振荡。

如何根据控制目的的不同，合理设定这三方面的性能指标，使它们有所侧重并能相互协调，正确分析和设计自动控制系统，以达到控制目标，是控制理论讨论的重要内容。

1.4 自动控制理论发展简述

自动控制理论来源于人们对生产实践的总结和理论领域的深入研究，又反过来作为工程技术设计和应用的理论依据。由于工业技术飞速发展的需要以及其它相关学科的发展促进，自动控制理论得以快速发展并且仍在无止境地延伸发展之中。

自动控制理论的一个最根本的思想就是反馈控制，人们利用负反馈控制进行的实践可以追溯到古代。我国古代人使用的弓箭、希腊人应用于水钟和油灯中的浮子调节器等就是负反馈原理的早期应用实例。1788 年瓦特发明了离心调速器对蒸汽机进行速度控制，被认为是工业上成功利用反馈原理构成自动控制系统的先例。麦克斯韦、维纳等人对反馈系统在理论上进行了不断深入的研究，自动控制理论在 20 世纪 40 年代形成了完整的以系统的传递函数作为数学模型，以时域法、频率法和根轨迹法为设计方法的经典控制理论，主要研究单输入、单输出的线性定常系统的分析和设计问题。

在 20 世纪 60 年代，由于空间技术发展的需要和计算机技术的日趋成熟，自动控制理论又逐渐发展形成了以状态空间法为基础的现代控制理论，主要研究多输入、多输出控制系统的最优控制问题。

从20世纪80年代起，自动控制理论又在向模仿人类智能活动的智能控制理论研究阶段发展。

从自动控制的发展历史可见，自动控制技术的应用促进了社会经济的发展，而客观社会的需要又给自动控制理论的发展赋以动力。

应当指出，现代控制理论并不能完全取代经典控制理论。经典控制理论是自动控制理论中最基本、最重要的内容，仍然是工程实践中采用最多的、有效的分析方法。本书着重介绍经典控制理论的基本内容，并对现代控制理论作了初步的介绍。

小 结

1. 自动控制系统的基本控制方式有开环控制和闭环控制两种。开环控制系统结构简单、稳定性好，但抗扰动能力差，控制精度较低。闭环控制系统具有反馈环节，抗扰能力强，控制精度高，但闭环系统的稳定性变差，甚至不能正常工作。

2. 系统的方框图直观地表明了系统的各部分及其连接，是进行自动控制系统性能分析的有力工具。

3. 自动控制系统通常由被控对象、给定环节、检测装置、比较环节、放大环节、执行机构和校正环节等部分组成。

4. 可将自动控制系统按照不同的分类方法进行归类。

5. 对自动控制系统要从稳定性、准确性和快速性三个方面进行综合考虑。

习 题

1－1 试列举开环与闭环控制系统的实例，画出系统的方框图并说明其工作原理。

1－2 自动控制系统主要是由哪些环节组成的？各组成环节都有些什么功能？

1－3 对自动控制系统的基本要求是什么？试举例说明。

1－4 如图1－12所示为一水位自动控制系统，试说明它的工作原理。

1－5 直流发电机电压控制系统如图1－13所示，图a为开环控制，图b为闭环控制。发电机电动势与原动机转速成正比，同时与励磁电流成正比。当负载变化时，由于发电机电

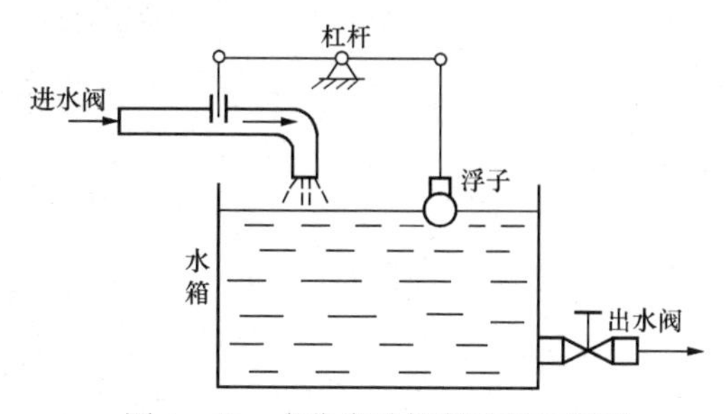

图1－12 水位自动控制系统原理图

枢内阻上电压降的变化，会引起输出电压的波动。

(1) 试说明开环控制的工作原理，并分析原动机转速的波动和负载的变化对发电机输出电压的影响。

(2) 试分析闭环控制的工作原理，并分析原动机转速的波动和负载的变化对发电机输出电压的影响。

(3) 对上述两种控制系统进行对比，说明负反馈的作用。

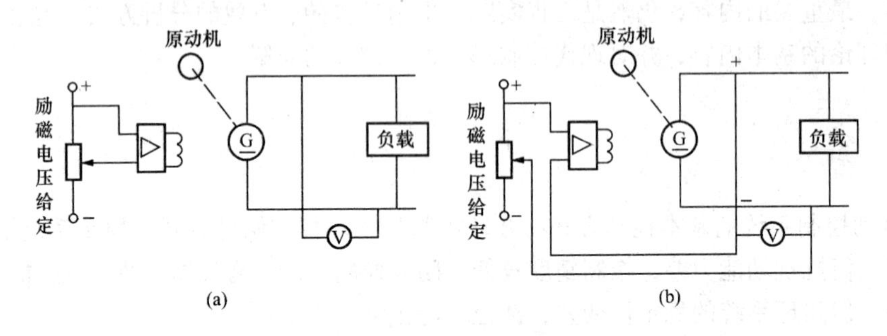

图 1－13 直流发电机电压控制系统

第 2 章

控制系统的数学模型

为了分析或设计一个控制系统，使其动态、静态性能都能满足控制要求，必须充分了解受控对象及系统内一切元件的动态、静态运动规律和特性，掌握系统输出和输入之间的关系。而建立实际系统的数学模型即可把系统在动态、静态过程中各物理量之间的关系用数学形式表达出来，进而可对系统进行理论研究和定量分析。系统的静态数学模型可以看成是动态数学模型的特例，所以我们以后所提到的系统的数学模型均为系统的动态数学模型。

建立控制系统的数学模型的基本方法有解析法和实验法。解析法就是根据系统各部分所依据的原理和定理列写相应的方程，通过数学推导得到系统的数学模型。实验法是利用系统输入输出的实验数据，通过分析和逼近得到系统的数学模型。解析法是建立数学模型的基本方法，是本章中着重叙述的方法，而实验法也是建立或者验证系统数学模型的一个重要手段。

能够描述控制系统的数学模型形式不止一种。当我们建立数学模型时所采用的数学工具不同，数学模型的表达形式就不同，如：微分方程、传递函数、动态结构图、频率特性以及状态空间表达式等。但这些数学模型之间有紧密的联系，各有特长及最适用的场合，并且可以互换，其中微分方程是数学模型的最基本的形式。

本章将介绍系统的微分方程、传递函数和动态结构图等数学模型，频率特性和状态空间表达式将在第 5 章和第 7 章中加以介绍。

2.1 控制系统的微分方程

系统的微分方程是在时域内描述系统的数学模型。通过对系统微分方程的求解，即可得到系统的输出随时间而变化的响应曲线，它具有明显的物理意义，可很直观地对系统性能进行评价。

列写一个控制系统的微分方程的一般步骤是：

(1) 根据控制任务的需要，确定系统的输入变量和输出变量。

(2) 从输入端开始，按照信号传递顺序，依据各环节所遵循的原理或定律，列写各变量的微分方程。

(3) 消去列方程时所取的中间变量，并对方程进行标准化整理：将与输入有关的各项放在等号右边，与输出有关的各项放在等号左边且方程两端分别按降幂排列。

下面举例说明系统微分方程的列写方法。

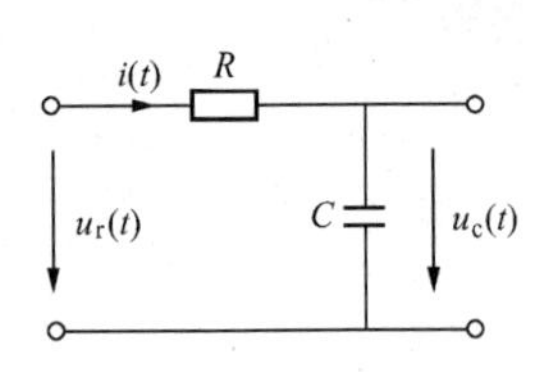

图 2－1 RC 网络

【例 2－1】 列写图 2－1 所示的一级 RC 网络的微分方程。给定输入电压 $u_r(t)$ 为系统的输入量，电容上的电压 $u_c(t)$ 为系统的输出量。

解 设回路电流为 $i(t)$，由电路理论可知

$$u_r(t) = i(t)R + u_c(t)$$

电容上的电压与电流的关系为 $i(t) = C\dfrac{du_c(t)}{dt}$

消去中间变量 $i(t)$，得

$$RC\frac{du_c(t)}{dt} + u_c(t) = u_r(t) \tag{2-1}$$

令 $T = RC$ 为电路时间常数，则可得一级 RC 网络的微分方程

$$T\frac{du_c(t)}{dt} + u_c(t) = u_r(t) \tag{2-2}$$

式（2－2）是一阶微分方程。

【例 2－2】 设弹簧、质量和阻尼器组成的机械位移系统如图 2－2 所示，试列出以外作用力 $F_i(t)$ 为输入，以质量单元的位移 $x(t)$ 为输出的运动微分方程。

解 根据牛顿第二定律可得

$$m\frac{d^2x(t)}{dt^2} = F_i(t) - F_f(t) - F_k(t) \tag{2-3}$$

其中，阻尼器黏滞阻力 $F_f(t)$ 与物体运动速度成正比，即

$$F_f(t) = f\frac{dx(t)}{dt}$$

弹簧的弹性阻力 $F_k(t)$ 与物体的位移成正比，即

$$F_k(t) = kx(t)$$

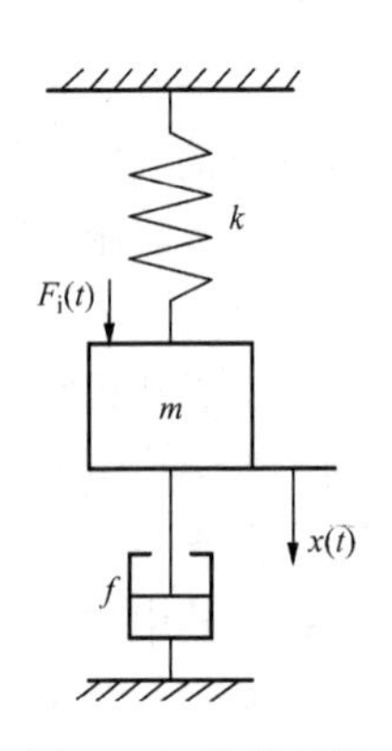

图 2－2 位移系统

k—弹性系数；

f—阻尼系数；

m—物体质量

代入式（2－3）中有

$$m\frac{d^2x(t)}{dt^2} = F_i(t) - f\frac{dx(t)}{dt} - kx(t)$$

整理后，得

$$m\frac{d^2x(t)}{dt^2} + f\frac{dx(t)}{dt} + kx(t) = F_i(t) \tag{2-4}$$

式（2－4）即为机械位移系统的运动微分方程描述，是二阶微分方程。

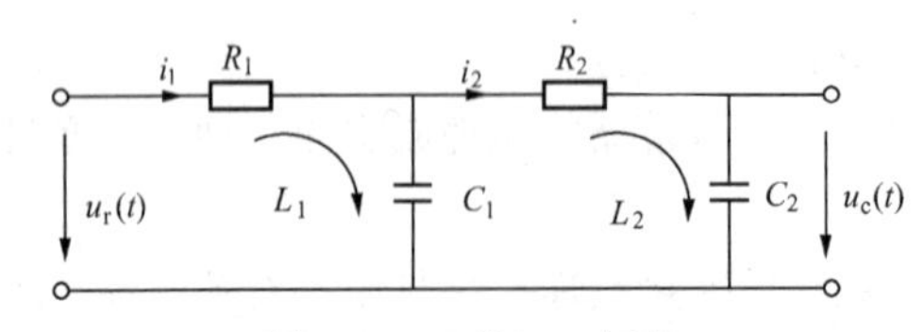

图 2－3 两级 RC 网络

【例 2－3】 列写图 2－3 所示两级 RC 网络组成的滤波电路的微分方程。给定输入电压 $u_r(t)$ 为系统的输入量，电容 C_2 上的电压 $u_c(t)$ 为系统的输出量。

解 由基尔霍夫电压定律，列写两回路的

电压方程：

回路 1 有
$$i_1R_1 + u_{c_1} = u_r \tag{2-5}$$

回路 2 有
$$i_2R_2 + u_c = u_{c_1} \tag{2-6}$$

电容 C_2 上流过的电流为 i_2

$$i_2 = C_2\frac{du_c}{dt} \tag{2-7}$$

电容 C_1 上流过的电流为（$i_1 - i_2$），

$$i_1 - i_2 = C_1\frac{du_{c_1}}{dt} \tag{2-8}$$

联立上述方程，消去中间变量。将式（2-7）代入式（2-8）得

$$i_1 = C_1\frac{du_{c_1}}{dt} + C_2\frac{du_c}{dt} \tag{2-9}$$

将式（2-7）、式（2-9）代入式（2-5）、式（2-6）得

$$R_1C_1\frac{du_{c_1}}{dt} + R_1C_2\frac{du_c}{dt} + u_{c_1} = u_r \tag{2-10}$$

$$R_2C_2\frac{du_c}{dt} + u_c = u_{c_1} \tag{2-11}$$

将式（2-11）代入式（2-10）得

$$R_1C_1R_2C_2\frac{d^2u_c}{dt^2} + R_1C_1\frac{du_c}{dt} + R_1C_2\frac{du_c}{dt} + R_2C_2\frac{du_c}{dt} + u_c = u_r$$

$$R_1C_1R_2C_2\frac{d^2u_c}{dt^2} + (R_1C_1 + R_1C_2 + R_2C_2)\frac{du_c}{dt} + u_c = u_r \tag{2-12}$$

设时间常数为 $T_1 = R_1C_1$，$T_2 = R_2C_2$，$T_{12} = R_1C_2$，方程可写为

$$T_1T_2\frac{d^2u_c}{dt^2} + (T_1 + T_{12} + T_2)\frac{du_c}{dt} + u_c = u_r \tag{2-13}$$

式（2-13）即为两级 RC 网络的二阶微分方程。若本例所示系统全部由线性元件构成时，则式（2-13）微分方程各阶导数的系数都是常系数且由各线性元件的值所决定，那么又称该方程为二阶常系数线性微分方程，方程所描述的系统则是二阶线性定常系统。

比较例 2-3 和例 2-2 可以看出，对于不同类型的环节或系统，有着不同的物理量纲，但其微分方程的形式却可能是相似的，使在实验室里进行实际复杂系统的仿真研究分析成为可能。但对于同一环节或系统，选择不同物理量作为输入、输出量，就会得到不同的微分方程作为数学模型，所以必须要根据控制任务的需要，正确选取系统或环节的输入、输出量。

再比较例 2-3 和例 2-1 可以看到，例 2-3 所示的两级 RC 网络组成的滤波电路就是两个例 2-1 所示的 RC 网络的串联，但由于第一级 RC 网络不再是开路，而是把第二级 RC 网络作为负载，因此产生了负载效应。所谓负载效应就是系统中后一部分的存在对前一部分的输出产生的影响。如果系统的两个部分、两个环节之间存在负载效应，在建立微分方程时必须综合加以考虑，否则就会出错。如在例 2-3 中，不能把两级 RC 网络看成是两个一级 RC

网络的简单串联，而是要按各回路进行综合分析，在所得结果式（2－13）中的 T_{12}（$\mathrm{d}u_c/\mathrm{d}t$）这一项就是负载效应的具体体现。若在两个串联网络之间，接入一个输入阻抗很大、输出阻抗很小的隔离放大器，则可忽略它们之间的负载效应。

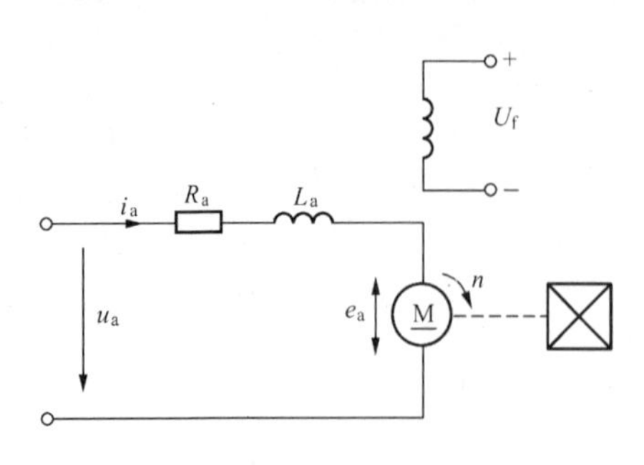

图 2－4　电枢控制直流电动机

【例 2－4】　试列写图 2－4 所示电枢控制直流电动机的微分方程，要求取电枢电压 u_a（V）为输入量，电动机转速 n（r/min）为输出量。图中 R_a（Ω）、L_a（H）分别是电枢电路的电阻和电感。励磁电压 U_f 为常值。

解　设电枢回路电流为 i_a（A），根据基尔霍夫定律可写出电枢回路电压平衡方程

$$u_a = R_a i_a + L_a \frac{\mathrm{d}i_a}{\mathrm{d}t} + e_a \tag{2-14}$$

式中 e_a（V）是电枢反电势，它的大小与励磁磁通及电动机转速 n 成正比，方向与 u_a 相反，则

$$e_a = C_e n$$

式中 C_e［V·（r/min）$^{-1}$］为电动机反电势常数。

将上式代入式（2－14）中，得

$$u_a = R_a i_a + L_a \frac{\mathrm{d}i_a}{\mathrm{d}t} + C_e n \tag{2-15}$$

电枢回路电流在恒定磁通作用下所产生的电机电磁转矩为

$$M = C_m i_a \tag{2-16}$$

式中 C_m（N·m/A）是电动机转矩常数。

当略去折合到电动机轴上的负载转矩和黏性摩擦转矩时，则由电磁转矩产生的机械转矩为

$$M = \frac{GD^2}{375} \frac{\mathrm{d}n}{\mathrm{d}t} \tag{2-17}$$

式中 GD^2（kg·m^2）是电动机的转动惯量。

由式（2－16）和式（2－17）可得

$$i_a = \frac{GD^2}{375 C_m} \frac{\mathrm{d}n}{\mathrm{d}t}$$

将上式代入式（2－15）中，可消去中间变量 i_a，经整理得

$$\frac{L_a}{R_a} \cdot \frac{GD^2}{375} \cdot \frac{R_a}{C_m C_e} \cdot \frac{\mathrm{d}^2 n}{\mathrm{d}t^2} + \frac{GD^2}{375} \cdot \frac{R_a}{C_m C_e} \cdot \frac{\mathrm{d}n}{\mathrm{d}t} + n(t) = \frac{u_a}{C_e}$$

令 $\frac{L_a}{R_a} = T_a$ 为电动机电磁时间常数，$\frac{GD^2}{375} \cdot \frac{R_a}{C_m C_e} = T_m$ 为电动机机电时间常数，则可得以 u_a 为输入量，n 为输出量的直流电动机微分方程为

$$T_a T_m \frac{\mathrm{d}^2 n}{\mathrm{d}t^2} + T_m \frac{\mathrm{d}n}{\mathrm{d}t} + n = \frac{u_a}{C_e} \tag{2-18}$$

读者可按照上述列写方法，自行推出电枢电压为输入量，以电动机输出角速度或输出角位移为输出量时电枢控制直流电动机的微分方程。

【例 2-5】　试列写图 2-5 所示闭环调速控制系统的微分方程。

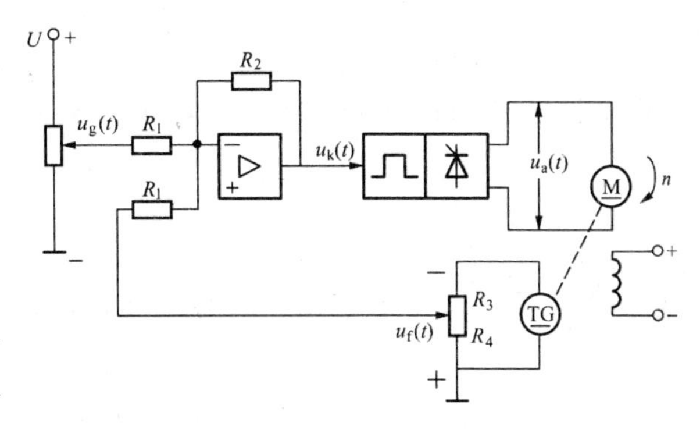

图 2-5　闭环调速控制系统

解　该系统的受控对象是电动机，系统的输入量为给定电压 $u_g(t)$，输出量为电动机转速 $n(t)$。系统可分为比较放大环节、功率放大环节、受控对象和检测反馈等四个环节，根据图 2-5 可画出系统的方框图，如图 2-6 所示。

现分别列写各组成环节的微分方程，然后消去中间变量，即可得到闭环系统关于输入量与输出量的微分方程。

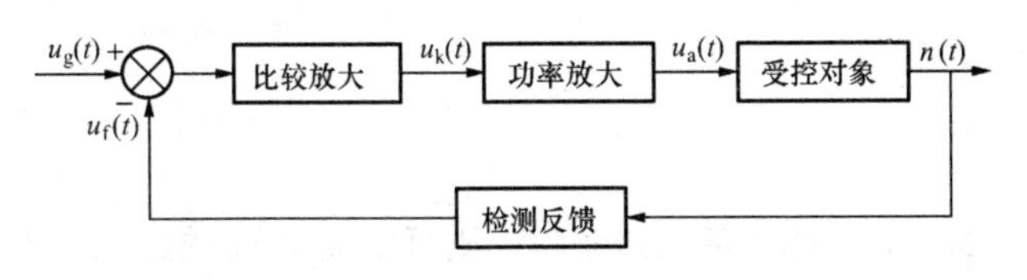

图 2-6　闭环调速系统方框图

(1) 比较放大环节由比例调节器组成，将给定电压 $u_g(t)$ 和反馈电压 $u_f(t)$ 同时比例放大而产生 $u_k(t)$，则

$$u_k(t) = K_1[u_g(t) - u_f(t)]$$

式中 $K_1 = R_2/R_1$ 是比例调节器的比例系数。这里为便于推导，暂不考虑其极性。

(2) 功率放大环节是由触发电路和晶闸管主回路所组成的晶闸管整流装置，若不考虑该装置的时间滞后和非线性因素时，输入量 $u_k(t)$ 与输出量 $u_a(t)$ 的关系为

$$u_a(t) = K_s u_k(t)$$

式中 K_s 为晶闸管整流装置的电压放大系数。

(3) 受控对象是直流电动机。由式 (2-18) 可知，电枢电压 $u_a(t)$ 与电动机转速 $n(t)$ 之间的关系为

$$T_a T_m \frac{d^2 n(t)}{dt^2} + T_m \frac{dn(t)}{dt} + n(t) = \frac{u_a(t)}{C_e}$$

不过，这里因负载效应问题，式中

$$T_a = \frac{L_\Sigma}{R_\Sigma}, T_m = \frac{GD^2}{375} \frac{R_\Sigma}{C_m C_e}$$

其中 L_Σ 为晶闸管整流装置的电感与电枢回路电感之和，R_Σ 为晶闸管整流装置等效电阻与电枢回路电阻之和。

前面几个环节中间连接的是运算放大器，其性能较好，负载效应可忽略不计。

(4) 检测反馈环节是测速发电机，输入量 $n(t)$ 与反馈输出量 $u_f(t)$ 的关系为

$$u_f(t) = K_f n(t)$$

式中 K_f 为测速发电机比例系数。

联立上述各环节微分方程，消去中间变量，经整理得

$$\frac{T_a T_m}{1+\frac{K_1 K_s K_f}{C_e}} \frac{d^2 n(t)}{dt^2} + \frac{T_m}{1+\frac{K_1 K_s K_f}{C_e}} \frac{dn(t)}{dt} + n(t) = \frac{u_g(t) K_1 K_s}{C_e\left(1+\frac{K_1 k_s K_f}{C_e}\right)}$$

令 $K = \frac{K_1 K_s K_f}{C_e}, K_g = K_1 K_s$，则可得闭环调速控制系统微分方程为

$$\frac{T_a T_m}{1+K} \frac{d^2 n(t)}{dt^2} + \frac{T_m}{1+K} \frac{dn(t)}{dt} + n(t) = \frac{K_g u_g(t)}{C_e(1+K)}$$

2.2 拉普拉斯变换及其应用

通过拉普拉斯变换（简称拉氏变换），可将微分方程变换为容易处理的代数方程，简化求解运算，因而拉氏变换是研究控制系统常用的数学方法。

本节仅对拉氏变换有关内容作简要介绍。

2.2.1 拉氏变换的定义

已知时域函数 $f(t)$，t 为实变量，如果满足相应的收敛条件，则可定义 $f(t)$ 的拉氏变换为

$$F(s) = \int_0^\infty f(t) e^{-st} dt \tag{2-19}$$

式中变量 s 为复变量，表示为 $s = \sigma + j\omega$。

变换后的函数 $F(s)$ 是复自变量 s 的函数，是一复变函数。称 $F(s)$ 为 $f(t)$ 的变换函数或象函数，$f(t)$ 为 $F(s)$ 的原函数。

拉氏变换还常记作 $L[f(t)]$，$L[f(t)] = F(s) = \int_0^\infty f(t) e^{-st} dt$

拉氏变换有其逆运算，称为拉氏反变换，表示为

$$L^{-1}[F(s)] = f(t) = \frac{1}{2\pi j}\int_{\sigma-j\infty}^{\sigma+j\infty} F(s) ds \tag{2-20}$$

一般很难直接通过积分求拉氏反变换，可通过部分分式法，将象函数分解成一些简单的有理式函数之和，查拉氏变换表得到原函数。

2.2.2 拉氏变换的性质及常用定理

1. 线性性质

拉氏变换也和一般线性函数一样满足齐次性和叠加性。

若 $$L[f_1(t)] = F_1(s), L[f_2(t)] = F_2(s)$$

则 $$L[a \cdot f_1(t) + b \cdot f_2(t)] = a \cdot F_1(s) + b \cdot F_2(s) \tag{2-21}$$

2. 微分定理

若　$L[f(t)] = F(s)$ 且 $f(t)$ 的各阶导数存在，则

$$L\left[\frac{\mathrm{d}}{\mathrm{d}t}f(t)\right] = sF(s) - f(0)$$

$$L\left[\frac{\mathrm{d}^2}{\mathrm{d}t^2}f(t)\right] = s^2F(s) - sf(0)f^1(0)$$

$$\vdots$$

$$L\left[\frac{\mathrm{d}^n}{\mathrm{d}t^n}f(t)\right] = s^nF(s) - \sum_{k=1}^{n} s^{n-k}f^{k-1}(0)$$

当所有的初值（各阶导数的初值）均为零时，即 $f(0) = f^1(0) = \cdots = f^{(n-1)}(0) = 0$，则

$$L\left[\frac{\mathrm{d}^n}{\mathrm{d}t^n}f(t)\right] = s^nF(s) \qquad (2-22)$$

3. 延迟定理（时滞定理）

若
$$L[f(t)] = F(s),$$
则
$$L[f(t-a)\cdot 1(t-a)] = \mathrm{e}^{-as}\cdot F(s) \quad (a \geqslant 0) \qquad (2-23)$$

该定理说明时间域实函数 $f(t)$ 在时间轴上向右平移一个迟延时间 a 后，相当于复域中 $F(s)$ 乘以 e^{-as} 的衰减因子。

4. 衰减定理

若
$$L[f(t)] = F(s),$$
则
$$L[\mathrm{e}^{-at}f(t)] = F(s+a) \qquad (2-24)$$

该定理说明 $f(t)$ 在时间域的指数衰减，相当于复域中 $F(s)$ 的坐标平移（左移）。

5. 终值定理

若　$L[f(t)] = F(s)$，且 $f(\infty)$ 存在，则

$$f(\infty) = \lim_{s\to 0} s\cdot F(s) \qquad (2-25)$$

即时域函数的终值也可由复域求得。

2.3 传递函数

直接求解控制系统的微分方程而获得输出的时间响应，是研究系统的一种时域方法。但是，当微分方程阶次很高时求解较麻烦；而且，当系统中的某个参数或结构形式发生改变时，就需要重新列写微分方程并求解，不便于分析系统参数、结构对系统性能的影响。

经典控制理论中常用的分析方法，是把以线性微分方程描述的系统时域动态数学模型，通过拉氏变换，转换为复域中的数学模型——传递函数。有了传递函数以后，可以进行传递函数之间的运算，再通过拉氏反变换而得到时域解，从而简化了运算工作；而工程实践中更为常用的是根据传递函数直接分析系统的动态性能、设计系统，这时系统各个参数、结构形式的变化对系统性能的影响非常直观。传递函数是经典控制理论最重要的动态数学模型，是分析线性定常系统的有力数学工具。

2.3.1 传递函数的定义和性质

一、传递函数的定义

线性定常系统的微分方程的一般表达式为

$$\begin{aligned} & a_0 \frac{d^n x_c(t)}{dt^n} + a_1 \frac{d^{n-1} x_c(t)}{dt^{n-1}} + \cdots + a_{n-1} \frac{d x_c(t)}{dt} + a_n x_c(t) \\ & = b_0 \frac{d^m x_r(t)}{dt^m} + b_1 \frac{d^{m-1} x_r(t)}{dt^{m-1}} + \cdots + b_{m-1} \frac{d x_r(t)}{dt} + b_m x_r(t) \end{aligned} \tag{2-26}$$

式中，$x_c(t)$ 为系统的输出量，$x_r(t)$ 为系统的输入量，方程的系数均为常数，取决于系统的结构和参数。

若系统处于零初始条件下，即输入量和输出量的函数及其各阶导数在 $t=0$ 时均为0，则根据拉氏变换的微分定理，式（2-26）的拉氏变换为

$$(a_0 s^n + a_1 s^{n-1} + \cdots + a_{n-1} s + a_n) X_c(s) = (b_0 s^m + b_1 s^{m-1} + \cdots + b_{m-1} s + b_m) X_r(s)$$

式中，$X_c(s) = L[x_c(t)], X_r(s) = L[x_r(t)]$。

那么输出量的拉氏变换为

$$X_c(s) = \frac{b_0 s^m + b_1 s^{m-1} + \cdots + b_{m-1} s + b_m}{a_0 s^n + a_1 s^{n-1} + \cdots + a_{n-1} s + a_n} X_r(s)$$

令

$$G(s) = \frac{b_0 s^m + b_1 s^{m-1} + \cdots + b_{m-1} s + b_m}{a_0 s^n + a_1 s^{n-1} + \cdots + a_{n-1} s + a_n} \tag{2-27}$$

则输出量的拉氏变换为 $G(s)$ 乘以输入量的拉氏变换，即

$$X_c(s) = G(s) X_r(s) \tag{2-28}$$

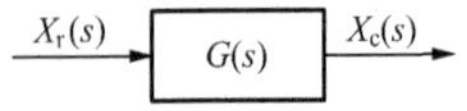

式（2-28）直观地表示出系统把输入量 $X_r(s)$ 转换为输出量 $X_c(s)$ 的传递关系，故把 $G(s)$ 称为传递函数。可用一单向性的函数方框来表示这种传递作用，如图2-7所示。框中为传递函数，表示输入量的箭头被施加于方框上，方框的另一端便得到了表示输出量的这一传递结果。

$X_r(s)$ → $G(s)$ → $X_c(s)$

图2-7 传递函数框图

这样，我们就容易地给出传递函数的定义：线性定常系统或环节的传递函数 $G(s)$，是在零值初始条件下，输出量 $x_c(t)$ 的拉氏变换 $X_c(s)$ 与输入量 $x_r(t)$ 的拉氏变换 $X_r(s)$ 之比，记为

$$G(s) = \frac{X_c(s)}{X_r(s)}$$

不难看出，列写出系统或环节的微分方程式后，只要把方程式中各阶导数用变量 s 的相应阶次幂取代，即可求得系统或环节的传递函数。

二、传递函数的性质

(1) 传递函数是由线性定常系统的微分方程通过拉氏变换求得的，只能用于描述线性定常系统。

(2) 传递函数是在零初始条件下定义的，它不能反映在非零初始条件下系统的运动情

况。

(3) 在单位脉冲函数的作用下，系统输出的拉氏变换就是该系统的传递函数。

(4) 传递函数是系统本身的固有特性，只取决于系统或元件的结构和参数，而与输入量的大小和形式无关。

(5) 传递函数只描述系统或环节的外部输入输出特性，而不能反映其内部所有信息。同一个物理系统，取不同的变量作为输入和输出时，得到的传递函数可能不同。

(6) 不同的物理系统可能有同样的传递函数，所以传递函数已抽象化，不能反映系统具体的物理结构和性质。

(7) 传递函数的分母多项式的阶次总是大于或等于分子多项式的阶次，即 $n \geqslant m$ 。这是因为实际物理系统中总是存在着惯性，而且能源又必定是有限的，故总有 $n \geqslant m$。分母多项式中 s 的最高阶数即代表系统的阶数。如分母多项式中 s 的最高阶次为 n ，则称该系统为 n 阶系统。

(8) 无论如何选取系统的输入量和输出量，同一系统的传递函数具有完全相同的分母多项式。分母多项式描述了系统的固有特性，可以充分表征系统的运动规律，故将式 (2-27) 传递函数的分母多项式

$$a_0 s^n + a_1 s^{n-1} + \cdots + a_{n-1} s + a_n$$

称为系统的特征多项式，将

$$a_0 s^n + a_1 s^{n-1} + \cdots + a_{n-1} s + a_n = 0$$

称为系统的特征方程式。

(9) 将式 (2-27) 的分子和分母分解因式，传递函数可写成如下形式：

$$G(s) = \frac{X_c(s)}{X_r(s)} = K_g \frac{(s - z_1)(s - z_2)\cdots(s - z_m)}{(s - p_1)(s - p_2)\cdots(s - p_n)}$$

式中 K_g 称为传递函数系数或根轨迹增益；分子多项式的根 z_1，z_2，…，z_m 称为传递函数的零点；分母多项式的根，即特征方程的根 p_1，p_2，…，p_n 称为传递函数的极点。零点和极点可以是实数或共轭复数。在后续章节中将介绍，根据零点和极点在复平面上的分布情况，可以方便地分析系统响应的动态性能。

三、控制系统传递函数的求取

对于简单的系统和环节，首先列写关于其输入量与输出量的微分方程式，求其在零初始条件下输出量与输入量的拉氏变换之比，即可求得系统或环节的传递函数。

对于复杂的系统和环节，可在考虑负载效应的前提下将其适当分解成各局部环节，求取各局部环节的传递函数，并根据本章下一节所介绍的动态结构图等效变换法则进行运算变换，即可求得系统或环节总的传递函数。

简单环节传递函数的求取步骤举例说明如下。

【例2-6】 RL电路如图2-8所示，求取以 $u(t)$ 为输入量，$i(t)$ 为输出量时电路的传递函数。

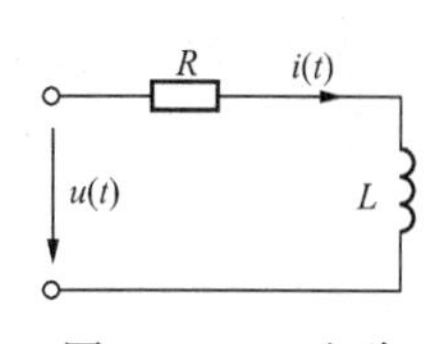

图2-8　RL电路

解　方法1：由电路定律得电路的微分方程

$$L\frac{\mathrm{d}i(t)}{\mathrm{d}t}+Ri(t)=u(t)$$

则零初始条件下的拉氏变换为

$$(Ls+R)I(s)=U(s)$$

电路的传递函数为

$$G(s)=\frac{I(s)}{U(s)}=\frac{1}{Ls+R}=\frac{\frac{1}{R}}{\frac{L}{R}s+1}=\frac{\frac{1}{R}}{T_{\mathrm{L}}s+1}$$

式中 $T_{\mathrm{L}}=L/R$ 为 RL 电路的时间常数。

方法 2：电网络的传递函数可以方便地利用线性元件的复数阻抗法来求取。构成电网络的三种基本线性元件：电阻 R、电容 C 和电感 L 的复数阻抗如下：

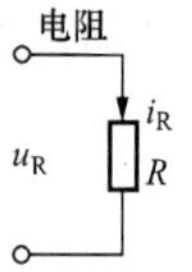

电阻

$$u_{\mathrm{R}}(t)=Ri_{\mathrm{R}}(t)$$

$$U_{\mathrm{R}}(s)=RI_{\mathrm{R}}(s)$$

$$Z_{\mathrm{R}}(s)=\frac{U_{\mathrm{R}}(s)}{I_{\mathrm{R}}(s)}=R$$

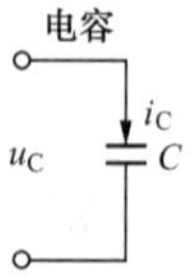

电容

$$u_C(t)=\frac{1}{C}\int i_C(t)\mathrm{d}t$$

$$U_C(s)=\frac{1}{Cs}I_C(s)$$

$$Z_C(s)=\frac{U_C(s)}{I_C(s)}=\frac{1}{Cs}$$

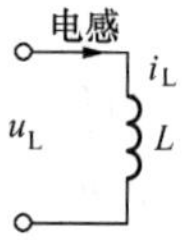

电感

$$u_{\mathrm{L}}(t)=L\frac{\mathrm{d}i_{\mathrm{L}}(t)}{\mathrm{d}t}$$

$$U_{\mathrm{L}}(s)=LsI_{\mathrm{L}}(s)$$

$$Z_{\mathrm{L}}(s)=\frac{U_{\mathrm{L}}(s)}{I_{\mathrm{L}}(s)}=Ls$$

图 2－8 所示 RL 电路采用复数阻抗法求传递函数，由电路定律有

$$U(s)=(Ls+R)I(s)$$

电路的传递函数为

$$G(s)=\frac{I(s)}{U(s)}=\frac{1}{Ls+R}=\frac{\frac{1}{R}}{\frac{L}{R}s+1}=\frac{\frac{1}{R}}{T_{\mathrm{L}}s+1}$$

【例 2－7】 求取图 2－4 所示电枢控制直流电动机的传递函数。

解 式（2－18）为以 $u_{\mathrm{a}}(t)$ 为输入量，$n(t)$ 为输出量的直流电动机微分方程

$$T_{\mathrm{a}}T_{\mathrm{m}}\frac{\mathrm{d}^2n(t)}{\mathrm{d}t^2}+T_{\mathrm{m}}\frac{\mathrm{d}n(t)}{\mathrm{d}t}+n(t)=\frac{u_{\mathrm{a}}(t)}{C_{\mathrm{e}}}$$

上式初始条件为零时的拉氏变换为

$$(T_aT_ms^2+T_ms+1)N(s)=U_a(s)/C_e$$

则其传递函数为

$$G(s)=\frac{N(s)}{U_a(s)}=\frac{1/C_e}{T_aT_ms^2+T_ms+1}$$

【例 2-8】　求取图 2-1 所示 RC 网络以 $u_r(t)$ 为输入量，$u_c(t)$ 为输出量时系统的传递函数。

解　式（2-1）为所示 RC 网络的微分方程

$$RC\frac{du_c(t)}{dt}+u_c(t)=u_r(t)$$

上式初始条件为零时的拉氏变换为

$$(RCs+1)U_c(s)=U_r(s)$$

则网络的传递函数为

$$G(s)=\frac{U_c(s)}{U_r(s)}=\frac{1}{RCs+1}=\frac{1}{T_Cs+1}$$

式中 $T_C=RC$，为 RC 网络的时间常数。

【例 2-9】　求取图 2-3 所示两级 RC 网络组成的滤波电路的传递函数。

解　下式为所示网路的微分方程

$$R_1C_1R_2C_2\frac{d^2u_c}{dt^2}+(R_1C_1+R_1C_2+R_2C_2)\frac{du_c}{dt}+u_c=u_r$$

上式初始条件为零时的拉氏变换为

$$[R_1C_1R_2C_2s^2+(R_1C_1+R_1C_2+R_2C_2)s+1]U_c(s)=U_r(s)$$

则网络的传递函数为

$$G(s)=\frac{U_c(s)}{U_r(s)}=\frac{1}{R_1C_1R_2C_2s^2+(R_1C_1+R_1C_2+R_2C_2)s+1}$$

$$=\frac{1}{T_1T_2s^2+(T_1+T_{12}+T_2)s+1}$$

式中 $T_1=R_1C_1$，$T_2=R_2C_2$，$T_{12}=R_1C_2$。

比较［例 2-9］和［例 2-8］可得，两级 RC 网络的传递函数并不等于两个一级 RC 网络传递函数相乘，即

$$\frac{1}{R_1C_1R_2C_2s^2+(R_1C_1+R_1C_2+R_2C_2)s+1}\neq\frac{1}{R_1C_1s+1}\cdot\frac{1}{R_2C_2s+1}$$

$$\frac{1}{R_1C_1R_2C_2s^2+(R_1C_1+R_1C_2+R_2C_2)s+1}\neq\frac{1}{R_1C_1R_2C_2s^2+(R_1C_1+R_2C_2)s+1}$$

这就从传递函数的角度再次说明了负载效应问题，网络串联以后会因为负载效应而使内部电路产生变化，机械系统等同样也有类似问题。所以多环节串联时的传递函数、微分方程的求取都要注意负载效应的影响。

再比较[例 2-6]和[例 2-8]的 RL 和 RC 电路，它们的元件和电路不同，但是传递函数的形

式相同，因而两电路的动态特性就有相似的特征，它们都具有惯性。那么可以按照元件、环节的传递函数的异同，把组成系统的各部分归纳为几种典型环节的串联，系统总的传递函数等于典型环节传递函数的乘积。深入研究典型环节传递函数的特性，进而就可方便地分析整个系统了。

2.3.2 典型环节及其传递函数

一、比例环节

这种环节的特点是输出量 $x_c(t)$ 与输入量 $x_r(t)$ 成比例关系且无失真，无延迟，也称为无惯性环节。

比例环节的微分方程为

$$x_c(t) = Kx_r(t)$$

比例环节的传递函数为

$$G(s) = \frac{X_c(s)}{X_r(s)} = K$$

式中 K 为环节的放大系数或增益。

比例环节的框图如图 2－9 所示。

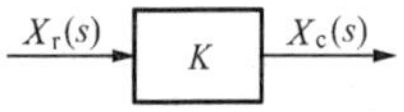

图 2－9 比例环节框图

比例环节的实例有分压器、比例运算放大器、测速发电机和齿轮传动副等。

二、惯性环节

该环节的特点是含有一个贮能元件，输出量延缓反应输入量的变化规律。

惯性环节的微分方程为

$$T\frac{\mathrm{d}x_c(t)}{\mathrm{d}t} + x_c(t) = Kx_r(t)$$

惯性环节的传递函数为

$$G(s) = \frac{X_c(s)}{X_r(s)} = \frac{K}{Ts+1}$$

式中 T 为惯性环节时间常数，K 为惯性环节比例系数。

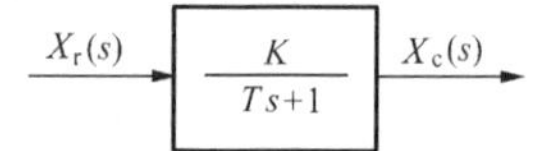

图 2－10 惯性环节框图

惯性环节的框图如图 2－10 所示。

前面介绍的一级 RC 网络和 RL 电路等都是惯性环节的实例。

三、积分环节

积分环节的输出量是输入量对时间的积分。

积分环节的积分关系式为

$$x_c(t) = \frac{1}{T}\int_0^t x_r(t)\mathrm{d}(t)$$

积分环节的微分方程式为

$$T\frac{\mathrm{d}x_c(t)}{\mathrm{d}(t)} = x_r(t)$$

积分环节的传递函数为

$$G(s) = \frac{1}{Ts}$$

式中 T 为积分时间常数。

积分环节的框图如图 2-11 所示。

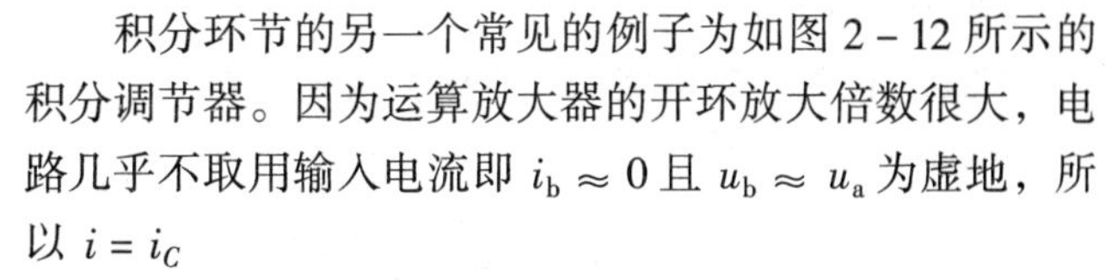

图 2-11　积分环节框图

自动控制系统中常用到的电枢控制直流电动机是含有积分环节的一个实例。如图 2-4 所示，当不计负载转矩和黏性摩擦力矩的影响时，若输入量为 $i_a(t)$,输出量为 $n(t)$，则由式（2-16）和式（2-17）有

$$i_a(t) = \frac{GD^2}{375C_m}\frac{dn(t)}{dt} \text{ 即 } n(t) = \frac{375C_m}{GD^2}\int_0^t i_a(t)dt$$

传递函数为

$$G(s) = \frac{N(s)}{I_a(s)} = \frac{375C_m}{GD^2}\cdot\frac{1}{s}$$

可见，电枢控制直流电动机的机电转换环节可近似看成积分环节。

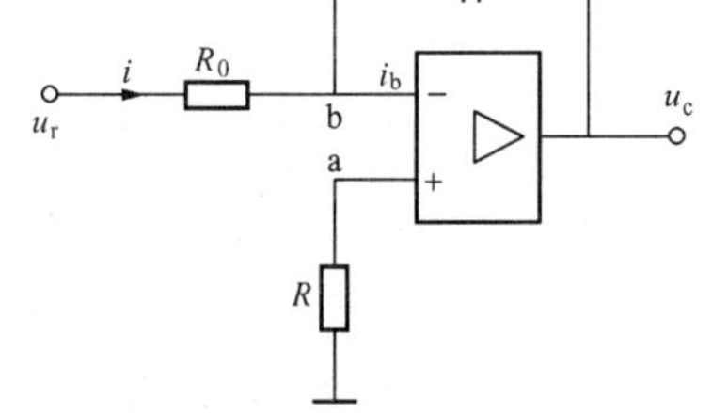

图 2-12　积分调节器

积分环节的另一个常见的例子为如图 2-12 所示的积分调节器。因为运算放大器的开环放大倍数很大，电路几乎不取用输入电流即 $i_b \approx 0$ 且 $u_b \approx u_a$ 为虚地，所以 $i = i_C$

$$u_c = \frac{1}{C}\int i_C dt = \frac{1}{C}\int\frac{u_r}{R_0}dt \text{ 即 } u_r = R_0C\frac{du_c}{dt}$$

上式拉氏变换为

$$U_r(s) = R_0CsU_c(s)$$

其传递函数为

$$G(s) = \frac{U_c(s)}{U_r(s)} = \frac{1}{R_0Cs} = \frac{1}{Ts}$$

式中 $T = R_0C$ 为积分时间常数。

四、微分环节

理想微分环节的输出量为输入量对时间的微分，即输出量与输入量的变化率成正比。

理想微分环节的微分方程式为

$$x_c(t) = T\frac{dx_r(t)}{dt}$$

理想微分环节的传递函数为

$$G(s) = Ts$$

式中 T 为微分时间常数。

如图 2-13 所示的直流测速发电机，输入量为转角 ϕ，输出量为电枢电压 u_c，可视为理想微分环节。其微分方程式为

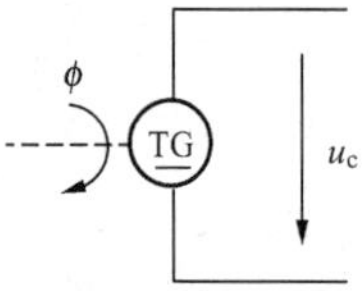

$$u_c(t) = C_e n(t) = C_e K_1 \frac{d\phi(t)}{dt} = K \frac{d\phi(t)}{dt}$$

式中 K 为测速发电机常数。

测速发电机传递函数为

$$G(s) = U_c(s)/\Phi(s) = Ks$$

图 2－13 直流测速发电机

理想微分环节当输入量为阶跃实变量时，输出量应为一振幅无穷大的脉冲，而实际装置由于转换率、饱和等原因，输出量不可能无穷大，所以理想微分环节在物理系统中很少独立存在。实际系统经常应用的微分环节是下面的一阶比例微分环节和实用微分环节。

一阶比例微分环节的传递函数为

$$G(s) = \frac{1}{R} + \frac{1}{R}Ts$$

实用微分环节的传递函数为

$$G(s) = \frac{Ts}{1 + Ts}$$

式中 T 为微分时间常数。

图 2－14 所示的电路为一阶比例微分环节。

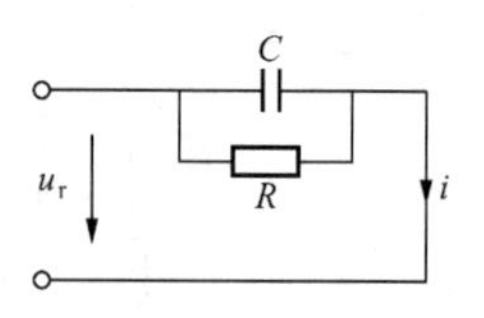

图 2－14 一阶比例微分环节

电路电流

$$i = C\frac{du_r}{dt} + \frac{u_r}{R}$$

传递函数为

$$G(s) = \frac{I(s)}{U_r(s)} = Cs + \frac{1}{R} = \frac{RCs + 1}{R} = \frac{1}{R} + \frac{1}{R}Ts$$

式中 $T = RC$ 为微分时间常数。

图 2－15 所示电路为一实用微分环节。

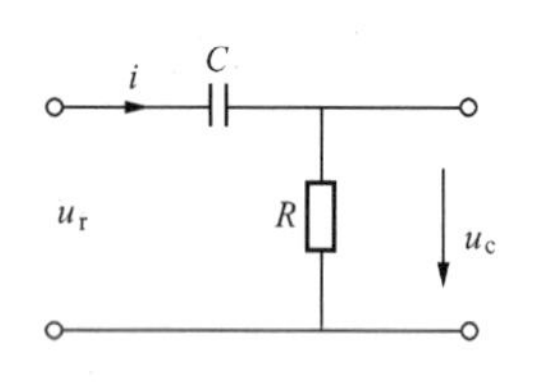

图 2－15 实用微分环节

回路电压方程

$$u_r = \frac{1}{C}\int i dt + i_R$$

$$i = \frac{u_c}{R}$$

$$u_r = \frac{1}{RC}\int u_c dt + u_c$$

传递函数为

$$G(s) = \frac{U_c(s)}{U_r(s)} = \frac{1}{\frac{1}{RCs} + 1} = \frac{RCs}{RCs + 1} = \frac{Ts}{1 + Ts}$$

式中 $T = RC$ 为微分时间常数。

当 $T \ll 1$ 时

$$G(s) = \frac{Ts}{1 + Ts} \approx Ts$$

以上介绍了三种微分装置，它们的框图如图 2 – 16 所示。它们的传递函数稍有不同，但在系统中都起着微分环节的作用。

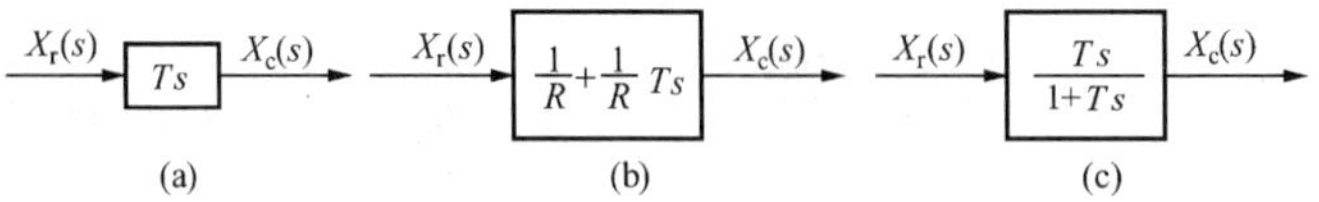

$X_r(s)$
Ts
$X_c(s)$
(a)
$X_r(s)$
$\frac{1}{R}+\frac{1}{R}Ts$
$X_c(s)$
(b)
$X_r(s)$
$\frac{Ts}{1+Ts}$
$X_c(s)$
(c)

图 2 – 16　微分环节框图

(a) 理想微分环节；(b) 一阶比例微分环节；(c) 实用微分环节

五、振荡环节

该环节是二阶系统的特例，含有两个贮能元件，其输出可能呈现振荡特性。

其微分方程式为

$$T^2 \frac{d^2 x_c(t)}{dt^2} + 2\xi T \frac{dx_c(t)}{dt} + x_c(t) = x_r(t)$$

传递函数为

$$G(s) = \frac{1}{T^2 s^2 + 2\xi Ts + 1}$$

或

$$G(s) = \frac{\omega_n^2}{s^2 + 2\xi\omega_n s + \omega_n^2}$$

式中 T 为振荡环节的时间常数，ξ 为振荡环节的阻尼比，$\omega_n = 1/T$ 为振荡环节的无阻尼自然振荡角频率。ξ 和 ω_n 是决定该环节输出量振荡特性的系统特征参数，是本书第 3 章要介绍的重点内容。

振荡环节框图如图 2 – 17 所示。

前面［例 2 – 2］的机械位移系统、［例 2 – 3］的 RC 两级网络和［例 2 – 4］的电枢控制直流电动机等都是振荡环节的常见实例。

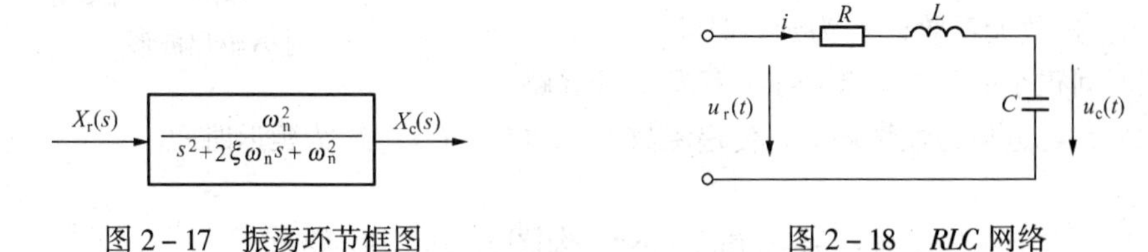

$X_r(s)$
$\frac{\omega_n^2}{s^2+2\xi\omega_n s+\omega_n^2}$
$X_c(s)$

图 2 – 17　振荡环节框图

i
R
L
$u_r(t)$
C
$u_c(t)$

图 2 – 18　*RLC* 网络

图 2 – 18 所示的 *RLC* 网络也是一个振荡环节的实例。我们用复数阻抗法来求传递函数。该网络的总输入阻抗为

$$Z_r = R + Ls + \frac{1}{Cs} = \frac{LCs^2 + RCs + 1}{Cs}$$

网络的输出阻抗为

$$Z_{\mathrm{c}} = \frac{1}{Cs}$$

传递函数为

$$G(s) = \frac{U_{\mathrm{c}}(s)}{U_{\mathrm{r}}(s)} = \frac{I(s)\cdot Z_{\mathrm{c}}(s)}{I(s)\cdot Z_{\mathrm{r}}(s)} = \frac{\dfrac{1}{Cs}}{\dfrac{LCs^2 + RCs + 1}{Cs}} = \frac{1}{LCs^2 + RCs + 1}$$

令　$\frac{L}{R} = T_1, RC = T_2, \omega_{\mathrm{n}} = \frac{1}{\sqrt{T_1 T_2}}, \xi = \frac{1}{2\sqrt{T_1 T_2}}$，则网络的传递函数为

$$G(s) = \frac{\omega_{\mathrm{n}}^2}{s^2 + 2\xi\omega_{\mathrm{n}} s + \omega_{\mathrm{n}}^2}$$

六、延迟环节

也称时滞环节。当系统加入输入信号后，输出端要隔一定时间后才能复现输入信号。其数学表达式为

$$x_{\mathrm{c}}(t) = x_{\mathrm{r}}(t-\tau)\cdot 1(t-\tau)$$

传递函数为

$$G(s) = \mathrm{e}^{-\tau S}$$

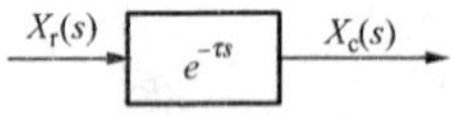

式中 τ 为延迟时间。

延迟环节的框图见图 2－19。

$X_{\mathrm{r}}(s)$ → $e^{-\tau s}$ → $X_{\mathrm{c}}(s)$

图 2－19　延迟环节框图

常见的延迟环节的例子如轧钢厂钢板厚度检测环节。测厚仪与轧辊之间有一定的距离，钢板经轧辊轧制后厚度已变化，但需迟延一定时间后才能由测厚仪检测出钢板经轧制的实际厚度。

晶闸管整流装置也是一个延迟环节。其输入量 u_{k} 和输出量 u_{a} 的动态关系在线性化处理后，可用图 2－20 表示。

该装置的传递函数为

$$G(s) = \frac{U_{\mathrm{a}}(s)}{U_{\mathrm{k}}(s)} = K_{\mathrm{s}}\mathrm{e}^{-T_{\mathrm{s}}s}$$

式中 K_{s} 为电压放大系数，T_{s} 为延迟时间。

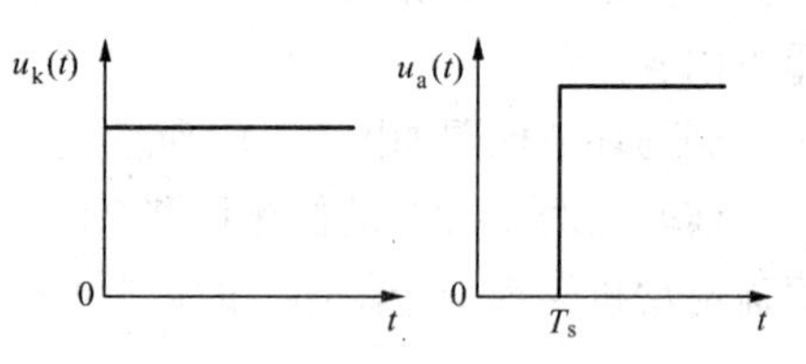

图 2－20　晶闸管整流装置输入输出波形

延迟时间很小的延迟环节经泰勒级数展开并略去高次项后，可近似为惯性环节，传递函数为 $K_{\mathrm{s}}/(1+T_{\mathrm{s}}s)$，$T_{\mathrm{s}}$ 为延迟时间。

2.4　系统的动态结构图及其等效变换

2.4.1　系统动态结构图

前面介绍了典型环节的传递函数，并以单向性的函数方框给予了图形化的表示。各种控

制系统都可看作是这些典型环节的组合。在第一章中我们已利用系统的方框图来定性地描述、分析控制系统，那么现在把系统方框图与传递函数相结合，就可得到系统的又一种形式的数学模型——系统的动态结构图。

系统动态结构图是将组成系统的所有环节的传递函数框图，按照信号的传递关系依次连接而成。它形象而明确地表达了动态过程中系统各环节的数学模型及其相互关系；它具有数学性质，可以进行代数运算和图形的等效变换，使我们可以对系统的各元件、各变量之间进行定量分析，并可以求得系统总的传递函数，是工程上分析、设计系统的又一有力工具。

系统动态结构图中，用传递函数框图取代了系统原理图上的各实际元件，抛开了元件的具体的物理结构而抽象成为数学模型。要注意的是，系统动态结构图中的每个环节并不一定与实际系统的具体元件相对应。

如图 2－21 所示，系统动态结构图由四种基本元素组成，即表示信号传递方向的有向线段；表示信号代数和的比较点（也称综合点）；表示系统各环节的传递函数框图和表示信号同时传向所需各处的信号引出点（也称分支点）。要注意，引出信号并不是取出能量，只是信号的传递。

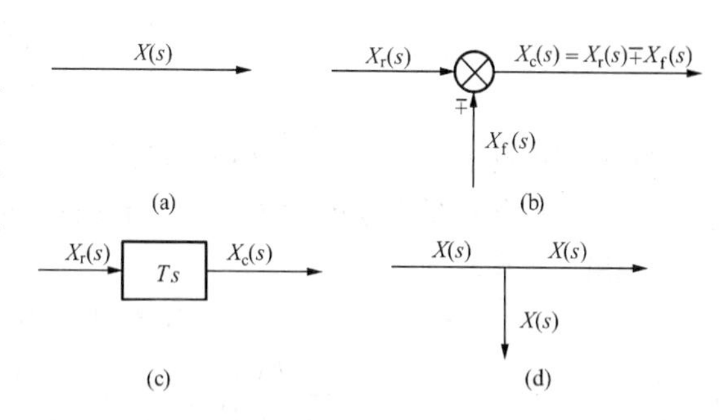

图 2－21　动态结构图基本元素

（a）有向线段；（b）比较点；

（c）传递函数框图；（d）引出点

系统动态结构图的绘制步骤是：

（1）按照系统的结构和工作原理，在考虑负载效应的前提下，分解出各环节并写出其传递函数。

（2）绘出各环节传递函数框图，框图中标明环节的传递函数，并以箭头和字母符号表明该环节的输入量和输出量，即得到了环节的结构图。再按照信号的传递方向把各框图依次连接起来，就构成了系统的动态结构图。

下面通过例题来说明动态结构图的绘制方法。

【例 2－10】　绘制图 2－5 所示电动机闭环调速控制系统的动态结构图。

解　该系统的组成、输入量及输出量仍与例 2－5 相同。

首先求取各环节的传递函数并绘出环节的结构图。

（1）由比例调节器组成的比较和放大环节的输入量为 $[U_g(s)-U_f(s)]$，输出量为 $U_k(s)$。

该环节的传递函数为

$$G(s)=\frac{U_k(s)}{U_g(s)-U_f(s)}=\frac{R_2}{R_1}=K_1$$

该环节的结构图为

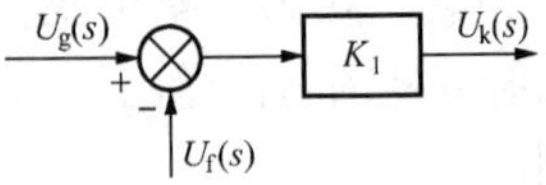

(2) 晶闸管整流装置所构成的功率放大环节的输入量为 $U_k(s)$,输出量为 $U_a(s)$。

前面介绍过晶闸管整流装置是延迟环节，当延迟时间常数很小时，可视为惯性环节，其传递函数为

$$G(s) = \frac{U_a(s)}{U_k(s)} = \frac{K_s}{1 + T_s s}$$

该环节的结构图为

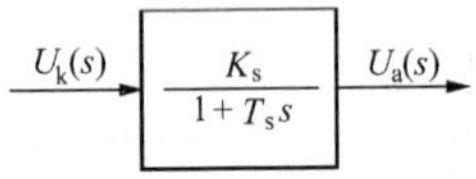

(3) 直流电动机的输入量为 $U_a(s)$,输出量为转速 $N(s)$。

我们通过中间变量电枢电流 $I_a(s)$ 来分步描述电机内部的各变量传递关系。

电枢电压平衡式为

$$U_a(s) = R_\Sigma I_a(s) + L_\Sigma s I_a(s) + C_e N(s)$$

即

$$\frac{I_a(s)}{U_a(s) - C_e N(s)} = \frac{1}{R_\Sigma + L_\Sigma s} = \frac{1/R_\Sigma}{1 + T_a s}$$

其对应结构图为

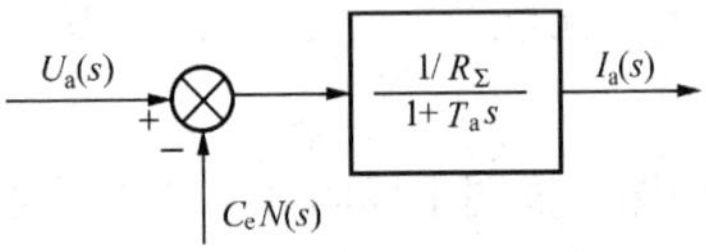

在恒定励磁磁场下，电动机电磁转矩 $M = C_m i_a(t)$，若考虑负载电流 i_L 所产生的负载力矩 $M_L = C_m i_L(t)$ 而略去摩擦力矩，则此时电机运动方程式为

$$M - M_L = \frac{GD^2}{375} \cdot \frac{dn(t)}{dt}$$

即

$$i_a - i_L = \frac{GD^2}{375 C_m} \cdot \frac{dn(t)}{dt} = T_m \frac{C_e}{R_\Sigma} \cdot \frac{dn(t)}{dt}$$

上式表明电机的机电转换环节为一积分环节，求其拉氏变换得

$$\frac{N(s)}{I_a(s) - I_L(s)} = \frac{R_\Sigma}{C_e T_m s}$$

其对应结构图为

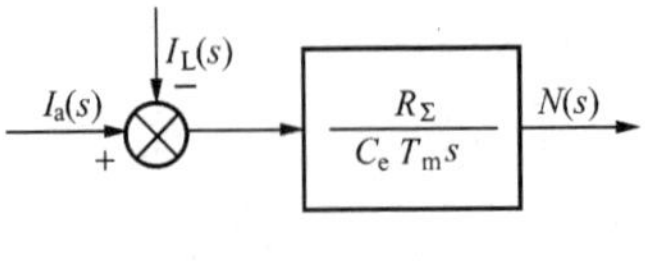

（4）测速发电机构成的检测反馈环节的输入量为电机转速 $N(s)$，输出量为反馈电压 $U_f(s)$。

这一比例环节的传递函数为

$$G(s) = U_f(s)/N(s) = K_f$$

其对应结构图为

$N(s)$ → K_f → $U_f(s)$

求出各环节的传递函数、结构图后，按信号传递的方向，从输入到输出依次连接，再绘出反馈通道，即可得到所示闭环调速控制系统的动态结构图，见图 2－22。

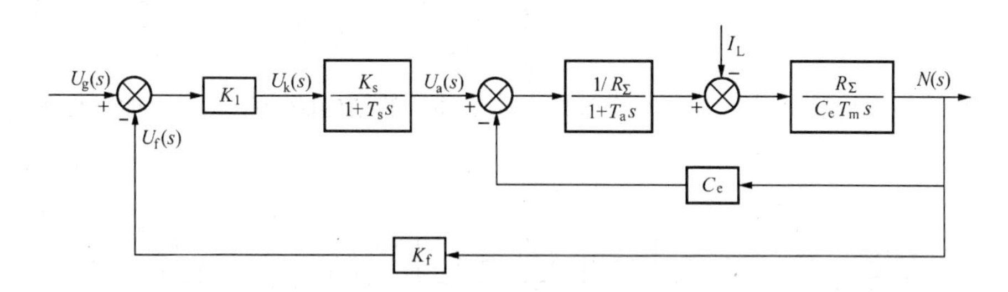

图 2－22　闭环调速控制系统动态结构图

从图 2－22 的系统动态结构图中可见，系统各环节的传递函数、输入量、输出量及其相互联系都清楚地表示出，信号在系统中的传递流程也一目了然，方便了系统的分析、校正及实验室模拟。例如，可根据上述结构图，在实验室里用一系列基本环节模拟系统的结构，对系统的动态性能进行研究，此时研究参数变化对系统性能的影响也是简便易行的。

【例 2－11】　绘制图 2－23 所示无源网络的结构图。

解　将无源网络看作是一个系统，组成网络的元件就对应于系统的各环节。因此，要绘制网络结构图，首先列出对应各元件的环节动态结构图。

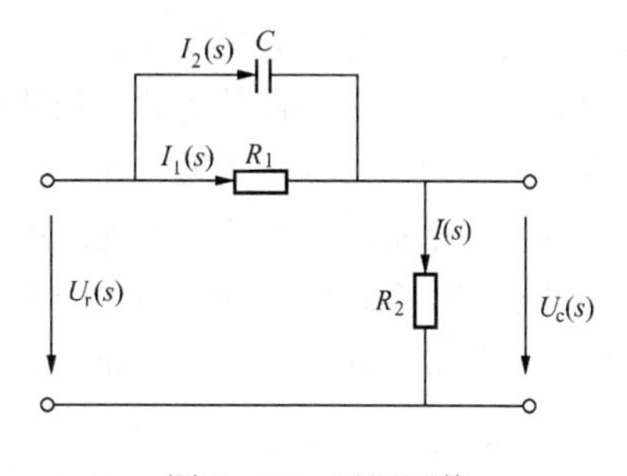

图 2－23　无源网络

设电路中各变量如图中所示，应用复数阻抗概念，根据电路定律，有

① $U_r(s) = I_1(s)R_1 + U_c(s)$，即 $U_r(s) - U_c(s) = I_1(s)R_1$

该环节结构图为

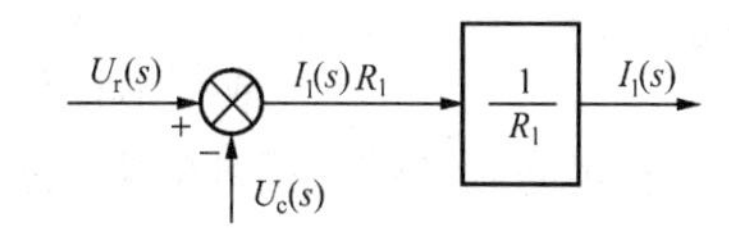

② $U_c(s) = I(s)R_2$

该环节结构图为

③ $I_2(s)/(Cs) = I_1(s)R_1$，即 $I_2(s) = I_1(s)R_1Cs$
该环节结构图为

④ $I_1(s) + I_2(s) = I(s)$
该环节结构图为

最后，按信号传递关系，用有向线段将上述各环节的结构图连接起来，即可得到整个无源网络的结构图

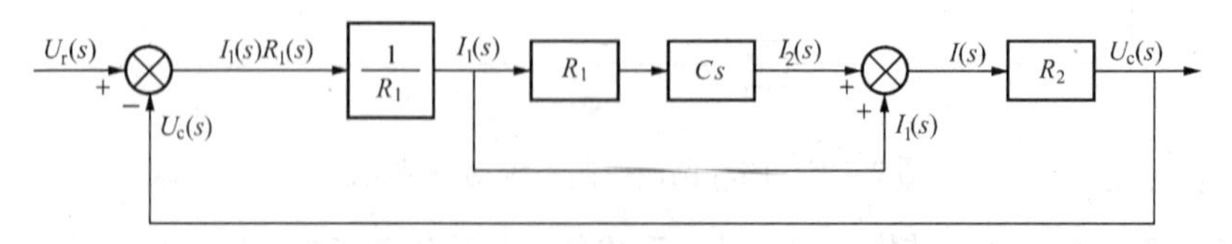

需要对上图进行进一步的简化，以便网络的分析。

2.4.2　动态结构图的等效变换

动态结构图的等效变换就是对复杂的结构图进行运算和化简，最终求得系统的传递函数，以便对系统进行分析和计算。由于传递函数是以复数 s 为变量的代数方程，所以结构图的等效变换是简单的代数运算。结构图的等效变换必须遵循等效原则，即结构图中任一部分输入量、输出量的数学关系，在结构图简化前后应保持不变。

复杂的系统动态结构图的连接可能是错综复杂的，但其所包含的基本连接方式只有串联、并联和反馈连接三种。结构图的简化主要包括上述三种连接的基本运算和比较点、引出点的移位等效变换。依据等效原则，在进行结构图运算变换时所应采用的基本法则如下述。

（一）环节的串联

图 2-24　环节串联的等效变换

几个环节按照信号的传递方向串联在一起，即为串联连接，如图 2-24（a）所示。若各环节相互间无负载效应或可不计负载效应时，则可等效成一个环节，串联后等效的传递函数等于各串联环节传递函数的乘积，如图 2-24（b）所示。

（二）环节的并联

各环节的输入量为同一变量，输出量为各环节输出量的代数和，即为并联连接，如图 2-25（a）所示。并联后等效的传递函数等于各并联环节传递函数的代数和，如图 2-25（b）所示。

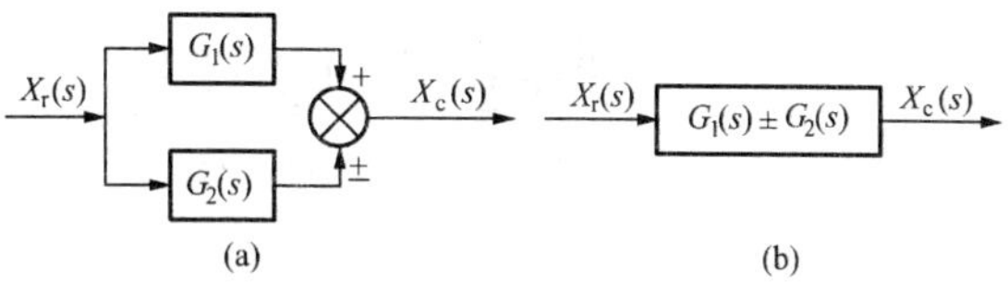

图 2-25　环节并联的等效变换

（三）反馈连接

两个环节反向并联，输出量被返送回输入端，形成闭环，这种连接方式即为反馈连接，如图 2-26（a）所示。反馈连接可等效为一个环节，其等效传递函数如图 2-26（b）所示，推导过程如下：

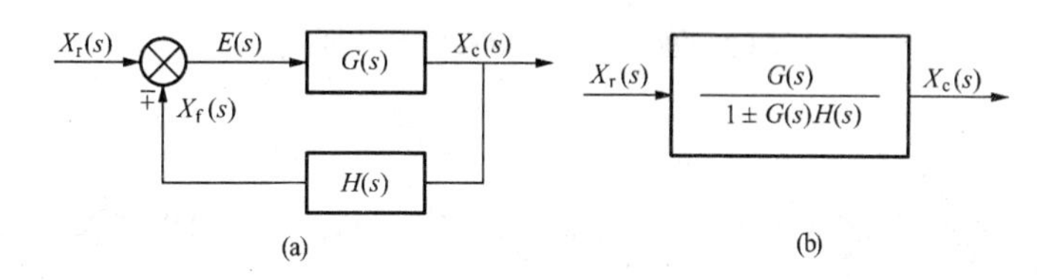

图 2-26　反馈连接的等效变换

由图 2-26（a）可知

$$X_c(s) = G(s)E(s)$$
$$E(s) = X_r(s) \mp X_f(s)$$
$$X_f(s) = H(s)X_c(s)$$

消去中间变量 $E(s)$ 和 $X_f(s)$ 得

$$\frac{X_c(s)}{X_r(s)} = \frac{G(s)}{1 \pm G(s)H(s)}$$

公式中分母的符号：负反馈时为正号；正反馈时为负号。

我们称反馈连接等效的传递函数为闭环传递函数。反馈连接是重要的连接方式之一，一切闭环系统都可以转换成图 2-26（b）的等效形式。

（四）比较点与引出点的换位运算

在复杂的闭环系统中，其结构往往既包含了上述的基本连接，又有这些连接的相互交错。在运用上述基本连接的等效运算公式之前，首先需要通过比较点与引出点的换位运算，将系统简化为无交错回路的单回路基本结构形式。换位运算要遵循的原则是，换位前后的输出信号应等效。

1. 比较点的移动

比较点前移、比较点后移的等效变换如图 2-27 和图 2-28 所示。

相邻比较点可任意变换位置，还可以合并为一个比较点，等效变换如图 2-29 所示。

2. 引出点的移动

引出点后移、引出点前移的等效变换如图 2-30 和图 2-31 所示。

从“信号传递”的观点，同一信号无论被引出多少次都不改变信号本身的性质和大小，

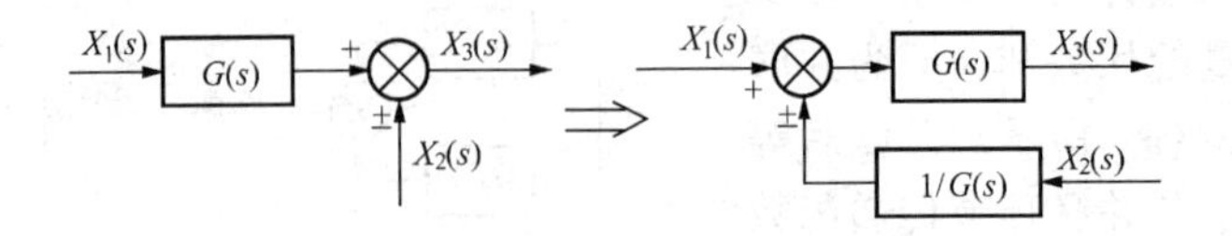

图 2－27　比较点前移的等效变换

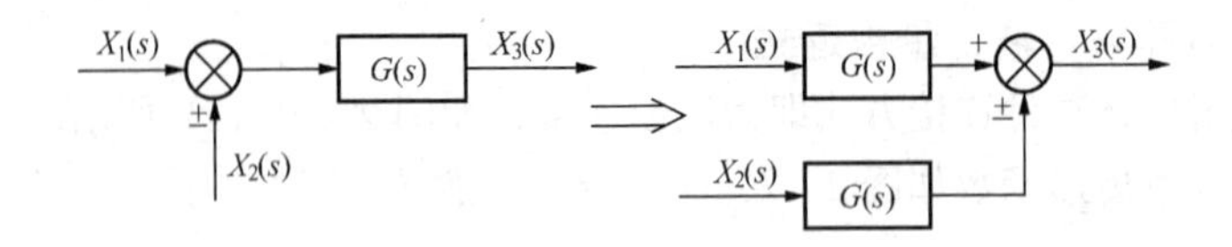

图 2－28　比较点后移的等效变换

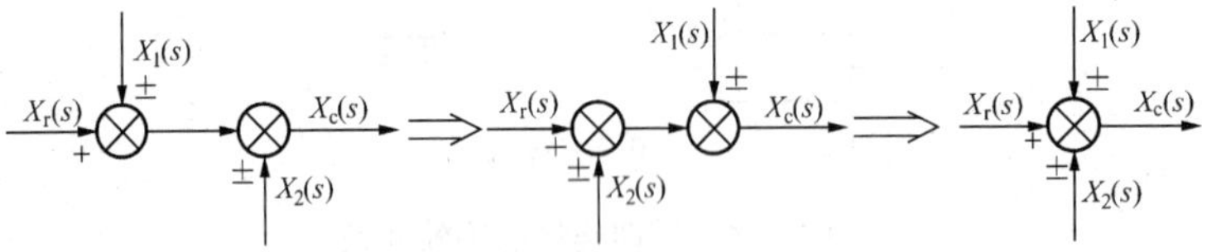

图 2－29　比较点之间位置互换及合并

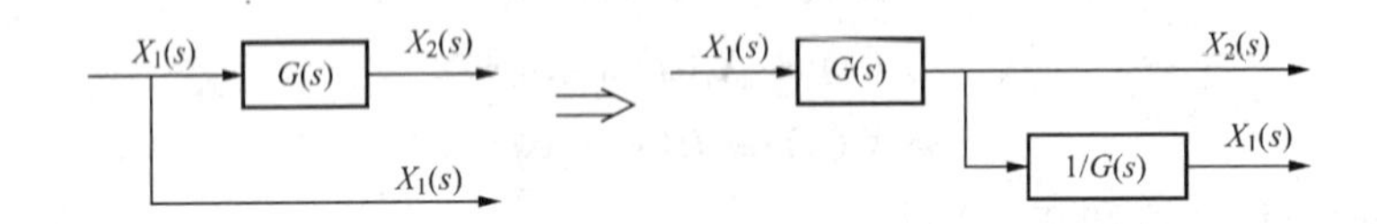

图 2－30　引出点后移的等效变换

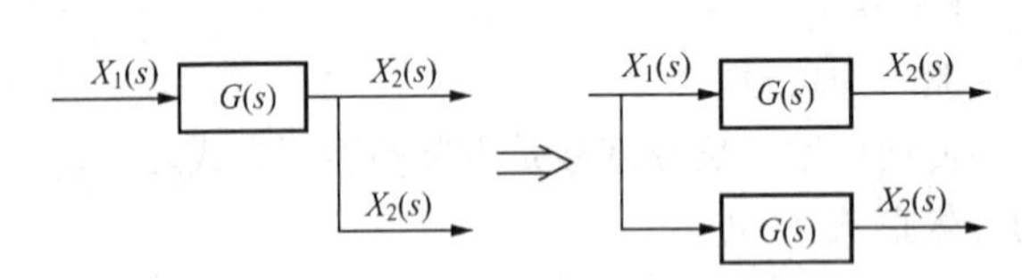

图 2－31　引出点前移的等效变换

所以相邻引出点之间可以互换位置，如图 2－32 所示。

3. 注意事项

需要特别注意的是，比较点和引出点之间，一般不能进行互相变位移动，简化时要避开。

下面通过例题说明系统动态结构图等效变换的方法。

【例 2－12】　简化图 2－33 所示系统动态结构图，并求系统传递函数 $X_c(s)/X_r(s)$。

简化分析　结构图中，若将 $H_3(s)$ 引出点前移，将造成引出点与比较点的交叉，是绝不

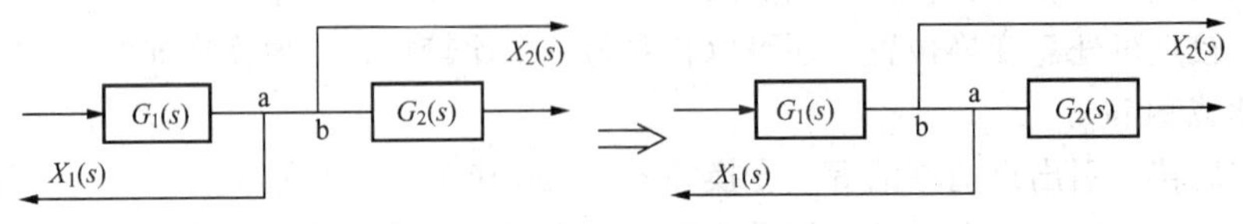

图 2－32　引出点之间位置互换

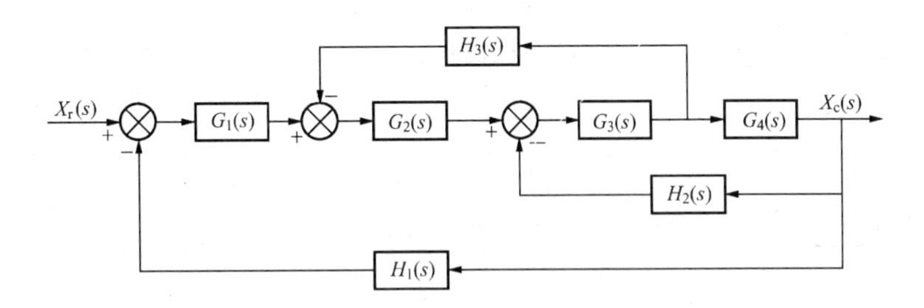

图 2-33　系统动态结构图

可取的。将 $H_3(s)$ 引出点后移、将 $H_2(s)$ 后的比较点前移或将 $H_2(s)$ 的引出点前移都是可行的方法，化简结果应完全一致。读者可自行用前两种方法推导化简，下面采取将 $H_2(s)$ 的引出点前移的方法来化简。

解　将 $H_2(s)$ 的引出点前移至 $H_3(s)$ 的引出点处，如下图：

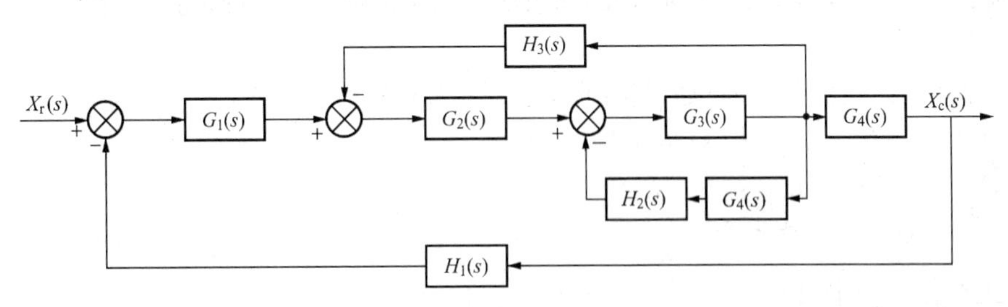

对 $G_3(s)$、$G_4(s)$ 和 $H_2(s)$ 构成的内部回路进行串联和反馈等效变换，如下图：

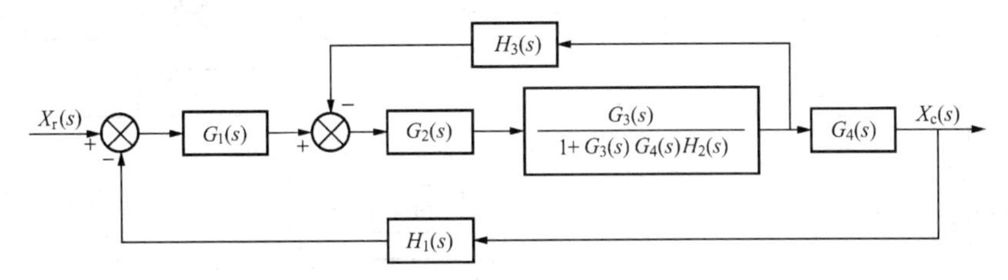

对图中内部回路再作串联和反馈等效变换，如下图：

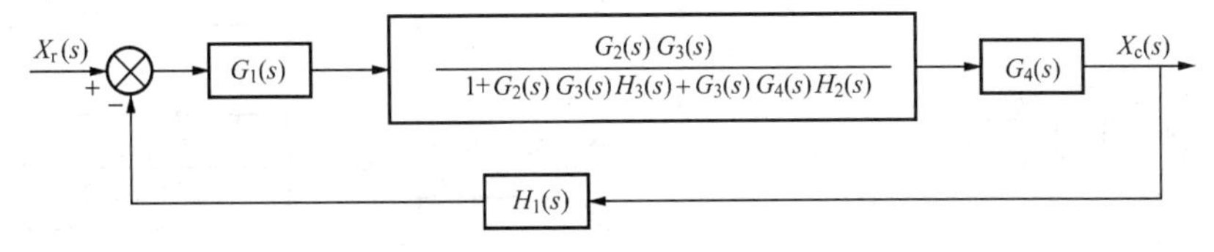

结构图简化为只含主反馈的单回路基本结构形式，进一步简化如下图：

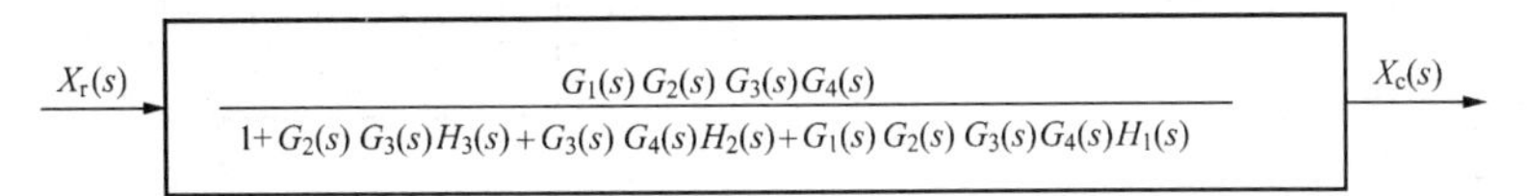

系统的传递函数为

$$G(s)=\frac{X_c(s)}{X_r(s)}=\frac{G_1(s)G_2(s)G_3(s)G_4(s)}{1+G_2(s)G_3(s)H_3(s)+G_3(s)G_4(s)H_2(s)+G_1(s)G_2(s)G_3(s)G_4(s)H_1(s)}$$

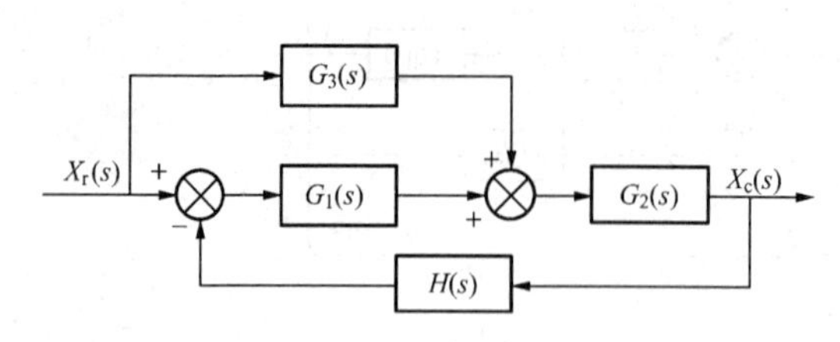

图 2－34 系统动态结构图

【例 2－13】 简化图 2－34 所示系统动态结构图,并求系统传递函数 $X_c(s)/X_r(s)$。

解 将结构图第一个比较点后移，如图 2－35（a）。相邻比较点可任意交换位置，则可变换为图 2－35（b）。化简两个内部回路，可得图 2－35（c）。进一步进行串联等效变换，如图 2－35（d）。

系统的传递函数为

$$G(s)=\frac{X_c(s)}{X_r(s)}=\frac{[C_1(s)+G_3(s)]G_2(s)}{1+G_1(s)G_2(s)H(s)}$$

【例 2－14】 绘制图 2－3 所示 RC 两级滤波网络的动态结构图，并化简求网络的传递函数。

解 采用复阻抗法分别列写两回路的复域方程及相应的结构图。

(1) $U_r(s)-U_{C_1}(s)=I_1(s)R_1$，即

$I_1(s)=[U_r(s)-U_{C_1}(s)](1/R_1)$

$\Downarrow$

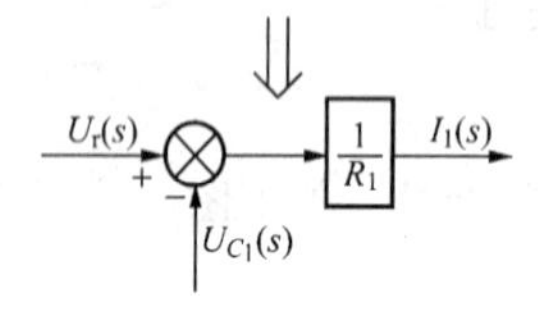

(2) $U_{C_1}(s)=I_{C_1}(s)\dfrac{1}{C_1s}$

$\Downarrow$

(3) $U_{C_1}(s)-U_c(s)=I_2(s)R_2$，即

$I_2(s)=[U_{C_1}(s)-U_c(s)](1/R_2)$

$\Downarrow$

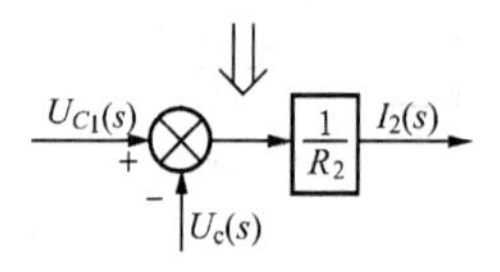

(4) $U_c(s)=I_2(s)\dfrac{1}{C_2s}$

$\Downarrow$

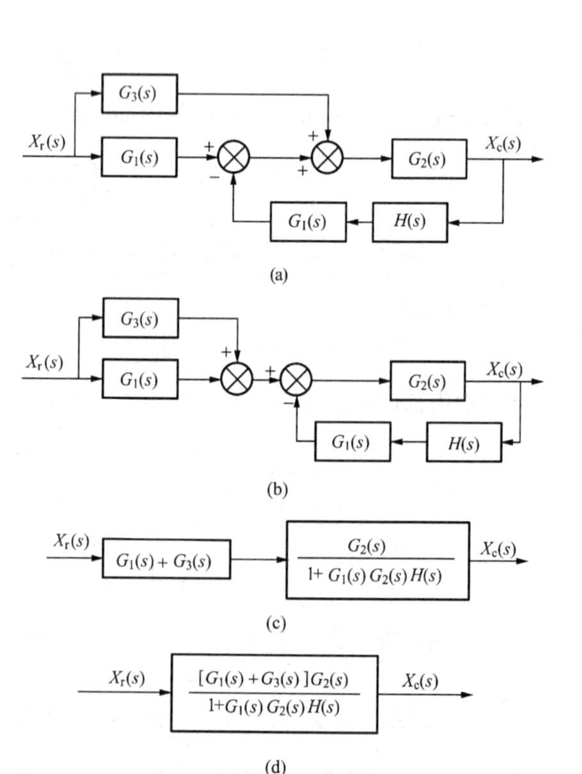

图 2－35 系统动态结构图的简化

(5) $I_{C_1}(s) = I_1(s) - I_2(s)$

将上述各环节结构图按信号传递方向连接起来，就可得到系统动态结构图，如下图：

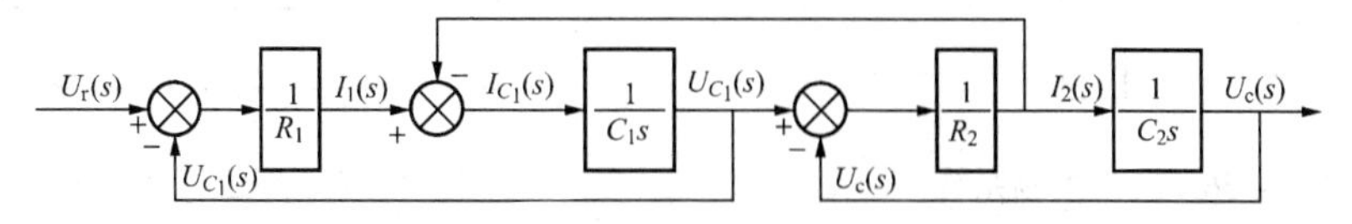

接着进行结构图的简化。将第二个比较点前移并与第一个比较点位置互换，$I_2(s)$ 引出点后移，等效变换如下图：

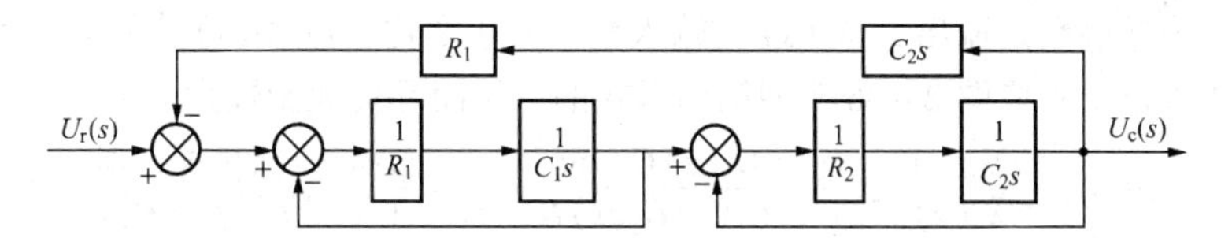

分别化简两个内部局部反馈回路，并对主反馈支路进行串联等效变换，可简化为下图：

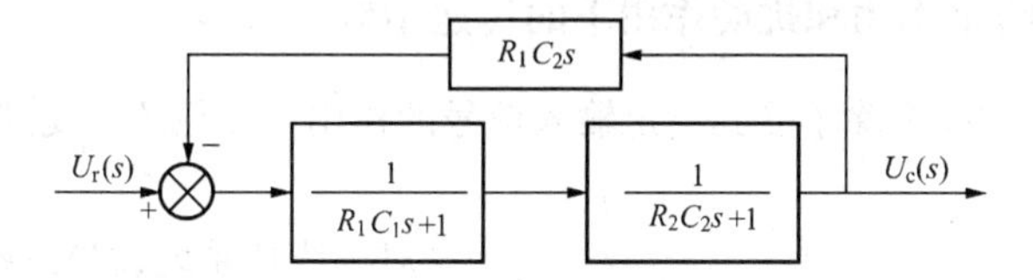

进一步简化，可得下图：

网络的传递函数为

$$G(s) = \frac{U_c(s)}{U_r(s)} = \frac{1}{R_1 C_1 R_2 C_2 s^2 + (R_1 C_1 + R_2 C_2 + R_1 C_2)s + 1}$$

2.5 反馈控制系统的传递函数

2.5.1 反馈控制系统的开环传递函数与闭环传递函数

反馈控制系统的典型结构如图 2-36 所示。

对应图 2-36，定义 $G_1(s)G_2(s)$ 为前向通路传递函数，$H(s)$ 为反馈通路传递函数。若反馈通路 $H(s)=1$，则称该系统为单位反馈系统，其动态结构图可简化为图 2-37 所示的形式。单位反馈系统中系统的实际输出与给定信号有相同的物理量单位，便于对问题的分析，是常用的系统结构。

系统开环传递函数是反馈信号 $X_f(s)$ 与误差信号 $E(s)$ 之比，也即前向通路的传递函数与反馈通路的传递函数的乘积。若以 $G(s)$ 表示系统开环传递函数，由图 2－36 则有

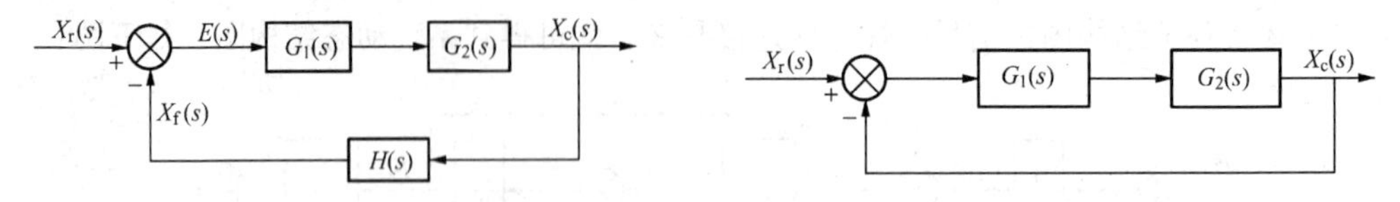

图 2－36 反馈控制系统　　　　图 2－37 单位反馈系统

$$G(s) = X_f(s)/E(s) = G_1(s)G_2(s)H(s)$$

系统开环传递函数是我们在用根轨迹法和频率法分析系统时的主要数学模型。

系统闭环传递函数是输出量 $X_c(s)$ 与输入量 $X_r(s)$ 之比，以 $\Phi(s)$ 表示。由反馈连接的等效变换方法可推出对应图 2－36 典型结构形式的系统闭环传递函数为

$$\Phi(s) = \frac{X_c(s)}{X_r(s)} = \frac{G_1(s)G_2(s)}{1 + G_1(s)G_2(s)H(s)} = \frac{\text{前向通路传递函数}}{1 + \text{开环传递函数}}$$

系统闭环传递函数是分析系统动态性能的主要数学模型。

2.5.2 系统在给定作用和扰动作用下的传递函数

控制系统在工作过程中除了受到给定输入信号的作用，往往还会受到扰动输入信号的作用。

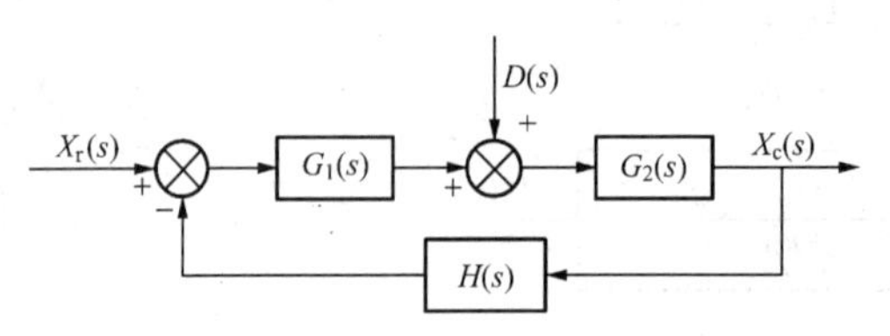

图 2－38 有扰动作用的闭环系统

对于线性系统，当系统中有多个输入量：给定输入量和扰动输入量同时作用于系统时，可以应用叠加原理，对每一个输入量分别求出系统闭环传递函数及相应的输出量，然后再进行叠加，即可求出系统总的输出量。

例如，对于图 2－38 所示系统，$X_r(s)$ 和 $D(s)$ 同时作用于系统，可分步求解系统的输出量。

(1) 只有给定作用时的闭环传递函数 $\Phi_r(s)$ 和输出量 $X_{cr}(s)$ 为

$$\Phi_r(s) = \frac{X_c(s)}{X_r(s)} = \frac{G_1(s)G_2(s)}{1 + G_1(s)G_2(s)H(s)} \tag{2-29}$$

$$X_{cr}(s) = \Phi_r(s)X_r(s) = \frac{G_1(s)G_2(s)}{1 + G_1(s)G_2(s)H(s)}X_r(s) \tag{2-30}$$

(2) 只有扰动作用时的闭环传递函数 $\Phi_D(s)$ 和输出量 $X_{cD}(s)$ 为

$$\Phi_D(s) = \frac{X_c(s)}{D(s)} = \frac{G_2(s)}{1 + G_1(s)G_2(s)H(s)} \tag{2-31}$$

$$X_{cD}(s) = \Phi_D(s)D(s) = \frac{G_2(s)}{1 + G_1(s)G_2(s)H(s)}D(s) \tag{2-32}$$

（3）两个输入量同时作用于系统时，系统总的输出量 $X_c(s)$ 为

$$X_c(s) = X_{cr}(s) + X_{cD}(s) = \frac{G_2(s)}{1 + G_1(s)G_2(s)H(s)}[G_1(s)X_r(s) + D(s)]$$

比较式（2-29）~式（2-32）可以看出，同一系统在不同的输入量和输出量情况下，系统的传递函数有完全相同的分母多项式，即特征多项式。所以反馈控制系统的闭环特征方程及极点与外作用信号的形式和位置无关。

小　　结

1. 数学模型是描述系统动态特性的数学表达式，是对系统进行理论分析研究和设计的主要依据。本章介绍了线性定常系统的三种数学模型：微分方程、传递函数和动态结构图。

2. 微分方程是描述自动控制系统动态本质的最基本方法。本章介绍了通过解析法，根据实际系统各环节的工作原理建立微分方程式。

3. 传递函数是经典控制理论中更为重要的数学模型。本章介绍了将线性微分方程通过拉氏变换转化为复数 s 域数学模型——传递函数的方法以及典型环节的传递函数。一个复杂的控制系统可以分解为几个典型环节的组合。

4. 动态结构图是传递函数的图解化，能够直观形象地表示出系统各组成部分的结构及信号的传递交换特性，有助于求解系统的各种传递函数，分析和研究系统。对于同一个系统，动态结构图不是唯一的，但最终得到的系统传递函数是相同的。

5. 本章还介绍了反馈控制系统的开环传递函数和闭环传递函数的概念及有扰动作用时系统输出量的求解。一般如无特别说明，系统传递函数即为系统闭环传递函数。

习　　题

2-1　试列写图2-39所示无源网络的动态微分方程式，并求传递函数。

2-2　试求图2-40所示机械系统的传递函数。图中位移 $x_r(t)$ 为输入量，位移 $x_c(t)$ 为输出量。

2-3　用运算放大器组成的有源网络如图2-41所示，试采用复数阻抗法写出其传递函数。

2-4　绘制图2-42所示无源网络的动态结构图，并化简求传递函数。

2-5　已知系统的微分方程组描述如下，K_0、K_1、K_2 和 T 均为常数，试绘制系统的动态结构图，并化简求相应的传递函数 $X_c(s)/X_r(s)$、$X_c(s)/N_1(s)$ 和 $X_c(s)/N_2(s)$。

$$x_1(t) = x_r(t) - x_c(t) + n_1(t)$$

$$x_2(t) = K_0 x_1(t)$$

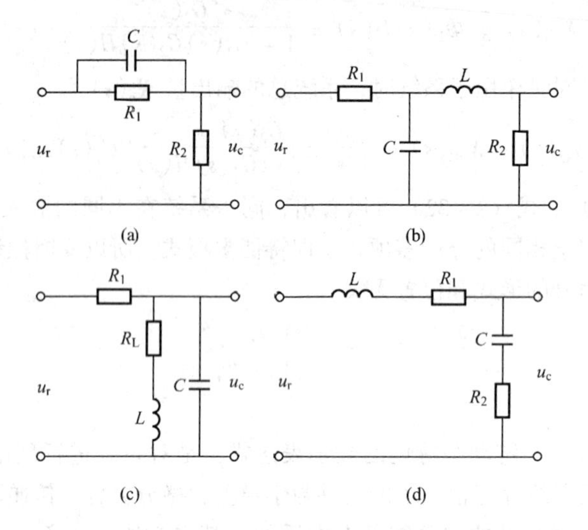

图 2-39 无源网络

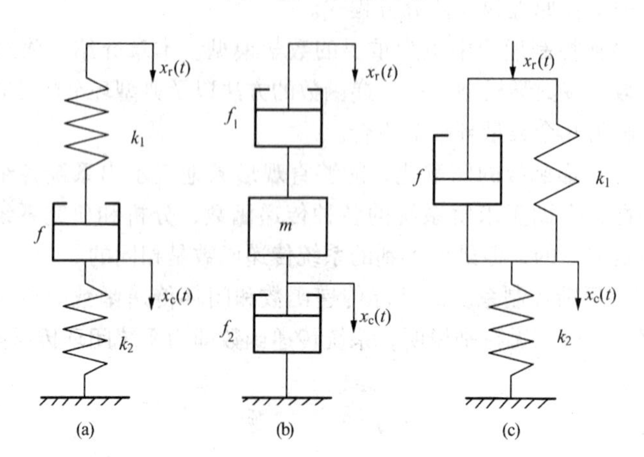

图 2-40 机械系统

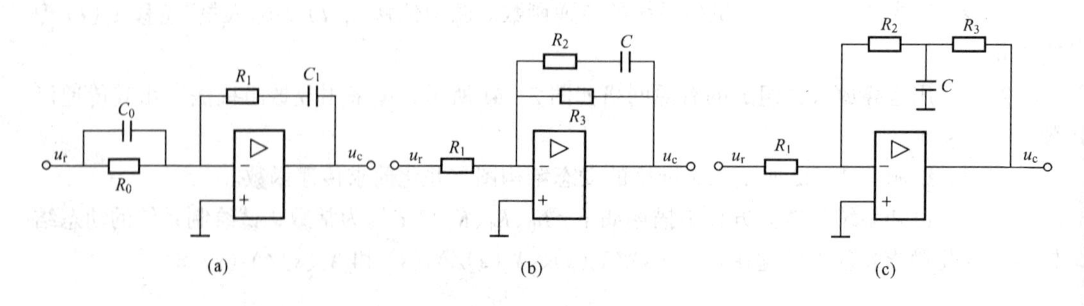

图 2-41 有源网络

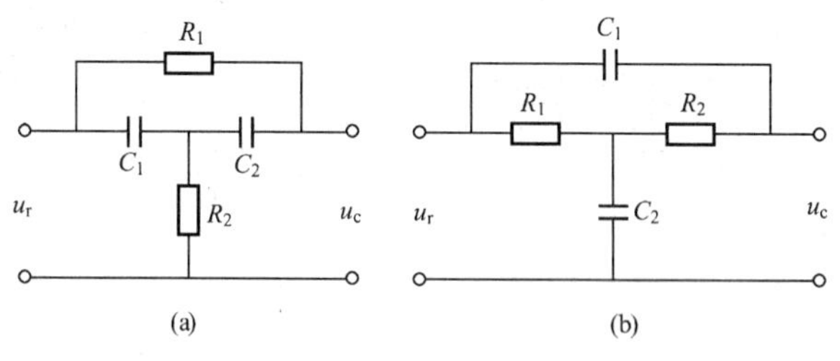

图 2－42　无源网络

$$x_3(t) = x_2(t) - x_5(t)$$

$$T\frac{\mathrm{d}x_4(t)}{\mathrm{d}t} = x_3(t)$$

$$x_5(t) = x_4(t) - K_1 n_2(t)$$

$$K_2 x_5(t) = \frac{\mathrm{d}^2 x_c(t)}{\mathrm{d}t^2} + \frac{\mathrm{d}x_c(t)}{\mathrm{d}t}$$

2－6　已知系统由下列复域方程组组成，试绘制系统的动态结构图，并化简求传递函数 $X_c(s)/X_r(s)$。

$$X_1(s) = G_1(s)X_r(s) - G_1(s)[G_7(s) - G_8(s)]X_c(s)$$

$$X_2(s) = G_2(s)[X_1(s) - G_6(s)X_3(s)]$$

$$X_3(s) = G_3(s)[X_2(s) - G_5(s)X_c(s)]$$

$$X_c(s) = G_4(s)X_3(s)$$

2－7　试求图 2－43 所示系统的传递函数 $X_c(s)/X_r(s)$ 和 $X_c(s)/N(s)$。

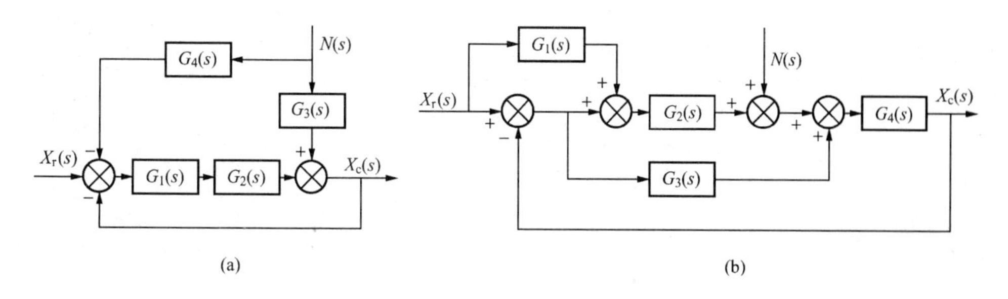

图 2－43　系统结构图

2－8　试化简图 2－44 所示的各结构图，并求出相应的传递函数 $X_c(s)/X_r(s)$。

2－9　试写出图 2－45 所示系统的输出表达式 $X_c(s)$。

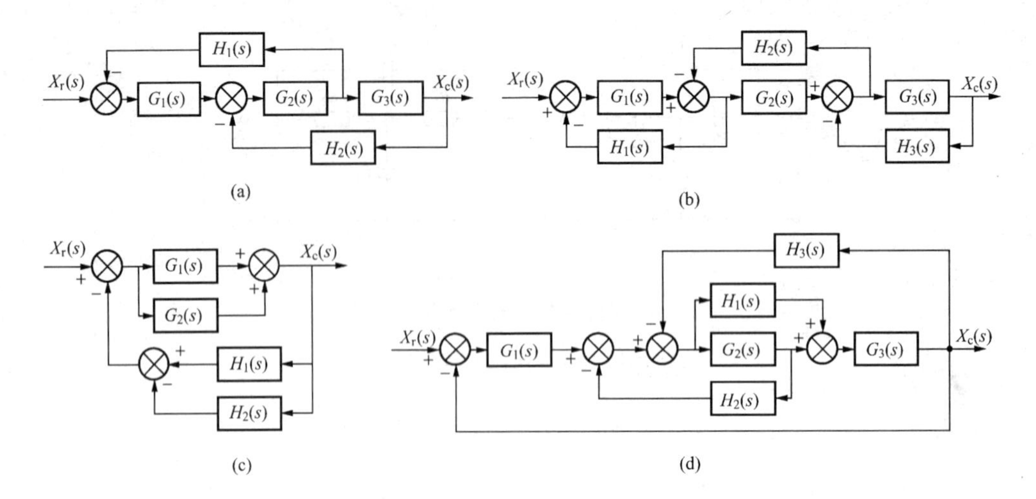

图 2－44　系统结构图

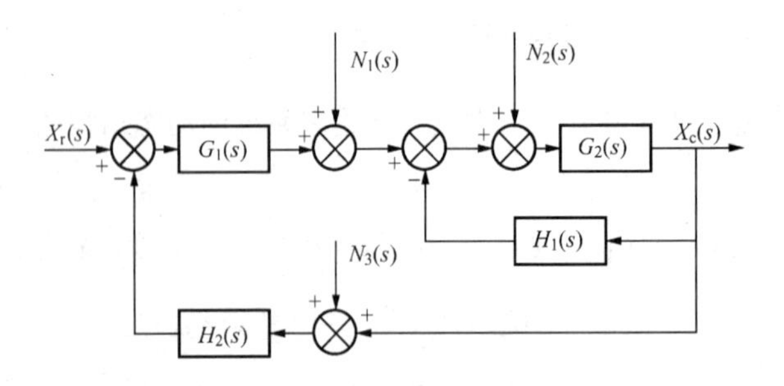

图 2－45　系统结构图

第3章

控制系统的时域分析法

3.1 控制系统的时域性能指标

分析和设计控制系统的第一步工作，是确定系统的数学模型，当我们获取系统的数学模型后，第二步就可以采用几种不同的方法去分析控制系统的性能。分析有多种方法，主要有时域分析法，频域分析法，根轨迹法等。每种方法，各有特点，均有他们的适用范围和对象。本章先讨论时域分析法。

研究时域分析法的意义：在线性控制系统性能分析的各种方法中，时域分析法是一种比较精确的方法。它通过拉普拉斯反变换法求出系统输出量的表达式，从而提供了系统时间响应的全部信息。由于许多高阶系统的时间响应常可以用二阶系统的时间响应近似代替，因此着重研究二阶系统性能指标的计算方法，具有较大的实际意义。时域分析法也是一种比较直观的方法，根据微分方程解（即响应）给出的各项性能指标易于被理解和接受，因而时域分析法常常作为学习控制系统分析的入门手段。

3.1.1 典型输入信号

在分析和设计控制系统时，对各种控制系统性能要有评判、比较的依据。这个依据可以通过对这些系统加上各种输入信号，然后比较它们对特定的输入信号的响应来建立。

许多设计准则就建立在这些信号的基础上，或者建立在系统对初始条件变化（无任何输入信号）的基础上，因为系统对典型输入信号的响应特性，与系统对实际输入信号的响应特性之间，存在着一定的关系，所以采用典型输入信号来评价系统性能是合理的。

如果我们想要求解控制系统的输出时间响应，就必须已知输入信号的解析表达式。实际上控制系统的输入信号只有在一些特殊的情况下是预先知道的，可以用解析的方法或者曲线表示，例如，切削机床的自动控制的例子。在大多数情况下，控制系统的输入信号是无法预先准确知道的，它对于时间是随机变化的。例如，在雷达跟踪系统中，不论是目标的位置还是速度都无法预测，也不能用任何简单的函数进行数学描述，对这样情况进行分析是困难的。为了对各种控制系统的性能进行比较，我们必须事先假定一些基本的输入信号和扰动作用形式。一般说来，经常采用的典型外作用有阶跃函数、斜坡函数、加速度函数、脉冲函数和正弦函数。由于这些函数都是简单的时间函数，所以控制系统的数学分析和实验工作都比较容易进行。

实际应用时，究竟采用哪一种典型外作用，取决于系统的常见工作状态。例如，控制系统工作状态的突然改变，突然作用于系统的扰动量，都可采用阶跃函数作为典型外作用；如果控制系统的输入信号是随时间而逐渐变化的函数，则斜坡函数是比较合适的典型输入；而当系统的输入信号是冲击输入量时，则采用脉冲函数最为合适。采用这些典型外作用后，我们就能按同一标准，用时域分析的方法去评价所有控制系统的性能。

一、阶跃函数

阶跃函数的定义是

$$r(t)=\begin{cases}R & t\geqslant 0\\ 0 & t<0\end{cases}$$

式中 R 是常数称为阶跃函数的阶跃值，$R=1$ 的阶跃函数称为单位阶跃函数，记为 $1(t)$。单位阶跃函数的拉氏变换为 $R(s)=\dfrac{1}{s}$，如图 3-1（a）所示。

在 $t=0$ 时的阶跃信号，相当于一个不变的信号突然加到系统上。指令的突然转换，电源的突然接通，负荷的突变等，都可视为阶跃作用。

二、斜坡函数

斜坡函数的定义是

$$r(t)=\begin{cases}Rt & t\geqslant 0\\ 0 & t<0\end{cases}$$

这种函数相当于随动系统中加入一个恒速变化的位置信号，速度为 R。当 $R=1$ 时，称为单位斜坡函数，如图 3-1（b）所示。单位斜坡函数的拉氏变换为 $R(s)=\dfrac{1}{s^2}$

三、抛物线（加速度）函数

抛物线函数的定义是

$$r(t)=\begin{cases}\dfrac{1}{2}Rt^2, t\geqslant 0\\ 0 \quad t<0\end{cases}$$

这种函数相当于系统中加入一个恒加速度变化的位置信号，加速度为 R。如图 3-1（c）所示。当 $R=1$ 时，称为单位抛物线函数，如图 3-1（c）所示。单位抛物线函数的拉氏变换为 $R(s)=\dfrac{1}{s^3}$。

四、单位脉冲函数

单位脉冲函数的定义是

$$\begin{cases}r(t)=\delta(t)=\begin{cases}\infty & t=0\\ 0 & t\neq 0\end{cases}\\ \int_{-\infty}^{+\infty}\delta(\tau)\mathrm{d}\tau=1\end{cases}$$

单位脉冲函数的积分面积是 1，如图 3-1（d）所示。其拉氏变换为 $R(s)=1$。

单位脉冲函数在现实中不存在，它只有数学上的意义。在系统分析中，它是一个重要工具。实际中，脉冲电压信号和瞬间作用的冲击力等都可近似看作脉冲信号。

五、正弦函数

正弦函数的定义是 $A\sin\omega t$ ，如图 3－1（e）所示，其中 A 称为振幅，ω 称为角频率。

当输入作用具有周期性变化时，可将其近似认为是正弦作用，如电源的波动和机械的振动等。

通常运用阶跃函数作为典型输入作用信号，这样可在一个统一的基础上对各种控制系统的特性进行比较和研究。本章讨论系统非周期信号作用下系统的响应。

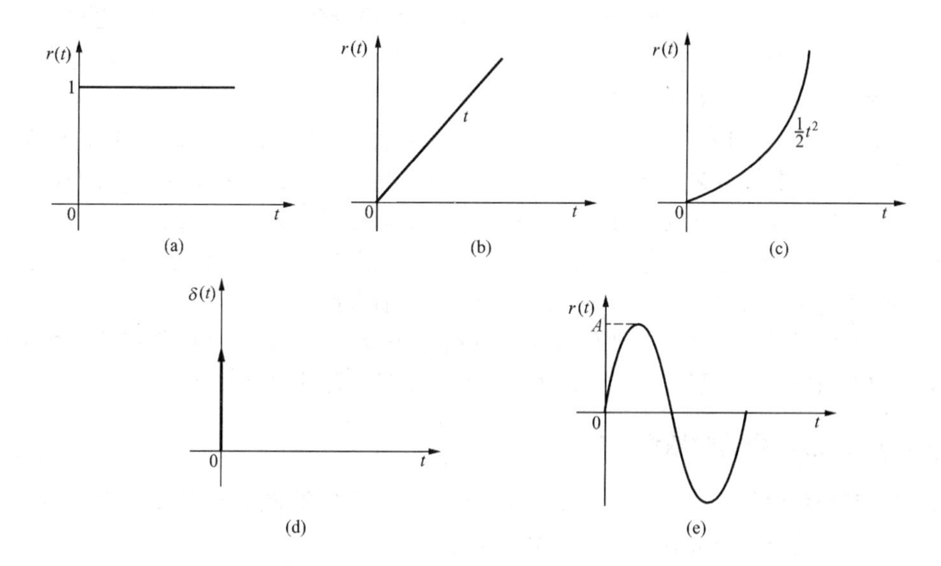

图 3－1　输入信号

3.1.2　动态过程和稳态过程

任何一个控制系统的时间响应，都由动态过程和稳态过程两部分组成。动态过程又称过渡过程，它是指系统从初始状态到最终状态的响应过程。由于一切系统都具有惯性，在输入信号作用于系统后直至系统的输出量达到稳态值以前的所有时间中，分别表现为衰减、发散或持续振荡的动态过程，因而动态过程可以提供有关控制系统的稳定性、输出量偏离输入信号的程度以及动态过程时间间隔的信息。稳态过程是指当时间 t 趋于无穷大时系统的输出状态，即系统输出量最终复现输入信号自如程度。如果系统的稳态输出量不完全等于输入信号，则认为是系统存在稳态误差。稳态误差是衡量系统控制准确度的指标，也是对系统控制精度或抗扰动能力的一种度量。

3.1.3　关于稳定性

在设计控制系统时，我们能够根据元件的性能，估算出系统的动态特性。控制系统动态特性中，最重要的是绝对稳定性，即系统是稳定的，还是不稳定的。如果控制系统没有受到

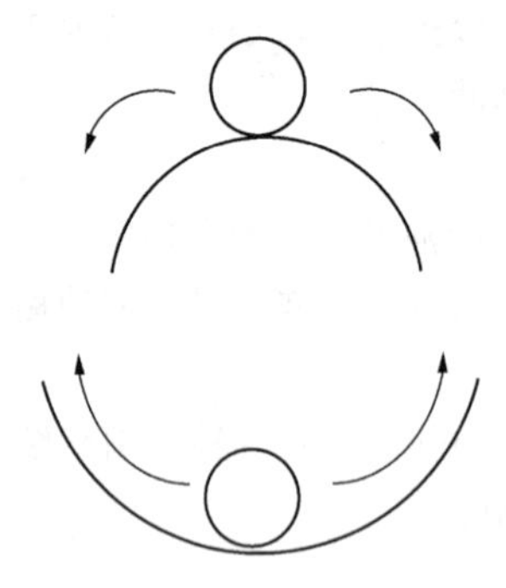
图 3-2 稳定性分析示意图

任何扰动，或输入信号的作用，系统的输出量保持在某一状态上，控制系统便处于平衡状态。如果线性定常控制系统受到扰动量的作用后，输出量最终又返回到它的平衡状态，那么，这种系统是稳定的。图 3-2 中下半部分所示小球是具有绝对稳定性的。如果线性定常控制系统受到扰动量作用后，输出量显现为持续的振荡过程或输出量无限制的偏离其平衡状态，那么系统便是不稳定的。图 3-2 中上半部分所示小球不具有绝对稳定性。

实际上，物理系统输出量只能增加到一定的范围，此后或者受到机械止动装置的限制，或者使系统遭到破坏，也可能当输出量超过一定数值后，系统变成非线性的，而使线性微分方程不再适用。本章不讨论非线性系统的稳定性。

在典型输入信号作用下，一个控制系统的时间响应可分为瞬态响应和稳态响应。瞬态响应是指系统从初始状态到最终状态的响应过程。在实际中，不同的控制系统受惯性、摩擦、阻尼等不同的原因影响，响应过程各有不同。对于实际控制系统，在达到稳态以前，它的瞬态响应，常常表现为阻尼振荡过程，这个过程称之为动态过程。稳态响应是指当 t 趋近于无穷大时，系统的输出状态，表征系统输出量最终复现输入量的程度。

在分析控制系统时，我们既要研究系统的瞬态响应，例如达到新的稳定状态所需的时间，同时也要研究系统的稳态特性，以确定对输入信号跟踪的误差大小。

3.1.4 动态过程的时域性能指标

要研究系统的时间响应，必须对表征控制系统性能的各项指标分别加以探讨。并且只在系统是稳定的情况下，研究其动态过程才有意义。

一般认为，阶跃输入对系统来说是影响非常大的工作状态，如果系统在阶跃输入信号作用下的性能指标是能满足要求的，那么系统在其他形式输入信号作用下的性能指标也能满足要求。所以在通常情况下，取单位阶跃函数作为控制系统的典型输入，用系统在单位阶跃输入信号作用下产生的时间响应，即单位阶跃响应来定义过渡过程的时域性能指标。为了便于分析和比较，一般假定系统在单位阶跃输入信号作用前处于静止状态，而且输出量及其各阶导数均等于零。之所以这样说，是因为对于大多数控制系统来说，这种假设是符合实际情况的。

在许多实际情况中，控制系统所需要的性能指标，常以时域量值的形式给出。通常，控制系统的性能指标，是指系统在初使条件为零（即静止状态，输出量和输入量的各阶导数为 0）时，对单位阶跃输入信号的瞬态响应。

实际控制系统的瞬态响应，在达到稳态以前，常常表现为阻尼振荡过程，为了说明控制系统对单位阶跃输入信号的瞬态响应特性，通常采用图 3-3 所示的一些性能指标。

(1) 延迟时间 t_d：单位阶跃响应响应曲线第一次达到稳态值的一半所需的时间，叫延迟时间。

(2) 上升时间 t_r：无振荡单调变化时，单位阶跃响应曲线从稳态值的 10%上升到 90%所

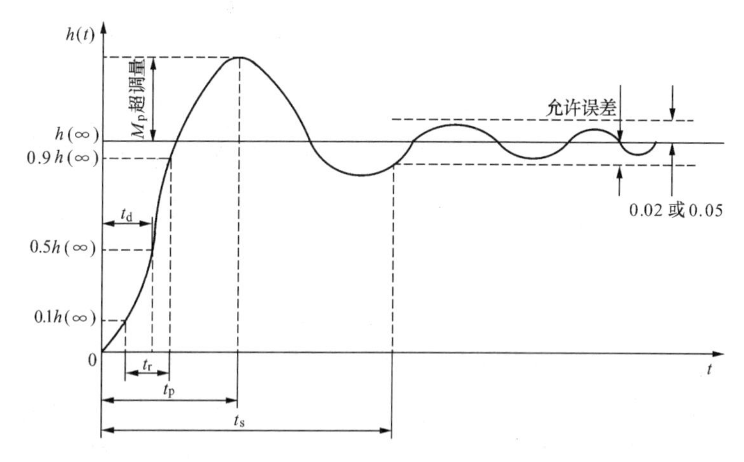

图 3－3　表示性能指标 t_d，t_r，t_p，M_P 和 t_s 的单位阶跃响应曲线

需的时间；振荡变化时，单位阶跃响应曲线从初始值第一次上升到稳态值所需的时间。上升时间越短，响应速度越快。

（3）峰值时间 t_p：单位阶跃响应曲线超过其稳态值，达到第一个峰值所需要的时间。

（4）调节时间 t_s：在单位阶跃响应曲线的稳态线上，用稳态值的百分数（通常取 5%或 2%）作一个允许误差范围也称之为误差带，响应曲线达到并永远保持在这一允许误差范围内所需的时间。

（5）最大超调量 M_p：指响应的最大偏离量 $h(t_p)$ 与终值 $h(\infty)$ 之差的百分比 $\sigma\%$，即

$$\sigma\% = \frac{h(t_p) - h(\infty)}{h(\infty)} \times 100\% \tag{3-1}$$

以上性能指标中，上升时间、峰值时间表征系统响应初始阶段的快速性；调节时间表示系统过渡过程的持续时间，从总体上反映了系统的快速性；最大超调量反映了系统动态过程的平稳性；前面所讲的稳态误差反映了系统稳态工作时的控制精度或抗干扰能力，是衡量系统稳态质量的指标。

上述五个动态性能指标基本上可以体现系统过渡过程的特征，而在实际应用中，常用的动态性能指标多为上升时间、最大超调量和调节时间，一般以这三项指标来评价系统响应的平稳性、快速性和稳态精度。一旦得到系统的单位阶跃响应曲线，从曲线上确定这些性能指标是比较容易的。然而在实际中，除简单的一、二阶系统外，确定这些性能指标的解析表示式是很困难的。

3.1.5　扰动作用下性能指标的提法

实际的控制系统，往往承受很多数量的外作用，它们基本上可以分为两类：输入信号 $r(t)$和扰动作用 $n(t)$，见图 3－4（a）。因此，对控制系统的基本要求是：系统的输出量应尽可能地复现输入信号，同时系统应尽可能地抑制扰动的影响。

一般情况下，控制系统在扰动单独作用下的性能指标有以下几个［参见图 3－4（b）］：

（1）稳态误差 $c(\infty)$：它是响应特性的终值与系统原来稳定状态之间的位置偏差。

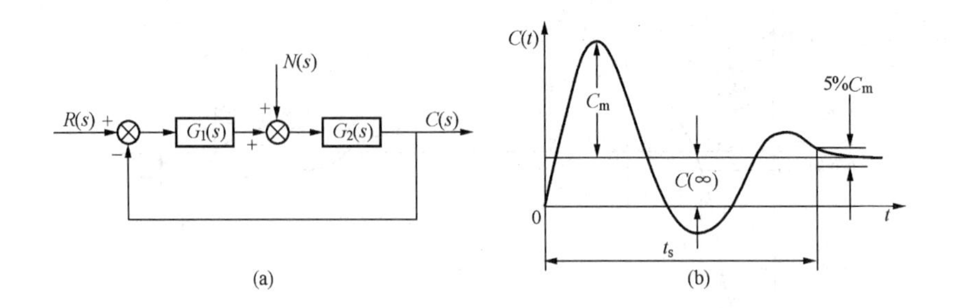

图 3-4　控制系统及其响应特性

(a) 系统方块图；(b) 阶跃扰动作用下的响应特性

(2) 最大偏离量 c_m：系统在阶跃扰动作用下，动态过程的最大值与其终值之间的偏差叫最大偏离量。

(3) 调节时间 t_s：在单位阶跃扰动响应曲线的终值线上，若取最大偏离量的 5 %作为允许误差范围，则响应曲线达到并能够一直保持在该误差范围之内所需要的最小时间，定义为扰动作用下的调节时间。

在扰动作用下，如果系统是稳定的，则其动态过程为收敛过程。

3.2　一阶系统的时域分析

用一阶微分方程描述的系统称为一阶系统。其闭环特征方程为一元一次代数方程，一些控制元、部件及简单系统如 RC 网络、空气加热系统、直流电动机控制电压和转矩的关系，容量流入量和液面高度的关系都可用一阶系统来描述。研究一阶系统的意义还在于某些高阶系统的特性可以通过一阶系统的特性来近似表征。

3.2.1　一阶系统的数学模型

图 3-5 (a) 所示的 RC 电路，根据前面章节的介绍，当初使条件为零时，其传递函数为

$$\Phi(s) = \frac{C(s)}{R(s)} = \frac{1}{Ts + 1} \tag{3-2}$$

这里，也把式 (3-2) 称为一阶系统的数学模型。这种系统实际上是一个非周期性的惯

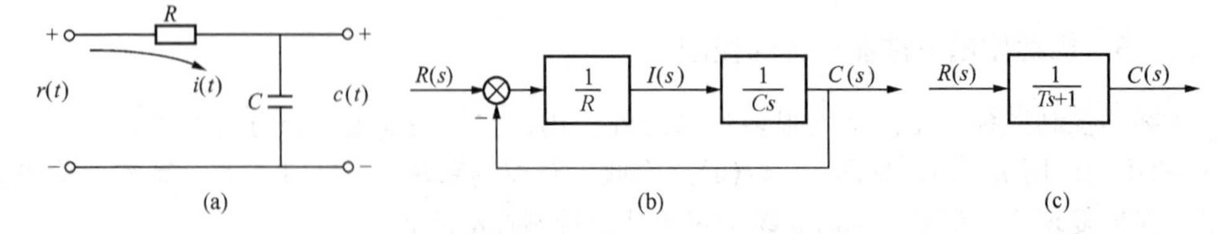

图 3-5　一阶系统电路图、方块图及等效方块图

(a) 电路图；(b) 方块图；(c) 等效方块图

性环节。

下面分别就不同的典型输入信号，分析该系统的时域响应。

3.2.2　单位阶跃响应

因为单位阶跃函数的拉氏变换为 $R(s)=\dfrac{1}{s}$，则系统的输出由式（3－2）可知为

$$C(s)=\Phi(s)R(s)=\frac{1}{Ts+1}\cdot\frac{1}{s}=\frac{1}{s}-\frac{T}{Ts+1}$$

对上式取拉氏反变换，得

$$c(t)=1-e^{-\frac{t}{T}}\quad t\geqslant 0 \tag{3-3}$$

式（3－3）中，1 代表稳态分量，$-e^{-\frac{t}{T}}$代表瞬态分量，其单位阶跃响应曲线是一条从初始值为 0 的，以指数规律上升至终值为 1 的曲线。

响应曲线在 $t\geqslant 0$ 时的初始斜率为 $\dfrac{1}{T}$，如果系统输出响应的速度恒为 $\dfrac{1}{T}$，则只要 $t=T$ 时，输出 $c(t)$ 就能达到其终值。如图 3－6 所示。而根据式（3－3），$t=T$ 时 $C(t)$ 为其稳态值的 63.2%，$t=2T$、$t=3T$ 时 $C(t)$ 的数值可参看图 3－6。

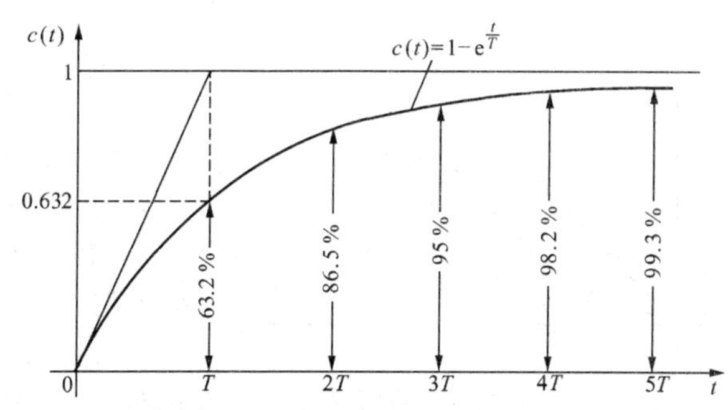

图 3－6　指数响应曲线

由于 $c(t)$ 的终值为 1，因而系统阶跃输入时的稳态误差为零。可计算出一阶系统的动态性能指标

$$t_d=0.69T$$

$$t_r=2.20T$$

$$t_s=3T \qquad (5\%误差带)$$

$$t_s=4T \qquad (2\%误差带)$$

t_p 和 $\sigma\%$不存在

对于一阶系统，时间常数 T 越小，系统的响应越快。T 是一个很有用的特征参数，它可以表征过渡过程的所有性能指标。

3.2.3　一阶系统的单位斜坡响应

因为单位斜坡函数的拉氏变换为 $R(s)=\dfrac{1}{s^2}$

则其输出量的拉氏变换为 $C(s)=\Phi(s)R(s)=\dfrac{1}{Ts+1}\cdot\dfrac{1}{s^2}=\dfrac{1}{s^2}-\dfrac{T}{s}+\dfrac{T^2}{1+Ts}$

对上式求拉氏反变换，得

$$c(t) = t - T(1 - \mathrm{e}^{-\frac{t}{T}}) = t - T + T\mathrm{e}^{-\frac{t}{T}} \tag{3-4}$$

因为

$$e(t) = r(t) - c(t) = T(1 - \mathrm{e}^{-\frac{t}{T}}) \tag{3-5}$$

由式（3-4）可见，稳态分量是一个与输入斜坡函数斜率相同的斜坡函数，但在时间上迟后一个时间常数 T。此外，系统显然存在位置误差，其数值与时间常数 T 的数值相等。如果令时间变量 t 分别等于 T、$2T$、$3T$ 和 $4T$，则利用式（3-4）算出的 $c(t)$ 值分别为 $0.368T$、$1.135T$、$2.050T$ 和 $3.013T$。

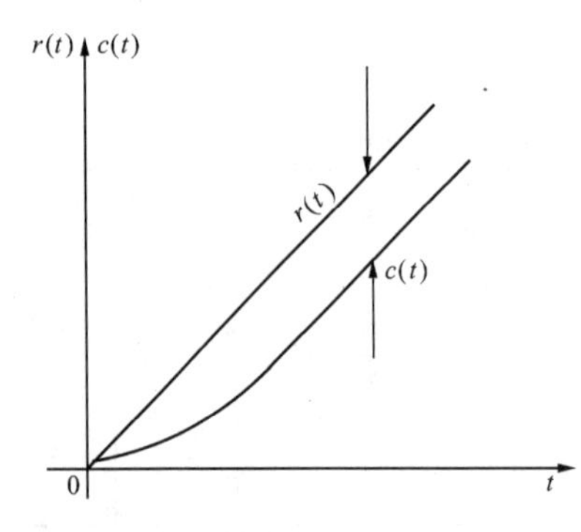

图 3-7 一阶系统的斜坡响应

一阶系统跟踪单位斜坡信号的稳态误差为 $e_{ss} = \lim\limits_{t \to \infty} e(t) = T$

上式表明：

(1) 一阶系统能跟踪斜坡输入信号。稳态时，输入和输出信号的变化率完全相同。

(2) 由于系统存在惯性，$c(t)$ 从 0 上升到 1 时，对应的输出信号在数值上要滞后于输入信号一个常量 T，这就是稳态误差产生的原因。

(3) 减少时间常数 T 不仅可加快瞬态响应速度，还可减少系统跟踪斜坡信号的稳态误差。

比较图（3-6）和图（3-7）可以发现一个现象：在阶跃响应曲线中，输出量与输入信号之间的位置误差随时间而减小，最后趋于零，在初始状态下，位置误差最大，响应曲线的斜率也最大；而在斜坡响应曲线中，输出量与输入信号之间的位置误差随时间变化而增大；最后趋于常值 T，在初始状态下，位置误差和响应曲线的斜率最小，均为零。这说明输出速度和输入速度之间的误差在初始状态最大。

3.2.4 一阶系统的单位脉冲响应

当输入信号为理想单位脉冲函数时，$R(s) = 1$，输入量的拉氏变换与系统的传递函数相同，即

$$C(s) = \frac{1}{Ts + 1} \tag{3-6}$$

这时相同的输出称为脉冲响应，记作 $g(t)$，因为 $g(t) = L^{-1}[G(s)]$，其表达式为

$$c(t) = \frac{1}{T}\mathrm{e}^{-\frac{t}{T}} \quad t \geqslant 0 \tag{3-7}$$

3.2.5 一阶系统的单位加速度响应

$$r(t) = \frac{1}{2}t^2 \qquad R(s) = \frac{1}{s^3}$$

可得到下列结论（推导从略）。

$$c(t) = \frac{1}{2}t^2 - Tt + T^2(1 - e^{-\frac{1}{T}t}) \quad (t \geqslant 0) \tag{3-8}$$

$$e(t) = r(t) - c(t) = Tt - T^2(1 - e^{-\frac{1}{T}t}) \tag{3-9}$$

上式表明，跟踪误差随时间推移而增大，直至无限大。因此，一阶系统不能实现对加速度输入函数的跟踪。

系统对输入信号导数的响应，应等于系统对该输入信号响应的导数。或者说系统对输入信号积分的响应，应等于系统对该输入信号响应的积分；积分常数由零初始条件确定。这是线性定常系统的一个重要特性，不仅适用于一阶线性定常系统，而且也适用于任何阶线性定常系统，但不适用于线性时变系统和非线性系统。因此，研究线性定常系统的时间响应，不必对每种输入信号形式进行测定和计算，往往只取其中一种典型形式进行研究。

表 3-1　一阶系统对典型输入信号的响应式

输入信号		输出响应
$\delta(t)$	1	$\frac{1}{T}e^{-\frac{t}{T}}$　$(t \geqslant 0)$
$1(t)$	$\frac{1}{s}$	$1 - e^{-\frac{t}{T}}$　$t \geqslant 0$
t	$\frac{1}{s^2}$	$t - T + Te^{-\frac{t}{T}}$　$t \geqslant 0$
$\frac{1}{2}t^2$	$\frac{1}{s^3}$	$\frac{1}{2}t^2 - Tt + T^2(1 - e^{-\frac{t}{T}})$　$t \geqslant 0$

3.3　二阶系统的时域分析

凡以二阶微分方程描述的系统称为二阶系统。在控制工程中，二阶系统比较常见。此外，许多高阶系统，在一定条件下忽略一些次要因素，常降阶为二阶系统来研究。因此，深入研究二阶系统的时间响应及其性能指标与参数的关系，具有广泛的实际意义。

二阶系统的响应，可以分为非周期的或振荡的。相对而言，研究非周期的情况方便一些。由于它的响应特性不会超过其稳态值而发生振荡，所以这种非周期响应的二阶系统又称为非振荡二阶系统。和非振荡二阶系统相对应的是振荡二阶系统。我们首先从一个特定的二阶系统出发，推导出系统的数学模型即闭环传递函数，然后抽象为一般情况进行讨论。

3.3.1　二阶系统的数学模型

图 3-8 所示为随动系统（位置控制系统）原理。该系统的任务是控制机械负载的位置，使其与所要求的参考位置相协调。系统工作原理如下：

用一对电位计作系统的误差测量装置，它们可以将输入和输出位置信号转换为与位置成正比的电信号。

输入电位计电刷臂的角位置 θ_r 由控制输入信号确定，角位置 θ_r 就是系统的参考输入量，而电刷臂上的电位与电刷臂的角位置成正比；输出电位计电刷臂的角位置 θ_c 由输出轴的位

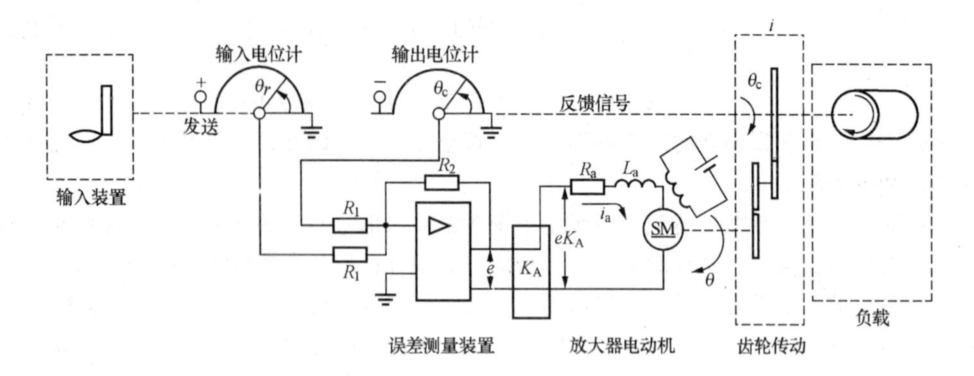

图 3-8 随动系统原理

置确定。电位差 $e = K_s(\theta_r - \theta_c)$ 就是误差信号，其中 K_s 是桥式电位器的传递函数。

误差信号被增益常数为 K_A 的放大器放大，放大器的输出电压作用到直流电动机的电枢电路上。电动机激磁绕组上加有固定电压。如果出现误差信号，电动机就产生力矩以转动输出负载，并使误差信号减少到零。

当激磁电流固定时，电动机产生的力矩（电磁转距）为

$$M = C_m i_a \quad M(s) = C_m I_a(s) \tag{3-10}$$

式中 C_m——电动机的转矩系数；

i_a——电枢电流。

对于电枢电路，有

$$L_a \frac{di_a}{dt} + R_a i_a + K_b \frac{d\theta}{dt} = K_A K_s e \tag{3-11}$$

$$(L_a s + R_a) I_a(s) = K_A K_s E(s) - K_b s\theta(s)$$

式中 L_a、R_a——电动机电枢绕组的电感和电阻；

K_b——电动机的反电势常数；

θ——电动机的轴的角位移。

电动机的力矩平衡方程为

$$J\frac{d^2\theta}{dt^2} + f\frac{d\theta}{dt} = M = C_m i_a \tag{3-12}$$

$$(Js^2 + fs)\theta(s) = M(s)$$

式中 J——电动机负载和齿轮传动装置折合到电动机轴上的组合转动惯量。

f——电动机负载和齿轮传动装置折合到电动机轴上的黏性摩擦系数。

$$\theta_c = \frac{1}{i}\theta \qquad \theta_c(s) = \frac{1}{i}\theta(s) \tag{3-13}$$

可得出随动系统方块图如图 3-9 所示。

根据图 3-9，可以求出系统的前向通路传递函数（即开环传递函数）。因为反馈回路传递函数为

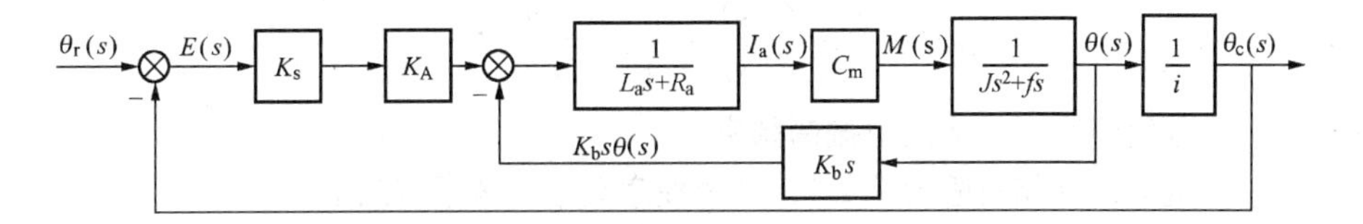

图 3-9　随动系统方块图

$$G(s)=\frac{\theta_c(s)H(s)}{E(s)}$$

$$=K_sK_A\frac{\dfrac{1}{L_as+R_a}C_m\dfrac{1}{Js^2+fs}}{1+\dfrac{C_m\cdot K_bs}{(L_as+R_a)(Js^2+fs)}}\cdot\frac{1}{i}=\frac{K_sK_AC_m/i}{(L_as+R_a)(Js^2+fs)+C_mK_bs} \tag{3-14}$$

如果略去电枢电感 L_a，则有

$$G(s)=\frac{K_sK_AC_m/(iR_a)}{s\left(Js+f+\dfrac{C_mK_b}{R_a}\right)}=\frac{K_1}{s(Js+F)}$$

$$=\frac{K_1/F}{s\left(\dfrac{J}{F}s+1\right)}=\frac{K}{s(T_ms+1)} \tag{3-15}$$

其中 $K_1=K_sK_AC_m/(iR_a)$ 为增益；

$F=f+\dfrac{C_mK_b}{R_a}$ 为阻尼系数，由于(K_b) 电动机反电势的存在，增大了系统的黏性摩擦；

$K=K_1/F$ 为开环增益；

$T_m=J/F$ 为机电时间常数。

那么，不考虑负载力矩的情况下，随动系统的开环传递函数可以简化为

$$G(s)=\frac{K}{s(T_ms+1)} \tag{3-16}$$

相应的闭环传递函数为

$$\Phi(s)=\frac{\theta_c(s)}{\theta_r(s)}=\frac{G(s)}{1+G(s)}=\frac{K}{T_ms^2+s+K}$$

$$=\frac{\dfrac{K}{T_m}}{s^2+\dfrac{1}{T_m}s+\dfrac{K}{T_m}}=\frac{\omega_n^2}{s^2+2\xi\omega_ns+\dfrac{K}{T_m}} \tag{3-17}$$

为了使研究的结果具有普遍意义，可将式（3-17）表示为如下标准形式：

$$\Phi(s)=\frac{C(s)}{R(s)}=\frac{\omega_n^2}{s^2+2\xi\omega_n s+\omega_n^2} \tag{3-18}$$

式中　ω_n——自然频率（或无阻尼振荡频率）；

ξ——阻尼比（相对阻尼系数），其物理意义是代表系统阻尼的程度。

由　　$\omega_n^2=\frac{K}{T_m}$得出 $\omega_n=\sqrt{\frac{K}{T_m}}$；由 $2\xi\omega_n=\frac{1}{T_m}$得出 $\xi=\frac{1}{2\sqrt{T_m K}}$。

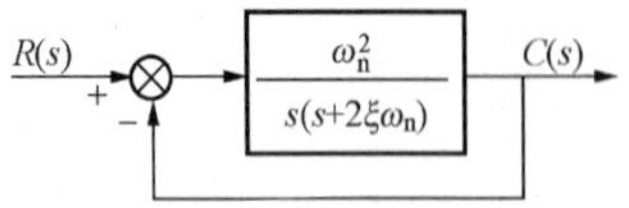

二阶系统的标准形式，相应的方块图如图 3-10 所示。

二阶系统的动态特性，可以用 ξ 和 ω_n 这两个参量加以描述。

图 3-10　标准形式的二阶系统方块图

二阶系统的特征方程　$s^2+2\xi\omega_n s+\omega_n^2=0$　　(3-19)

上述特征方程的特征根为

$$s_{1,2}=-\xi\omega_n\pm\omega_n\sqrt{\xi^2-1} \tag{3-20}$$

s_1 和 s_2 即是上述特征方程的闭环特征根，也称为闭环系统的极点。阻尼比 ξ 是实际阻尼系数 F 与临界阻尼系数 F_C 的比值，即

$$\xi=\frac{1}{2\sqrt{T_m K}}=\frac{1}{2\sqrt{JK/F}}=\frac{1}{2\sqrt{JK_1/F^2}}=\frac{F}{2\sqrt{JK_1}}=\frac{F}{F_C}$$

式中，$F_C=2\sqrt{JK_1}$称为临界阻尼系数，$\xi=1$ 时，实际阻尼系数等于临界阻尼系数。

$\xi<0$ 系统具有两个正实部的特征根，系统是发散的；

$0<\xi<1$，闭环极点为共扼复根，位于左半 S 平面，这时的系统时间响应是振荡的，叫做欠阻尼系统；

$\xi=1$，系统有两个相等的负实根，时间响应无振荡，系统叫做临界阻尼系统；

$\xi>1$，系统有两个不相等的负实根，时间响应无振荡，称为过阻尼系统；

$\xi=0$，根位于虚轴上，瞬态响应变为等幅振荡。

综合上述，二阶系统的极点分布可以用图 3-11 来表示。

一般情况下，我们希望控制系统的时间响应是快速反应的。因为过阻尼系统的响应过于缓慢，所以设计系统时，很少采用过阻尼系统，但这并不排除有时在某些情况下（例如在包含低增益、大惯性的温度控制系统设计中）需要采用过阻尼系统。此外，在有些不允许时间响应出现超调，而又希望响应速度较快的情况下，例如在指示仪表系统和记录仪表系统中，需要采用临界阻尼系统。特别要说明的是，一些高阶系统的特性，经常可以用过阻尼或临界阻尼二阶系统

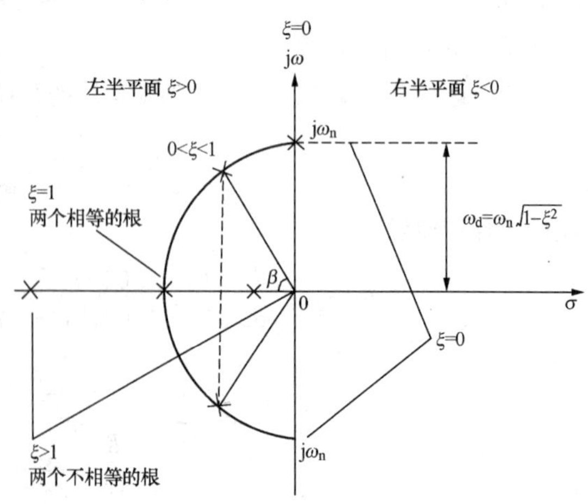

图 3-11　二阶系统极点分布

的特性来近似表示，因此可以说，研究非振荡二阶系统的分析和设计方法也有它自己的特殊意义。但这里，更多地涉及振荡二阶系统即欠阻尼系统的特性。

3.3.2　二阶系统的单位阶跃响应

结合前面章节的内容，参看图 3－11，我们可对二阶系统的单位阶跃响应情况做出以下分析。

一、欠阻尼 $(0<\xi<1)$ 二阶系统的单位阶跃响应

$$s_{1,2}=-\xi\omega_n\pm j\omega_n\sqrt{1-\xi^2}=-\sigma\pm j\omega_d$$

式中　$\sigma=\xi\omega_n$——衰减系数；

$\omega_d=\omega_n\sqrt{1-\xi^2}$——阻尼振荡频率。

$R(s)=\dfrac{1}{s}$，由式（3－18）得

$$C(s)=\Phi(s)R(s)=\frac{\omega_n^2}{s^2+2\xi\omega_n s+\omega_n^2}\cdot\frac{1}{s}=\frac{1}{s}-\frac{s+\xi\omega_n}{(s+\xi\omega_n)^2+\omega_d^2}-\frac{\xi\omega_n}{(s+\xi\omega_n)^2+\omega_d^2}$$

$$\omega_d\frac{\xi\omega_n}{\omega_d}=\omega_d\frac{\xi\omega_n}{\omega_n\sqrt{1-\xi^2}}=\omega_d\frac{\xi}{\sqrt{1-\xi^2}}$$

对上式取拉氏反变换，得单位阶跃响应式为

$$\begin{aligned}h(t)&=1-e^{-\xi\omega_n t}\left[\cos\omega_d t+\frac{\xi}{\sqrt{1-\xi^2}}\sin\omega_d t\right]\\&=1-\frac{1}{\sqrt{1-\xi^2}}e^{-\xi\omega_n t}\sin(\omega_d t+\beta)\quad t\geqslant 0\end{aligned}\tag{3-21}$$

$$\beta=\arctan\frac{\sqrt{1-\xi^2}}{\xi}=\arccos\xi\tag{3-22}$$

式（3－21）中，第一项是稳态分量，其为 1 时，表明图 3－8 系统在单位阶跃函数作用下，不存在稳态位置误差，第二项是瞬态分量，为阻尼正弦振荡项，其振荡频率为 ω_d 为阻尼振荡频率。β 由式（3－22）或直角三角形计算。

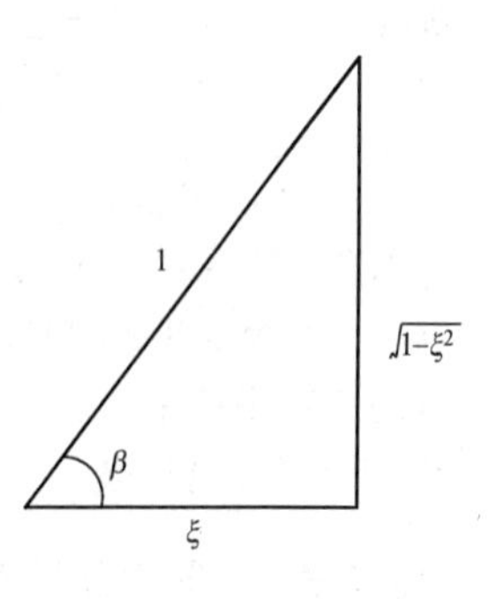

包络线 $1\pm e^{-\xi\omega_n t}/\sqrt{1-\xi^2}$ 决定收敛速度。

$$\xi=0\text{ 时，}h(t)=1-\sin\omega_n t\quad t\geqslant 0\tag{3-23}$$

这是一条平均值为 1 的正、余弦形式等幅振荡，其振荡频率为 ω_n，又称为无阻尼振荡频率。ω_n 由系统本身的结构参数 K 和 T_m，或 K_1 和 J 确定，ω_n 常称自然频率。

实际控制系统通常有一定的阻尼比，因此不可能通过实验方法测得 ω_n，而只能测得 ω_d，

且 $\omega_d < \omega_n$，$\xi \geqslant 1$，ω_d 不复存在，系统的响应不再出现振荡。

二、临界阻尼（$\xi = 1$）二阶系统的单位阶跃响应

$$r(t) = u(t), R(s) = \frac{1}{s}$$

$$C(s) = \frac{\omega_n^2}{(s+\omega_n)^2} \cdot \frac{1}{s} = \frac{1}{s} - \frac{\omega_n}{(s+\omega_n)^2} - \frac{1}{s+\omega_n}$$

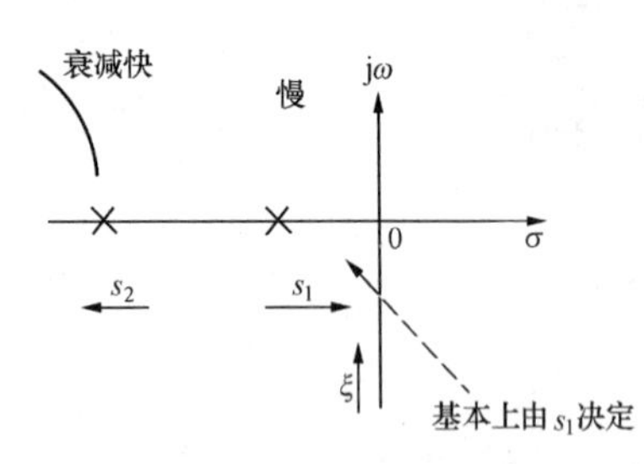

图 3－12 二阶系统的实极点

临界阻尼情况下的二阶系统的单位阶跃响应称为临界阻尼响应，其响应式为

$$h(t) = 1 - e^{-\omega_n t}\omega_n t - e^{-\omega_n t} = 1 - e^{-\omega_n t}(1 + \omega_n t) \quad t \geqslant 0 \tag{3-24}$$

当 $\xi = 1$ 时，二阶系统的单位阶跃响应是稳态值为 1 的无超调单调上升过程：

$$\frac{dh(t)}{dt} = \omega_n^2 + e^{-\omega_n t}$$

三、过阻尼（$\xi > 1$）二阶系统的单位阶跃响应

$$s_{1,2} = -\xi\omega_n \pm \omega_n\sqrt{\xi^2 - 1}$$

$$C(s) = \frac{\omega_n^2}{(s-s_1)(s-s_2)} \cdot \frac{1}{s} = \frac{\omega_n^2}{[s+\omega_n(\xi-\sqrt{\xi^2-1})][s+\omega_n(\xi+\sqrt{\xi^2-1})]s}$$

$$= \frac{A_1}{s} + \frac{A_2}{s+\omega_n(\xi-\sqrt{\xi^2-1})} + \frac{A_3}{\xi+\omega_n(\xi+\sqrt{\xi^2-1})}$$

$$A_1 = 1$$

$$A_2 = \frac{-1}{s+\omega_n(\xi-\sqrt{\xi^2-1})}$$

$$A_3 = \frac{1}{2\sqrt{\xi^2-1}(\xi+\sqrt{\xi^2-1})}$$

$$h(t) = 1 - \frac{1}{2\sqrt{\xi^2-1}(\xi-\sqrt{\xi^2-1})}e^{-(\xi-\sqrt{\xi^2-1})\omega_n t} + \frac{1}{2\sqrt{\xi^2-1}(\xi+\sqrt{\xi^2-1})}e^{-(\xi+\sqrt{\xi^2-1})\omega_n t} \quad t \geqslant 0 \tag{3-25}$$

图 3－13 表示出了二阶系统在不同 ξ 值情况下的单位阶跃响应曲线。它表明，当 ξ 值的范围在 0.5 至 0.8 之间时，其响应速度要比 $\xi \geqslant 1$ 的非振荡二阶系统的响应速度要快。而在非振荡二阶系统中，$\xi = 1$ 的系统响应是最快的。系统欠阻尼时的单位阶跃响应曲线在图 3－14 中表示得非常清楚。

3.3.3 二阶系统阶跃响应的性能指标

一、欠阻尼情况

下列所述的性能指标，将定量地描述系统瞬态响应的性能。

在控制工程中，除了那些不容许产生振荡响应的系统外，通常都希望控制系统具有适度的阻尼、快速的响应速度和较短的调节时间。系统的平稳性和快速性是不可能同时达到最佳的。在控制系统的实际设计中，为使系统的总体动态性能比较好，二阶系统一般取 $\xi=0.4\sim0.8$，工程上常取 $\xi=0.707$ 作为设计依据，我们称之为二阶工程最佳参数。其他的动态性能指标，有的可用 ξ 和 ω_n 精确表示，如 t_r，t_p，M_p，有的很难用 ξ 和 ω_n 准确表示，如 t_d，t_s，可采用近似算法。

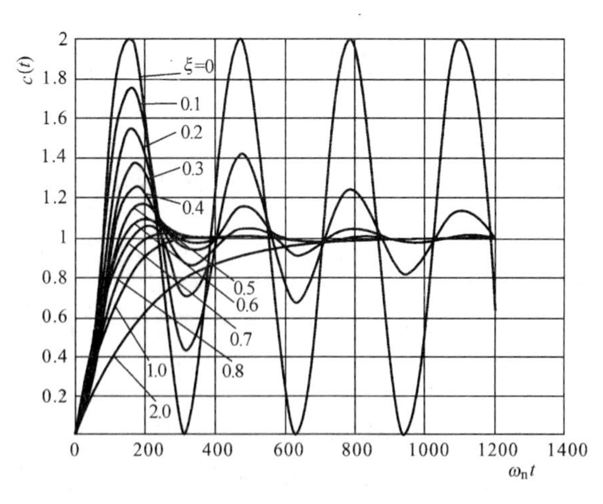

图 3-13　二阶系统的单位阶跃响应通用曲线

1. t_d 延时时间

在式（3-21）中，即 $h(t)=1-\dfrac{1}{\sqrt{1-\xi^2}}e^{-\xi\omega_n t}\sin(\omega_d t+\beta)$，$t\geqslant0$

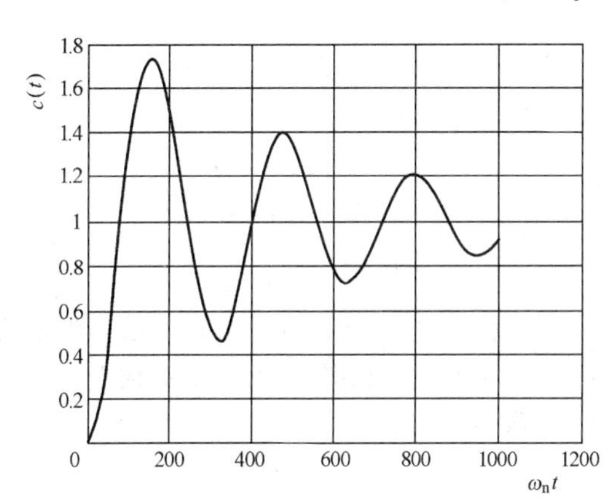

图 3-14　系统欠阻尼时的单位阶跃响应曲线

令 $h(t_d)=0.5, \beta=\arctan\dfrac{\sqrt{1-\xi^2}}{\xi}=\arccos\xi$

可得

$$\omega_n t_d=\frac{1}{\xi}\ln\frac{2\sin\left(\sqrt{1-\xi^2}\,\omega_n t_d+\arccos\xi\right)}{\sqrt{1-\xi^2}}$$

在较大的 ξ 值范围内，近似有（参考其他章节）

$$t_d=\frac{1+0.6\xi+0.2\xi^2}{\omega_n} \tag{3-26}$$

$0<\xi<1$ 时，亦可用 $t_d=\dfrac{1+0.7\xi}{\omega_n}$

(3-27)

2. t_r（上升时间）

$h(t_r)=1$，求得 $\dfrac{1}{\sqrt{1-\xi^2}}e^{-\xi\omega_n t}\sin(\omega_d t_r+\beta)=0$

$$\omega_d t_r+\beta=\pi$$

$$t_r=\frac{\pi-\beta}{\omega_d} \tag{3-28}$$

当 ξ 一定，即 β 一定时，因为 $\omega_d=\sqrt{1-\xi^2}$，所以 ω_n 越大则 t_r 越小，响应速度越快。

3. t_p（峰值时间）

对式（3－21）求导，并令其为零，求得

$$\xi\omega_n e^{-\xi\omega_n t}\sin(\omega_d t+\beta)-\omega_d e^{\xi\omega_n t}\cos(\omega_d t+\beta)=0$$

$$\tan(\omega_d t+\beta)=\frac{\sqrt{1-\xi^2}}{\xi}$$

因为
$$\tan\beta=\frac{\sqrt{1-\xi^2}}{\xi}$$

所以 $\omega_d t_p=0$，π，2π，…，根据峰值时间定义，应取 $\omega_d t_p=\pi$，则

$$t_p=\frac{\pi}{\omega_d}=\frac{1}{2}\frac{2\pi}{\omega_d}=\frac{1}{2}T_d \tag{3-29}$$

ξ 一定时，ω_n 越大（闭环极点离负实轴的距离越远）则 t_p 越小。

4. 超调量 $\sigma\%$ 或 M_p 的计算

超调量在峰值时间发生，故 $h(t_p)$ 即为最大输出

$$h(t_p)=1-\frac{1}{\sqrt{1-\xi^2}}e^{-\xi\omega_n t_p}\sin(\omega_d t_p+\beta)$$

$$h(t_p)=1+e^{-\pi\xi/\sqrt{1-\xi^2}}$$

因为
$$\sin(\pi+\beta)=-\sin\beta=-\sqrt{1-\xi^2}$$

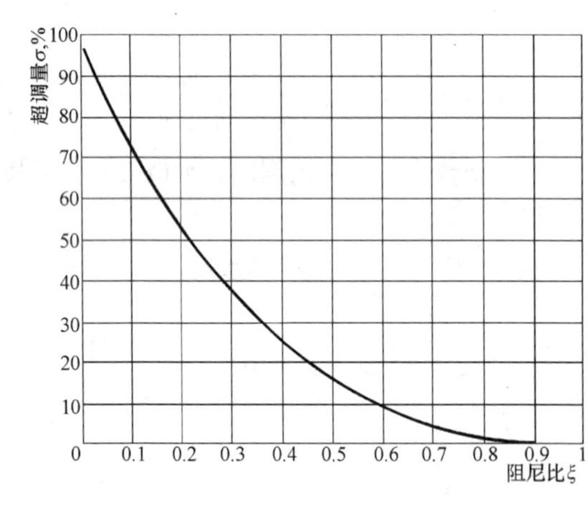

图 3－15 超调量和阻尼比的关系曲线

所以
$$\sigma\%=\frac{h(t_p)-h(\infty)}{h(\infty)}\times100\%=e^{-\frac{\pi\xi}{\sqrt{1-\xi^2}}}\times100\% \tag{3-30}$$

由式（3－30）可得出超调量和阻尼比的关系曲线，见图 3－15。从曲线上得出以下数值关系：

$\xi=0$ 时，$\sigma\%=100\%$

$\xi=0.4$ 时，$\sigma\%=25.4\%$

$\xi=1.0$ 时，$\sigma\%=0$

当 $\xi=0.4\sim0.8$ 时，

$\sigma\%=1.5\%\sim25.4\%$

5. 调节时间 t_s 的计算

典型二阶系统欠阻尼条件下的单位阶跃响应式为

$$h(t)=1-e^{-\xi\omega_n t}\sin(\omega_d t+\beta)\quad t\geqslant0$$

由式（3－22）　$\beta=\arctan\dfrac{\sqrt{1-\xi^2}}{\xi}=\arccos\xi$

令 Δ 表示实际响应与稳态输出之间的误差，则有

$$\Delta = \left|\frac{1}{\sqrt{1-\xi^2}}\mathrm{e}^{-\xi\omega_n t}\sin(\omega_d t+\beta)\right| \leqslant \frac{\mathrm{e}^{-\xi\omega_n t}}{\sqrt{1-\xi^2}}$$

$$t_s = \frac{1}{\xi\omega_n}\left(\ln\frac{1}{\Delta}+\ln\frac{1}{\sqrt{1-\xi^2}}\right)$$

$\xi\leqslant 0.8$ 时，并在上述不等式右端分母中代入 $\xi=0.8$，选取误差带 Δ 后得出 t_s：

$$\Delta=0.05 \qquad t_s\leqslant\frac{3.5}{\xi\omega_n} \qquad t_s=\frac{3.5}{\xi\omega_n}$$

$$\Delta=0.02 \qquad t_s\leqslant\frac{4.5}{\xi\omega_n} \qquad t_s=\frac{4.5}{\xi\omega_n} \tag{3-31}$$

当 ξ 较小　$\xi\leqslant 0.4$

$$t_s=\frac{3}{\xi\omega_n} \qquad (\Delta=0.05)$$

$$t_s=\frac{4}{\xi\omega_n} \qquad (\Delta=0.02)$$

对图 3－8 的标准二阶系统有

$$E(s) = \frac{C(s)}{G(s)} = \frac{\frac{G(s)}{1+G(s)}\cdot R(s)}{G(s)} = \frac{R(s)}{1+G(s)} = \frac{s(s+2\xi\omega_n)}{s^2+2\xi\omega_n s+\omega_n^2}\cdot\frac{1}{s}$$

利用拉氏变换的终值定理 $e_{ss}=\lim\limits_{s\to\infty}sE(s)=0$，故二阶系统在（单位）阶跃信号作用下的稳态误差恒为零。

如果在斜坡信号 $r(t)=t$ 作用下，有

$$e_{ss} = \lim_{s\to 0}sE(s) = \lim_{s\to 0}\frac{s(s+2\xi\omega_n)}{s^2+2\xi\omega_n s+\omega_n^2}\cdot\frac{1}{s^2} = \frac{2\xi}{\omega_n} \tag{3-32}$$

【例 3－1】　考虑图 3－10 所示系统，已知 $\xi=0.6$，$\omega_n=5\text{rad/s}$，求 t_r，t_p 和（M_p）$\sigma\%$，t_s，设系统在单位阶跃信号作用下。

解

$$\omega_d:\omega_d = \omega_n\sqrt{1-\xi^2} = 5\sqrt{1-0.6^2} = 4$$

$$\sigma:\sigma = \xi\omega_n = 0.6\times 5 = 3$$

$$t_r:t_r = \frac{\pi-\beta}{\omega_d} = \frac{\pi-\arccos\xi}{4} = \frac{\pi-0.927}{4} = 0.55\text{s}$$

$$t_p:t_p = \frac{\pi}{\omega_d} = \frac{\pi}{4} = 0.785\text{s}$$

$$\sigma\%:\sigma\% = \mathrm{e}^{-\pi\xi/\sqrt{1-\xi^2}}100\% = \mathrm{e}^{-\pi 0.6/\sqrt{1-\xi^2}}100\% = 0.095\times 100\% = 9.5\%$$

$$t_s:t_s\text{ 对 }\Delta = 2\% \qquad t_s = \frac{4.5}{\sigma} = \frac{4.5}{3} = 1.5s$$

$$\text{对 }\Delta = 5\% \qquad t_s = \frac{3.5}{\sigma} = \frac{3.5}{3} = 1.17\text{s}$$

二、过阻尼 $\xi>1$ 时的情况

此种情况的系统时间响应是非振荡的。因此在过渡过程性能指标中，只有延迟时间，上升时间和调节时间才有意义。由于过阻尼系统的单位阶跃响应特性是一个超越方程，无法根据延迟时间，上升时间和调节时间的定义推导出准确的计算公式。对于 t_d 和 t_r，比较简单的方法是令 ξ 为不同值，用数值解法求出它们的 $\omega_d t_d$ 和 $\omega_d t_r$，然后制成曲线以供查阅。

根据以上关系曲线（它们将在后面章节介绍）可以下述二次方程近似计算

（1）延迟时间 $t_d \approx \dfrac{1+0.6\xi+0.2\xi^2}{\omega_n}$

（2）上升时间 $t_r \approx \dfrac{1+0.9\xi+1.6\xi^2}{\omega_n}$

（3）调节时间 t_s

对于调节时间，要确定它的近似表达式非常困难。因过阻尼 $\xi>1$ 时，其闭环特征方程式为 $s^2+2\xi\omega_n+\omega_n^2=\left(s+\dfrac{1}{T_1}\right)\left(s+\dfrac{1}{T_2}\right)$，可按照下式估算（推导从略）。

$\xi>1$　当 $T_1 \geqslant 4T_2$　$t_s=3T_1$

$\xi=1$　$t_s=4.75T_1$

（4）无超调

二阶系统的单位斜坡响应 $c(t)=\int_0^t h(t)\mathrm{d}t$ 利用线性系统的性质，系统对输入积分的响应等于系统响应的积分。

3.3.4 二阶系统的动态校正

对于特定的系统，3.3.1 节中介绍的位置控制系统（随动系统），其闭环传递函数为

$$\Phi(s)=\frac{K}{T_m s^2+s+K} \Rightarrow \begin{cases} \omega_n=\sqrt{\dfrac{K}{T_m}} \\ \xi=\dfrac{1}{2}\sqrt{\dfrac{1}{T_m K}} \end{cases}$$

调整时间 t_s，当 ξ 一定时，t_s 与 ω_n 有关，ω_n 大，t_s 小。M_p 仅与 ξ 有关，ξ 大，超调量小。

控制系统设计的目的是稳、准、快，但各项指标之间是矛盾的。如果要求系统反应快，显然要求 $\sigma\%$小，随之必然要求 ξ 大，因为 T_m 一定（对特定的系统）必然要求 K 小；同样如果要求系统反应快，ω_n 就要大些，随之必然要求 K 大；如果要求稳态误差小，就需要 K 大。

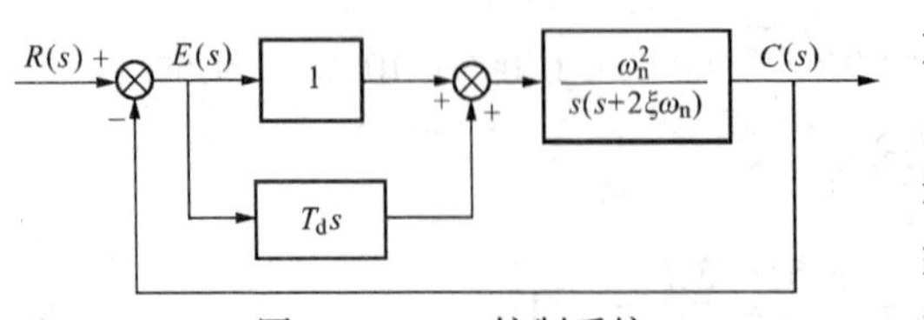

图 3-16　PD 控制系统

在实际中必须采取合理折中方案，如果采取折中方案仍不能使系统满足要求，就必须研究其他控制方式，以改善系统的动态性能和稳态性能。如二阶系统在斜坡信号作用

下，有稳态误差 $e_{ss}=\frac{2\xi}{\omega_n}$，$e_{ss}$要小，就需要 ξ 小。

在改善二阶系统性能的方法中，比例 - 微分控制和测速反馈控制是两种常用方法。

一、比例 - 微分控制（PD）

由于比例控制系统中只有唯一的增益参量可调，因此要满足设计指标中关于动态性能和稳态性能的要求是相当困难的。采用比例 - 微分控制后，可以改善特定系统的超调量，而不影响常值稳态误差。所以，适当选配系统的开环增益和微分时间常数，可以使得系统具有一个比较令人满意的性能指标。

用分析法研究 PD 控制对系统性能的影响。由图 3 - 16 可得开环传递函数。

$$G(s)=\frac{C(s)}{E(s)}H(s)=\frac{(T_d s+1)\omega_n^2}{s(s+2\xi\omega_n)}=\frac{\omega_n^2(T_d s+1)}{2\xi\omega_n s\left(\frac{s}{2\xi\omega_n}+1\right)}=\frac{\frac{\omega_n}{2\xi}(T_d s+1)}{s\left(\frac{s}{2\xi\omega_n}+1\right)} \tag{3-33}$$

开环增益 K 与 ω_n，ξ 有关，即

$$K=\frac{\omega_n}{2\xi} \tag{3-34}$$

闭环传递函数为

$$\Phi(s)=\frac{G(s)}{1+G(s)}=\frac{\omega_n^2(T_d s+1)}{s^2+2\xi\omega_n s+T_d\omega_n^2 s+\omega_n^2}$$

$$=\frac{T_d\omega_n^2\left(s+\frac{1}{T_d}\right)}{s^2+(2\xi\omega_n+T_d\omega_n^2)s+\omega_n^2} \tag{3-35}$$

$$T_d\omega_n^2=2\xi\omega_n \quad \xi'=\frac{T_d\omega_n}{2} \quad \xi_d=\xi+\xi'=\xi+\frac{T_d\omega_n}{2}$$

令 $z=\frac{1}{T_d}$，得

$$\Phi(s)=\frac{\omega_n^2(s+z)}{z(s^2+2\xi_d\omega_n s+\omega_n^2)} \tag{3-36}$$

结论：

（1）比例 - 微分控制可以增大系统的阻尼，使动态过程的超调量下降，延迟时间增长，但并不影响常值稳态误差及自然频率。

（2）$K=\frac{\omega_n}{2\xi}$，由式（3 - 35）可知，可通过适当选择微分时间常数 T_d 来，改变 ξ_d 阻尼的大小。

（3）$K=\frac{\omega_n}{2\xi}$，由于 ξ 与 ω_n 均与 K 有关，所以适当选择开环增益，可使系统在斜坡输入时的稳态误差减小，单位阶跃输入时有满意的动态性能（快速反应，超调量小）。这种控制方法，工业上称为 PD 控制，由于 PD 控制相当于给系统增加了一个闭环零点，$z=\frac{1}{T_d}$，故比

例－微分控制的二阶系统称为有零点的二阶系统。

(4) 应当注意，当系统输入端噪声较强时，不能采用比例－微分控制，因为微分器对于噪声，特别是对于高频噪声的放大作用，远大于对缓慢变化输入信号的放大作用。此时，可考虑采用测速反馈控制方式。

当输入为单位阶跃函数时

$$C(s)=\Phi(s)R(s)=\frac{s+Z}{s^2+2\xi\omega_n s+\omega_n^2}\cdot\frac{\omega_n^2}{Z}\cdot\frac{1}{s}$$

$$=\frac{\omega_n^2}{s(s^2+2\xi\omega_n s+\omega_n^2)}+\frac{1}{Z}\cdot\frac{s\omega_n^2}{s(s^2+2\xi\omega_n s+\omega_n^2)}$$

因为

$$\frac{\omega_n^2}{s(s^2+2\xi\omega_n s+\omega_n^2)}\Leftrightarrow 1-\frac{1}{\sqrt{1-\xi_d^2}}e^{-\xi_d\omega_n t}\sin\left(\omega_n\sqrt{1-\xi_d^2}t+\beta\right)$$

$$\frac{1}{Z}\cdot\frac{\omega_n^2}{s^2+2\xi_d\omega_n s+\omega_n^2}\Leftrightarrow\frac{1}{Z}\cdot\frac{\omega_n}{\sqrt{1-\xi_d^2}}e^{-\xi_d\omega_n t}\sin\omega_n\sqrt{1-\xi_d^2}t$$

所以，当 $\xi_d<1$ 时，得单位阶跃响应

$$h(t)=1-\frac{1}{\sqrt{1-\xi_d^2}}e^{-\xi_d\omega_n t}\sin\left(\omega_n\sqrt{1-\xi_d^2}t+\beta\right)+\frac{\omega_n}{Z\sqrt{1-\xi_d^2}}e^{-\xi_d\omega_n t}\sin\omega_n\sqrt{1-\xi_d^2}t \tag{3-37}$$

可以化简为简化形式 $h(t)=1+re^{-\xi_d\omega_n t}\sin(\omega_n\sqrt{1-\xi_d^2}t+\varphi)$　(3－38)

$$r=\sqrt{Z^2-2\xi_d Z\omega_n+\omega_n^2} \tag{3-39}$$

$$\varphi=-\pi+\arctan[\omega_n\sqrt{1-\xi_d^2}/(Z-\xi_d\omega_n)]+\arctan(\sqrt{1-\xi_d^2}/\xi_d) \tag{3-40}$$

二、测速反馈控制

输入量的导数同样可以用来改善系统的性能。

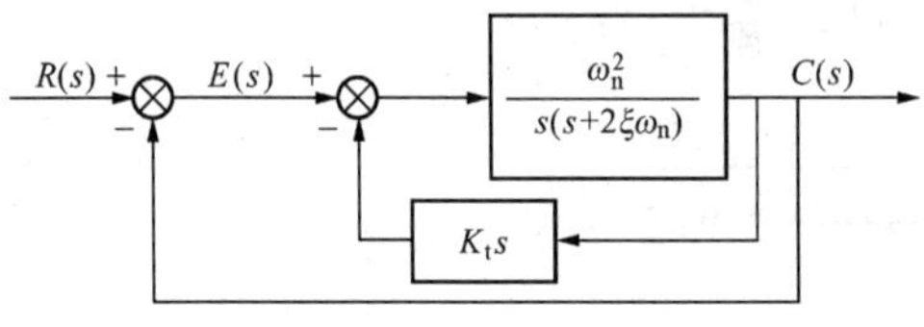

图 3－17　测速反馈控制的二阶系统

通过将输出的速度信号反馈到系统输入端，并与误差信号比较，其效果与比例－微分控制相似，可以增大系统阻尼，改善系统的动态性能。图 3－17 中的 K_t 为与测速发电机输出斜率有关的测速反馈系数（电压/单位转速）。

图 3－17 所示系统的开环传递函数为

$$G(s)=\frac{\dfrac{\omega_n^2}{s(s+2\xi\omega_n s)}}{1+\dfrac{\omega_n^2}{s(s+2\xi\omega_n s)}K_t s}=\frac{\omega_n^2}{s^2+(2\xi\omega_n+\omega_n^2K_t)s} \tag{3-41}$$

$$=\frac{\omega_n^2}{2\xi\omega_n+\omega_n^2K_t}\cdot\frac{1}{s(1+\dfrac{1}{2\xi\omega_n+k\omega_n^2})\cdot s}$$

开环增益
$$K = \frac{\omega_n^2}{2\xi + K_t\omega_n} \tag{3-42}$$

K_t 的存在会使 K 的数值降低，即测速反馈会降低系统的开环增益。

相应的闭环传递函数，可用式（3-41）中的第一种表示方式

$$\phi(s) = \frac{G(s)}{1+G(s)} = \frac{\omega_n^2}{s^2 + (2\xi\omega_n + K_t\omega_n^2)s + \omega_n^2} \tag{3-43}$$

令
$$2\xi_t\omega_n = 2\xi\omega_n + K_t\omega_n^2$$

$$\xi_t = \xi + \frac{1}{2}K_t\omega_n \tag{3-44}$$

与 PD 控制相比说明：

（1）由式（3-42）知，使用测速反馈会让系统的开环增益降低，因而造成系统在斜坡输入时的稳态误差加大，即当 K 减小时 e_{ss} 将增大。

（2）测速反馈不影响系统的自然频率，即 ω_n 不变。

（3）可增大系统的阻尼比，$\xi_t = \xi + \frac{1}{2}K_t\omega_n$ 与 $\xi_d = \xi + \frac{1}{2}T_d\omega_n$［式（3-35）］形式相同。

（4）测速反馈不形成闭环零点，因此 $K_t = T_d$ 时，测速反馈与比例-微分控制对系统动态性能的改善程度是不相同的。

（5）设计时，ξ_d 在 0.4～0.8 之间，且 ω_n 较大时，可适当增加原系统的开环增益，以减小稳态误差。

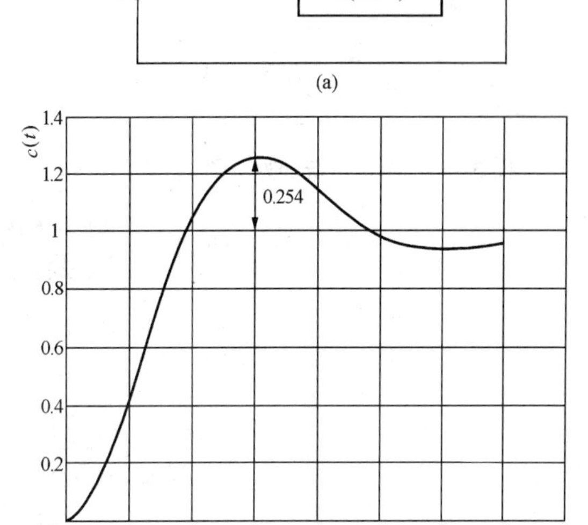

图 3-18　［例 3-2］所述系统的方块图和输出响应曲线

(a) 方块图；(b) 反应曲线

【例 3-2】　图 3-18（a）所示的系统，具有图 3-18（b）所示的响应，求 K 和 T。

解

$$\sigma\% = 0.254 = e^{-\pi\xi/\sqrt{1-\xi^2}}$$

$$\xi = \frac{|\ln 0.254|}{\sqrt{\pi^2 + (|\ln 0.254|)^2}} = 0.4$$

$$t_p = \frac{\pi}{\omega_d} = \frac{\pi}{\omega_n\sqrt{1-\xi^2}}$$

$$\omega_n = \frac{\pi}{t_p\sqrt{1-\xi^2}} = \frac{3.14}{3\sqrt{1-0.4^2}} = 1.14$$

闭环传递函数 $$\frac{C(s)}{R(s)} = \frac{K}{Ts^2+s+K} = \frac{K/T}{s^2+\frac{1}{T}s+K/T}$$

由 $\frac{1}{T} = 2\xi\omega_n$ 得 $$T = \frac{1}{2\xi\omega_n} = \frac{1}{2\times0.4\times1.14} = 1.09$$

由 $\omega_n^2 = \frac{K}{T}$ 得 $$K = T\omega_n^2 = 1.09\times1.14^2 = 1.42$$

【例 3－3】 一控制系统如图 3－19 所示，其中输入 $r(t)=t$，试证明当 $K_d = \frac{2\xi}{\omega_n}$，在稳态时系统的输出能无误差地跟踪单位斜坡输入信号。

解 图 3－19 系统的闭环传递函数为

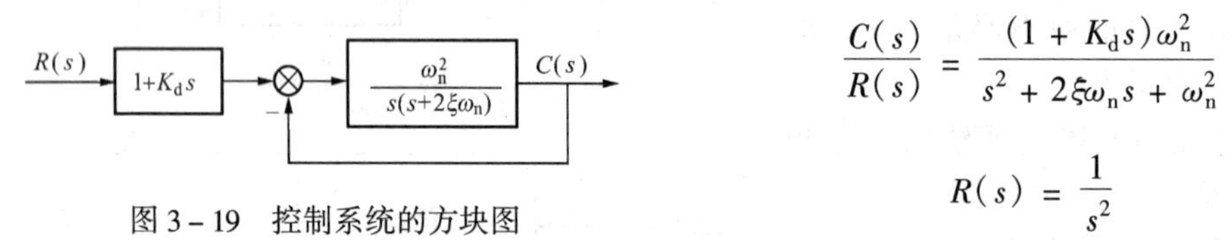

图 3－19 控制系统的方块图

$$\frac{C(s)}{R(s)} = \frac{(1+K_d s)\omega_n^2}{s^2+2\xi\omega_n s+\omega_n^2}$$

$$R(s) = \frac{1}{s^2}$$

$$C(s) = \frac{(1+K_d s)\omega_n^2}{s^2+2\xi\omega_n s+\omega_n^2}\cdot\frac{1}{s^2}$$

$$E(s) = R(s) - C(s) = \frac{1}{s^2} - \frac{(1+K_d s)\omega_n^2}{s^2(s^2+2\xi\omega_n s+\omega_n^2)}$$

$$= \frac{s^2+2\xi\omega_n s - K_d\omega_n^2 s}{s^2(s^2+2\xi\omega_n s+\omega_n^2)}$$

$$e_{ss} = \lim_{s\to0} sE(s) = \lim_{s\to0}\frac{s+2\xi\omega_n-K_d\omega_n^2}{s^2+2\xi\omega_n s+\omega_n^2} = \frac{2\xi}{\omega_n} - K_d$$

由上式知，只要令 $K_d = \frac{2\xi}{\omega_n}$，就可以实现系统在稳态时无误差地跟踪单位斜坡输入。

【例 3－4】 设一随动系统如图 3－20 所示，要求系统的超调量为 0.2，峰值时间 $t_p=$ 1s，①求增益 K 和速度反馈系数 τ。②根据所求的 K 和 τ 值，计算该系统的上升时间 t_r，t_s，t_d。

解 ①由 $\sigma = e^{-\frac{\xi\pi}{\sqrt{1-\xi^2}}} = 0.2$ 得

$$\xi = \frac{\ln\left(\frac{1}{\sigma}\right)}{\sqrt{\pi^2+\left(\ln\frac{1}{\sigma}\right)^2}} = 0.456$$

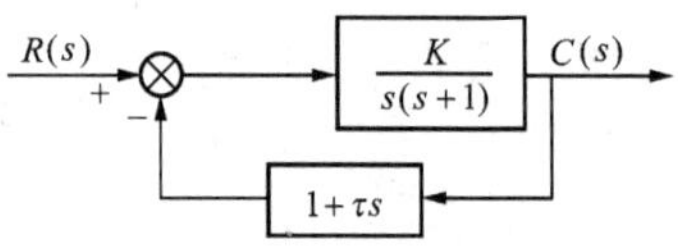

R(s) + − K/s(s+1) C(s) 1+τs

图 3－20 控制系统的方块图

$$t_p = \frac{\pi}{\omega_d} = 1\text{s}$$

$$\omega_d = \pi = 3.14\text{rad/s}$$

$$\omega_d = \omega_n\sqrt{1-\xi^2},\quad \omega_n = \frac{\omega_d}{\sqrt{1-\xi^2}} = \frac{3.14}{\sqrt{1-0.456^2}} = 3.53\text{rad/s}$$

系统的闭环传递函数为

$$\phi(s) = \frac{C(s)}{R(s)} = \frac{K}{s^2 + s + K\tau s + K} = \frac{K}{s^2 + (1 + K\tau)s + K}$$

$$K = \omega_n^2 = 3.53^2 = 12.46$$

$$2\xi\omega_n = 1 + K\tau,\quad \tau = \frac{2\xi\omega_n - 1}{K} = \frac{2\times0.456\times3.53-1}{12.46} = 0.178$$

②$t_r = \dfrac{\pi-\beta}{\omega_d} = \dfrac{3.14-\arccos\xi}{3.14} = \dfrac{3.14-1.097}{3.14} = 0.65\text{s}$

$$t_s = \frac{3.5}{\xi\omega_n}\left(\frac{3}{\xi\omega_n}\right) = \frac{3.5}{0.456\times3.53} = 2.17\text{s} \qquad (\Delta = 0.05)$$

$$t_s = \frac{4.5}{\xi\omega_n}\left(\frac{4}{\xi\omega_n}\right) = \frac{4.5}{0.456\times3.53} = 2.80\text{s} \qquad (\Delta = 0.02)$$

$$t_d = \frac{1+0.7\xi}{\omega_n} = \frac{1+0.7\times0.456}{-3.53} = 0.37\text{s}$$

三、比例－微分控制与测速反馈控制的比较

对改善二阶系统性能的两种控制方法进行比较，目的是为了便于设计者择优选取。对于严格的线性系统，可任取其中一种方法加以利用。而实际系统中有许多必须解决的实际问题，例如系统如何具体组成，合适的现有元件、作用在系统上的噪声大小及其频率、线性范围、饱和程度以及设计者的经验等。这里仅仅讨论主要的几种差别：

（1）附加阻尼来源：微分控制的阻尼作用来源于系统的动态过程，而测速反馈控制的阻尼作用取决于系统输出响应的速度，故对于给定的开环增益和指令输入速度，后者要求允许有较大的稳态误差值。

（2）使用环境：微分控制对噪声有较为明显放大作用，若系统输入端噪声严重，就不宜采用微分控制，同时微分器的输入信号是误差信号，其能量水平相对较低，需要较大的放大作用，为了维持一定的信噪比，要求采用高质量的放大器。测速反馈控制对噪声有滤波作用，同时测速发电机的输入信号能量水平较高，因此对系统的组成元件没有过高的质量要求，使用场合比较广泛。

（3）对开环增益和自然频率的影响：微分控制对系统的开环增益和自然频率都没有影响，而测速反馈控制虽不影响自然频率，但会降低开环增益。如果要求两种控制方法产生同样的稳态误差，则测速反馈控制要求有较大的开环增益。开环增益加大，必然导致自然频率增大，大的自然频率可以提供快速响应，但若系统存在高频噪声，则可能使系统出现难以解决的共振问题。此时，可优先选用比例－微分控制方案。

(4) 对动态性能的影响：微分控制相当于在系统中加入零点，因此上升时间要快些。在相同阻尼比的条件下，比例－微分控制系统的超调量会大于测速反馈控制系统的超调量。

3.4 高阶系统的时域响应

我们将三阶及三阶以上的系统称为高阶系统，高阶系统闭环传递函数的一般形式为

$$\frac{C(s)}{R(s)}=\frac{b_0s^m+b_1s^{m-1}+\cdots+b_{m-1}s+b_m}{s^n+a_1s^{n-1}+\cdots+a_{n-1}s+a_n}, n\geqslant m \tag{3-45}$$

将上式的分子与分母进行因式分解，可得

$$\frac{C(s)}{R(s)}=\frac{K(s+Z_1)(s+Z_2)\cdots(s+Z_m)}{(s+P_1)(s+P_2)\cdots(s+P_n)}=\frac{M(s)}{D(s)},\quad n\geqslant m \tag{3-46}$$

式中：$-Z_j$　$i=1, 2, \cdots, m$　称为闭环传递函数的零点

$-P_j$　$j=1, 2, \cdots, n$　称为闭环传递函数的极点

令系统所有的零、极点互不相同，且其极点有实数极点和复数极点，零点均为实数零点。

$C(s)/R(s)$ 的分子与分母多项式均为实数多项式，故 Z_j 和 P_j 只可能是实数或共轭复数

$$R(s)=\frac{1}{s}$$

设系统的输入信号为单位阶跃函数，

$$C(s)=\frac{K\prod_{i=1}^{m}(s+Z_i)}{s\prod_{j=1}^{q}(s+P_j)\prod_{k=1}^{r}(s^2+2\xi_k\omega_ks+\omega_{nk}^2)} \tag{3-47}$$

$n=q+2r$，q 为实极点的个数，r 为复数极点的对数。

将式 (3－47) 用部分分式展开，得

$$C(s)=\frac{A_0}{s}+\sum_{j=1}^{q}\frac{A_j}{s+p_j}+\sum_{k=1}^{r}\frac{B_k(S+\xi_k\omega_{nk})+C_k\omega_{nk}\sqrt{1-\xi_k^2}}{s^2+2\xi_k\omega_{nk}s} \tag{3-48}$$

对上式求反变换得

$$C(t)=A_0+\sum_{j=1}^{q}A_je^{-p_jt}+\sum_{k=1}^{r}B_ke^{-\xi_k\omega_{nk}t}\sin\omega_{nk}\sqrt{1-\xi_k^2}t$$
$$+\sum_{k=1}^{r}C_ke^{-\xi_k\omega_{nk}t}\cos\omega_{nk}\sqrt{1-\xi_k^2}t\quad t\geqslant 0 \tag{3-49}$$

由式 (3－49) 可知：

(1) 高阶系统时域响应的瞬态分量是由一阶系统（即惯性环节）和二阶系统（即振荡环节）的响应函数共同来组成的。它的输入信号（即控制信号）极点所对应的拉氏反变换就是系统响应的稳态分量，传递函数极点所对应的拉氏反变换就是系统响应的瞬态分量。

(2) 高阶系统瞬态分量的形式是由闭环极点的性质所决定的，系统调整时间的长短与闭

环极点负实部绝对值的大小有关。如果闭环极点远离虚轴，则相应的瞬态分量就衰减得快，系统的调整时间也就较短。而闭环零点只影响系统瞬态分量幅值的大小和符号。

(3) 如果所有闭环的极点均具有负实部，则由（3－49）可知，随着时间的推移，式中所有的瞬态分量将不断地衰减趋于零，最后该式的右方只存在由输入信号极点所确定的稳态分量 A_0 项。它表示过渡结束后，系统的输出量（被控制量）仅与输入量（控制量）有关。闭环极点均位于 S 左半平面的系统，称为稳定系统。系统正常工作的首要条件是稳定，有关这方面的内容，将在下一节中做较详细的阐述。

(4) 如果闭环传递函数中有一极点 $-P_k$ 距坐标原点很远，即有：

$$|-P_k| >> |-P_l|, \quad |-P_k| >> |-Z_j| \tag{3-50}$$

其中 P_k，P_j 和 Z_j 均为正值；$i=1, 2, \cdots, n \quad j=1, 2, \cdots m, i \neq k$ 则当 $n>m$ 时，极点 $-P_k$所对应的瞬态分量不仅持续时间很短，而且其相应的幅值亦较小，因而由它产生的瞬态分量可略去不计。如果闭环传递函数中某一个极点

$-P_k$ 预某一个零点 $-Z_r$ 十分接近，即有：

$$|-P_k + Z_r| << |-P_i + Z_j| \quad i=1,2,\cdots,n \quad j=1,2,\cdots m \text{ 且 } i \neq k, j \neq r \tag{3-51}$$

则极点 $-P_k$ 对应瞬态分量的幅值很小，因而它在系统响应中所占百分比很小，可忽略不计。

(5) 主导极点。如果系统中有一个（极点或一对）复数极点距虚轴最近，而且附近没有闭环零点；而其它闭环极点与虚轴的距离都比该极点与虚轴距离大5倍以上，则此系统的响应可近似地视为由这个（或这对）极点所产生。这是由于这种极点所决定的瞬态分量不仅仅是持续时间最长，而且其初始幅值也大，它在系统的动态响应中起主导作用，因此这个（或这对）极点被称为系统的主导极点。高阶系统的主导极点通常为一对复数极点。在设计高阶系统时，人们常利用主导极点这个概念选择系统的参数，使系统具有预期的一对主导极点，从而把一个高阶系统近似地用一对主导极点的二阶系统去表征。

3.5　控制系统的稳定性分析

稳定是控制系统非常重要的性能，也是系统能够工作的首要条件。因此，如何分析系统的稳定性，研究出保证系统稳定的措施，是自动控制理论应用的一个基本任务。对系统进行各类品质指标的分析也必须在系统稳定的前提下进行。

3.5.1　稳定的基本概念和系统稳定的充要条件

基本概念：如果系统受到有界扰动，不论它的初始偏差有多大，当扰动消失后，都能够逐渐地恢复到初始平衡状态，我们称这种系统是稳定的系统。系统在实际运行过程中，总会受到外界和内部一些因素的干扰，例如，负载的波动、能源的波动、系统参数的变化、环境条件的改变等。这些因素在实际中总是存在的，如果系统设计时不考虑这些因素，设计出来的系统就可能不稳定，这样的系统设计是不成功的，需要重新设计或调整某些参数或结构。

有关稳定性的定义和理论较多，下面我们做一些阐述和分析。

控制系统稳定性的严格定义和理论阐述是由俄国学者李雅普诺夫于1892年提出的，它主要用于判别时变系统和非线性系统的稳定性。设一线性定常系统原处于某一平衡状态，若它瞬间受到某一扰动作用而偏离了原来的平衡状态，当此扰动撤消后，系统仍能回到原有的平衡状态，则称该系统是稳定的。反之，系统为不稳定。由此可知：线形系统的稳定性取决于系统的固有特征（结构、参数），与系统的输入信号无关。

由于稳定性研究的问题是扰动作用去除后系统的运动情况，它与系统的输入信号无关，只取决于系统本身的特征，因此可用系统的脉冲响应函数来描述。

如果脉冲响应函数是收敛的，即有

$$\lim_{t\to\infty} g(t) = 0 \tag{3-52}$$

上式表示系统仍能回到原有的平衡状态，因此系统是稳定的。

由此可知，系统的稳定与其脉冲响应函数的收敛是一致的。

由于单位脉冲函数的拉氏反变换等于1，所以系统的脉冲响应函数就是系统闭环传递函数的拉氏反变换。如同上节所假设的那样，令系统的闭环传递函数含有 q 个实数极点和 r 对复数极点，则式（3-46）可改写为

$$G(s) = \phi(s) = \frac{K\prod_{i=1}^{m}(s+Z_j)}{\prod_{j=1}^{q}(s+P_j)\prod_{k=1}^{r}(s^2+2\xi_k\omega_{nk}s+\omega_{nk}{}^2)} \tag{3-53}$$

式中 $q+2r=n$ 用部分分式展开

$$G(s) = \sum_{j=1}^{q}\frac{A_j}{s+P_j} + \sum_{k=1}^{r}\frac{B_k(s+\xi_k\omega_{nk}) + C_k\omega_{nk}\sqrt{1-\xi_k^2}}{s^2+2\xi_k\omega_{nk}s+\omega_{nk}^2}$$

对上式取拉氏反变换，求得系统的脉冲响应函数为

$$g(t) = \sum_{j=1}^{q}A_j e^{-p_j t} + \sum_{k=1}^{r}[B_k e^{-\xi_k\omega_{nk}t}\cos\omega_{nk}\sqrt{1-\xi_k^2}t + C_k e^{-\xi_k\omega t_{nk}}$$

$$\sin\omega_{nk}\sqrt{1-\xi_k^2}], t\geqslant 0 \tag{3-54}$$

由式（3-54）可见，若 $\lim_{t\to\infty} g(t) = 0$ 即系统稳定。而要使系统稳定，则闭环特征方程式的根都必须位于 s 的左半平面，每一个特征根不论是是实根还是复根都要具有负实部，这就是系统稳定的充要条件。如果系统的特征根中只要有一个正实根或一对实部为正的复数根，则其脉冲响应函数就是发散形式，系统永远不会再回到原有的初始平衡状态，这样的系统就是不稳定系统。物理系统的输出量只能增加到一定的范围，此后或者受到机械止动装置的限制，或者系统遭到破坏。也可能当输出量超过一定数值后，系统变成非线性的，从而使线性微分方程不再适用，见图3-21。

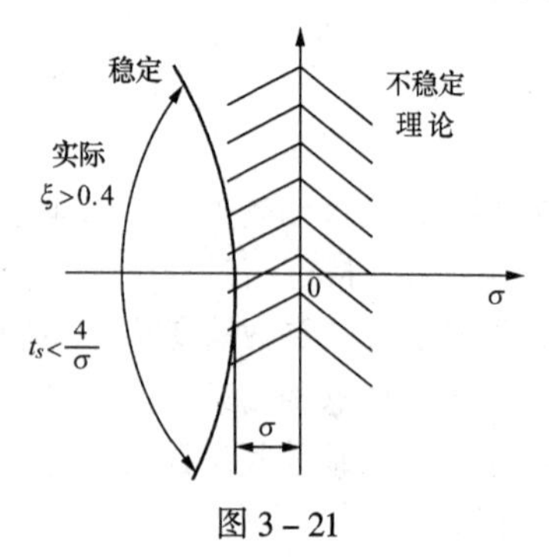

图3-21

以上讨论了零输入系统的稳定性问题，大家也许会提出这样一个问题，即一个在零输入下稳定的系统，是否会因某个参考输入信号的加入而使其稳定性受到破坏呢？回

答是否定的。下面以单位阶跃函数为输入，即 $R(s)=\frac{1}{s}$，则系统的输出为

$$G(s)=\phi(s)=\frac{K\prod_{i=1}^{m}(s+s_i)}{s\prod_{j=1}^{q}(s+P_j)\prod_{k=1}^{r}(s^2+2\xi_k\omega_{nk}s+\omega_{nk}^2)}$$

显然，上式就是上节所述的式（3-47），因而对应的单位阶跃响应表达式就是式（3-49）。由式（3-49）可见，等号右方第一项 A_0 是系统的稳态分量，它表示在稳态时，系统的输出量 $c(t)$ 完全受输入量 $r(t)$ 的控制。第二、第三项为系统响应的瞬态分量，它们是由系统的结构和参数确定的。

如果所研究的系统在零输入下是稳定的，也就是说系统所有的特征根都具有负实部，则输出响应中各瞬态分量都会随着时间的推移而不断地衰减，经过一定长的时间后，系统的输出量最终将会趋向于稳态分量的一个无限小的领域，系统进入稳态运行。这表明了一个在零输入下的稳定系统，在参考输入信号作用下仍能将继续保持稳定。

综上所述，控制系统稳定与否完全取决于它本身的结构和参数，即取决于系统特征方程式根的实部符号，与系统的初始条件和输入无关。如果系统特征方程式的根都具有负实部，则系统是稳定的。反之，若系统特征方程式的根中有一个或一对以上实部为正的根，则对应的瞬态分量将随着时间的推移而不断地增大，并成为输出响应的主要成分，而稳态分量与之相比都变得无关紧要了。那么，这种系统是不能稳定的。如果系统特征方程式的根中有一对共轭虚根，其余的根均在 s 的左半平面，则对应的系统称为临界稳定。此时系统的响应函数中含有等幅振荡的分量，基于系统的参数和外部环境的变化，这种等幅振荡不可能持久地维持下去，系统最后很可能会变成不稳定。因此，在控制工程中通常把临界稳定也当作不稳定处理。

3.5.2　劳斯稳定判据

前面所述，一个线性系统是否稳定，要看它是否满足线性系统稳定的充要条件。如果知道系统特征方程根的实部符号，并能解出全部特征根，就可以判断出系统的稳定性。这种判断系统的稳定性的方法当然是最可靠最直接的了，然而对于高阶系统，求根的工作量很大，实际做起来很困难，我们希望使用一种直接判断根是否全在 s 左半平面的代替方法，而这种方法也比较易于操作。劳斯于1877年提出了一种判断系统稳定性的判据，称为劳斯判据，又叫代数判据。这种判据以系统特征方程式的系数为依据，是一种比较易于操作的方法。其证明可参阅有关文献。

一、劳斯表

劳斯稳定判据是一种不用求根而直接判别系统稳定性的方式，这里介绍劳斯判据的使用方法。

令系统的闭环特征方程为

$$a_0s^n+a_1s^{n-1}+a_2s^{n-2}+\cdots+a_{n-1}s+a_n=0\quad a_0>0 \tag{3-55}$$

如果方程式的根都是负实部，或其实部为负的复数根，则其特征方程式的各项系数均为正值，且无零系数。

证明、说明：设 $-p_1$，$-p_2$，…为实数根，$-\alpha_1 \pm j\beta_1$，$-\alpha_2 \pm j\beta_2$…为复数根

其中　p_1，p_2，…，α_1，α_2，…都是正值，则式（3－55）改写为

$$a_0\{(s+P_1)(s+P_2)\cdots[(s+\alpha_1-j\beta_1)(s+\alpha_1+j\beta_1)][(s+\alpha_2-j\beta_2)(s+\alpha_2+j\beta_2)]\cdots\}=0$$

即 $$a_0\{(s+P_1)(s+P_2)\cdots[(s^2+2\alpha_1 s+\alpha_1^2+\beta_1^2)][(s^2+2\alpha_2 s+\alpha_2^2+\beta_2^2)]\cdots\}=0 \tag{3-56}$$

因为上式等号左方所有因式的系数都为正（数）值，所以它们相乘后与各次项的系数必然仍为正值，且不会有系数为零的项。反之，若方程中如有一个根为正实根，或有一对实部为正的复数根，则由式（3－56）可知，对应方程式与各项的系数不会全为正值，即一定会有负系数项或缺项出现。

可以证明，对于一阶和二阶线性定常系统，其特征方程式的系数全为正值，是系统稳定的充分条件和必要条件。但对于三阶以上的系统，特征方程式的各项系数均为正值仅仅是系统稳定的必要条件，而不是充分条件。劳斯稳定判据是一种间接判断系统稳定性的方法，它不用直接求根，省去了求根的复杂过程。有关劳斯判据自身的数学论证，这里从略。

我们在此主要介绍劳斯稳定判据有关的结论及其在判别控制系统稳定性方面的应用。

设系统特征方程式如（3－55）所示，将各项系数，按下面的格式排成表

$$\begin{array}{lllll}
s^n & a_0 & a_2 & a_4 & a_6 \quad \cdots \\
s^{n-1} & a_1 & a_3 & a_5 & a_7 \quad \cdots \\
s^{n-2} & b_1 & b_2 & b_3 & a_4 \quad \cdots \\
s^{n-3} & c_1 & c_2 & c_3 & \cdots \\
\vdots & & & & \\
s^2 & d_1 & d_2 & d_3 & \\
s^1 & e_1 & e_2 & & \\
s^0 & f_1 & & &
\end{array}$$

表中

$$b_1=\frac{a_1a_2-a_0a_3}{a_1},\quad b_2=\frac{a_1a_4-a_0a_5}{a_1},\quad b_3=\frac{a_1a_6-a_0a_7}{a_1}\cdots$$

$$c_1=\frac{b_1a_3-a_1b_2}{b_1},\quad c_2=\frac{b_1a_5-a_1b_3}{b_1},\quad c_3=\frac{b_1a_7-a_1b_4}{b_1}\cdots$$

$$\vdots$$

$$f_1=\frac{e_1d_2-d_1e_2}{e_1}$$

这样可求得 $n+1$ 行系数，这个表称为劳斯表。

劳斯稳定判据就是根据所列劳斯表第一列系数符号的变化，去判别特征方程式的根在 s 平面上的具体分布，其过程如下：

（1）如果劳斯表中第一列的系数均为正值，则其特征方程式的根都在 s 的左半平面，相对应的系统是稳定的。

（2）如果劳斯表中第一列系数的符号有变化，其变化的次数等于该特征方程式的根在 s 的右半平面上的个数，相应的系统就是不稳定的。

【例3-5】 已知一控制系统的特征方程式为

$$s^3+41.5s^2+517s+2.3\times10^4=0$$

试用劳斯判据判别系统的稳定性。

解 列劳斯表

$$\begin{array}{llll} s^3 & 1 & 517 & 0 \\ s^2 & 41.5 & 2.3\times10^4 & 0 \\ s^1 & -38.5 & & \\ s^0 & 2.3\times10^4 & & \end{array}$$

由于该表第一列系数的符号变化了两次，因而该方程中有二个根在 s 的右半平面，所以该系统是不稳定的。

【例3-6】 已知某调速系统的特征方程式为

$$s^3+41.5s^2+517s+1670(1+K)=0$$

求该系统稳定的 K 值范围。

解 列劳斯表

$$\begin{array}{llll} s^3 & 1 & 517 & 0 \\ s^2 & 41.5 & 1670(1+K) & 0 \\ s^1 & \dfrac{41.5\times517-1670(1+K)}{41.5} & & 0 \\ s^0 & 1670(1+K) & & \end{array}$$

由劳斯判据可知，若系统稳定，则劳斯表中第一列的系数必须全为正值。

可得

$$\begin{cases} 517-40.2(1+K)>0 \\ 1670(1+K)>0 \end{cases}$$

所以 $-1<K<11.9$

以上可知，K 值的范围满足上述条件时，系统才是稳定的。

例3-6表明，系统参数对稳定性是有影响的。要想使系统获得稳定，必须适当选取系统的某些参数。

二、劳斯判据特殊情况

在应用劳斯判据时，有可能会碰到以下两种特殊情况：

（1）劳斯表某一行中的第一项等于零，而该行的其余各项不等于零或没有余项，这种情况的出现使劳斯表无法继续往下排列。解决的办法是以一个很小的正数 ε 来代替为零的这项，据此算出其余的各项，完成劳斯表的排列。

若劳斯表第一列中系数的符号有变化，其变化的次数就等于该方程在 s 右半平面上根的数目，相应的系统为不稳定。如果第一列 ε 上面的系数与下面的系数符号相同，则表示该方程中有一对虚根存在，相应的系统处于临界稳定状态，我们也认为其不稳定。

【例 3-7】 已知系统的特征方程式为 $s^3+2s^2+s+2=0$ 试判别相应系统的稳定性。

解 列劳斯表

s^3	1	1
s^2	2	2
s^1	0（ε）	
s^0	2	

由于表中第一列 ε 上面的符号与其下面系数的符号相同，表示该方程中有一对虚根存在。系统处于临界稳定状态，一般判断为不稳定。

(2) 劳斯表中出现全零行，这是表示相应方程中含有一些大小相等符号相反的实根或共轭虚根。这种情况，可利用系数全为零行的上一行系数构造一个辅助多项式，并以这个辅助多项式导数的系数来代替表中系数为全零的项，完成劳斯表的排列。这些大小相等、径向位置相反的根可以通过求解这个辅助方程式得到，而且其根的数目总是偶数的。

例如，一个控制系统的特征方程为 $s^6+2s^5+8s^4+12s^3+20s^2+16s+16=0$，列劳斯表。

由上表可知，第一列的系数均为正值，表明该方程在 s 右半平面上没有特征根。令 $F(s)=0$，求得两对大小相等、符号相反的根 $\pm j\sqrt{2}$，$\pm j2$，显然这个系统处于临界稳定状态。

s^6	1	8	20	16
s^5	2	12	16	0
s^4	2	12	16	
s^3	0	0	0	
	8	24		
s^2	6	16		
s^1	$\frac{8}{3}$	0		
s^0	16			

三、劳斯判据的应用

劳斯判据在线性控制系统中主要用来判断系统是否稳定。如果系统不稳定，则这种判据并不能直接指出如何使系统达到稳定。另一方面，如果采用劳斯判据判别系统是稳定的，它也不能指出系统是否具备令人满意的动态过程。它不能表明特征方程式根相对于 s 平面上虚轴的距离。换句话说，稳定判据只回答特征方程式的根在 s 平面上的分布情况，而不能确定根的具体数据。我们希望 S 左半平面上的根距离虚轴有一定的距离即稳定程度较高。

设 $s=s_1-a=Z-a$，并代入原方程式中，得到以 s_1 为变量的特征方程式，然后用劳斯判据去判别该方程中是否有根位于垂线 $s=-a$ 的右侧。此方法可以估计一个稳定系统的各根中最靠近右侧的根距离虚轴有多远，这样可了解系统稳定的程度到底如何。

【例 3-8】 用劳斯判据检验下列特征方程 $2s^3+10s^2+13s+4=0$ 是否有根在 s 的右半

平面上，并检验有几个根在垂线 $s=-1$ 的右方。

解　列劳斯表

$$\begin{array}{lll} s^3 & 2 & 13 \\ s^2 & 10 & 4 \\ s^1 & \dfrac{130-8}{10}=12.2 & \\ s^0 & 4 & \end{array}$$

第一列全为正，所有的根均位于左半平面，系统稳定。

令 $s=Z-1$ 代入特征方程

$$2(Z-1)^3+10(Z-1)^2+3(Z-1)+4=0$$

$$2Z^3+4Z^2-Z-1=0$$

式中有负号，显然有根在 $s=-1$ 的右方。列劳斯表

$$\begin{array}{lll} s^3 & 2 & -1 \\ s^2 & 4 & -1 \\ s^1 & -\dfrac{1}{2} & \\ s^0 & -1 & \end{array}$$

第一列的系数符号变化了一次，表示原方程有一个根在垂直直线 $s=-1$ 的右方。可确定系统一个或两个可调参数对系统稳定性的影响。

【例 3-9】　已知一单位反馈控制系统如图 3-22 所示，试回答

(1) $G_c(s)=1$ 时，闭环系统是否稳定？

(2) $G_c(s)=\dfrac{K_p(s+1)}{s}$ 时，闭环系统的稳定条件是什么？

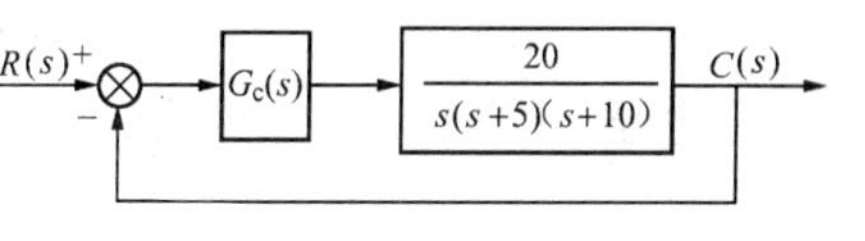

图 3-22

解　(1) $G_c(s)=1$ 时，闭环的特征方程为

$$s(s+5)(s+10)+20=0$$

$$s^3+15s^2+50s+20=0$$

排劳斯表

$$\begin{array}{lll} s^3 & 1 & 50 \\ s^2 & 15 & 20 \\ s^1 & \dfrac{750-20}{15} & \\ s^0 & 20 & \end{array}$$

第一列均为正值，s 全部位于左半平面，故系统稳定。

(2) $G_c(s)=\dfrac{K_p(s+1)}{s}$ 时

$$G_c(s)G(s)=\frac{20K_p(s+1)}{s^2(s+5)(s+10)}$$

开环传递函数为

$$s^2(s+5)(s+10)+20K_p(s+1)=0$$

闭环特征方程为

$$s^4+15s^3+50s^2+20K_ps+20K_p=0$$

列劳斯表

$$\begin{array}{llll}
s^4 & 1 & 50 & 20K_p \\
s^3 & 15 & 20K_p & 0 \\
s^2 & \dfrac{750-20K_p}{15} & 20K_p & \\
s^1 & \dfrac{\dfrac{750-20K_p}{15}\cdot 20K_p-15\cdot 20K_p}{\dfrac{1}{15}(750-20K_p)} & & \\
s^0 & 20K_p & &
\end{array}$$

欲使系统稳定第一列的系数必须全为正值，即 $K_p>0$。

$$750-20K_p>0 \qquad K_p<37.5$$

$$\frac{20K_p\left(\dfrac{750-20K_p}{15}-15\right)}{\dfrac{750-20K_p}{15}}>0 \Rightarrow \frac{750-20K_p}{15}-15>0$$

$$525-20K_p>0 \qquad K_p<26.5$$

由此得出系统稳定的条件为 $0<K_p<26.5$。

3.6 控制系统的稳态误差分析

控制系统的稳态误差是控制系统的时域性能指标之一，是系统控制准确度的一种度量。它被用来评价系统的稳态精度，表示系统跟踪输入信号或抑制干扰作用的能力，在控制系统设计中，它是一项重要的性能指标。当然，稳态误差仅对稳定系统才有意义，针对一个不稳定系统讨论其稳态误差是毫无意义的。

控制系统的性能是由动态性能和稳态性能两部分组成的。

动态性能 t_d，t_r，t_p，t_s，$\sigma\%$，ξ，ω_n，ω_d

稳态性能 e_{ss}

稳态误差表征系统的稳态性能。一个符合实际要求的系统，其稳态误差必须控制在允许的范围之内。例如工业加热炉的炉温误差若超过其允许的限度，就会影响加工产品的质量。又比如造纸厂中卷绕纸张的恒张力控制系统，要求纸张在卷绕过程中张力的误差保持在某一允许的范围之内。若张力过小，就会出现松滚现象，而张力过大，又会促使纸张的断裂。

稳态误差是不可避免的，这是因为：

（1）由于系统本身的结构，外作用的类型（输入信号或扰动作用）不同、外作用的形式〔阶跃、斜坡或加速度函数〕不同，就会使一个实际控制系统的稳态输出量不可能在任何情况下都保持与输入信号一致或相当，也不可能在任何形式的扰动作用下都会准确地恢复到原平衡位置。

（2）由于系统中不可避免存在的摩擦、间隙、各组成元件的不灵敏区、零位输出、老化或变质等非线性因素，都会造成附加的稳态误差。

由于控制系统的稳态误差总是不可避免的，因此，控制系统设计的课题之一，就是如何使稳态误差最小或小于某一容许的数值。

无差系统：在阶跃函数作用下没有原理性稳态误差的系统称之无差系统。

有差系统：在阶跃函数作用下具有原理性稳态误差的系统称之有差系统。

本节主要讨论线性系统的结构形式与稳态误差之间的关系，同时介绍几种定量描述系统误差的系数。至于非线性因素引起的系统稳态误差分析，请参阅其他资料。

3.6.1　稳态误差的定义

误差有两种不同的定义方法：一种是这里所采用的从系统输入端定义误差的方法，它等于系统的输入信号与主反馈信号之差，这种方法定义的误差，在实际系统中是可以量测得的，因而具有一定的物理意义。另一种误差定义方法是从系统的输出端来定义的，它定义为系统输出量的实际值与希望值之差，这种方法定义的误差，在性能指标提法中经常使用，但在实际系统中有时无法量测，因而一般只具有数学意义。

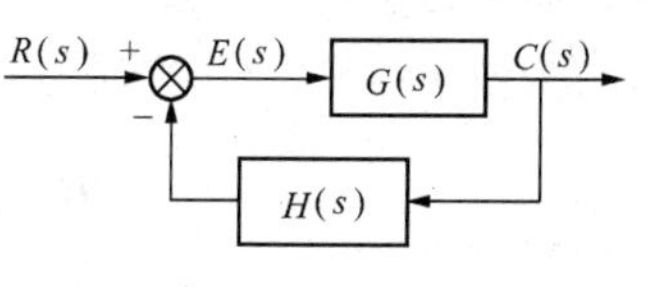

图 3－23　控制系统框图

对于图 3－23 表示的反馈系统，如果定义其误差为

$$E(s) = R(s) - H(s)C(s) \tag{3-57}$$

上式（3－57）在实际系统中是可以量测的。

若采用另一种稳态误差定义方法即 $E(s) = C_s(s) - C(s)$ 其中 $C_s(s)$ 定义为输出的希望值，$C(s)$ 为输出的实际数值。

由于输出的希望值很难得到，这种计算难以实现。

如果 $H(s) = 1$，输出量的希望值，即为输入量 $R(s)$。

由图 3－23 可得误差传递函数

$$\Phi_e(s) \xlongequal{\text{def}} \frac{E(s)}{R(s)} = \frac{1}{1 + H(s)G(s)} \tag{3-58}$$

$$E(s) = \Phi_e(s)R(s) = \frac{R(s)}{1 + H(s)G(s)} \tag{3-59}$$

$$e(t) = L^{-1}[\Phi_e(s)R(s)] \tag{3-60}$$

用终值定理，求稳态误差：

$$e_{ss}(\infty) = e_{ss} = \lim_{s\to 0} sE(s) = \lim_{s\to 0}\frac{sR(s)}{1 + H(s)G(s)} \tag{3-61}$$

公式条件：$sE(s)$ 的极点均位于 s 左半平面（包括坐标原点）。

式（3-61）表明，系统的稳态误差，不仅与开环传递函数 $G(s)H(s)$ 的结构有关，还与输入 $R(s)$ 形式密切相关。

从式（3-61）可以看出，对于一个给定的稳定系统，当输入信号形式一定时，系统是否存在稳态误差就取决于开环传递函数所描述的系统结构。因此，按照控制系统跟踪不同输入信号的能力来进行系统分类是必要的。

3.6.2 系统类型

一般情况下，系统开环传递函数写为 $G(s)H(s)=\dfrac{K\prod\limits_{i=1}^{m}(T_is+1)}{s^v\prod\limits_{j=1}^{n-v}(T_js+1)}, n\geqslant m$ （3-62）

式中 K——系统的开环增益；

v——系统中含有的积分环节数，0 型系统，$v=0$，Ⅰ型系统，$v=1$，Ⅱ型系统 $v=2$。

Ⅱ型以上的系统，$v>2$ 实际上Ⅱ型以上系统达到稳定是困难的，所以这种类型的系统在控制工程中一般不会碰到。

为便于讨论，令

$$G_0(s)H_0(s)=\prod_{i=1}^{m}(T_is+1)/\prod_{j=1}^{n-v}(T_js+1)$$

$$s\to 0, G_0(s)H_0(s)\to 1$$

$$G(s)H(s)=\frac{K}{s^v}G_0(s)H_0(s)=\frac{K}{s^v} \tag{3-63}$$

系统稳态误差计算通式则可表示为

$$e_{ss}=\frac{\lim\limits_{s\to 0}[s^{v+1}R(s)]}{K+\lim\limits_{s\to 0}s^v} \tag{3-64}$$

从式(3-64)可以看出 e_{ss} 与 v(系统型号),K(开环增益),$R(s)$ 输入信号有关。

因为实际输入多为阶跃函数，斜坡函数和加速度函数或者其组合，因此分别对几种典型输入输入信号加以分析。

一、阶跃信号输入

令 $r(t)=R_0, R_0=$ 常量,$R(s)=\dfrac{R_0}{s}$。

利用式（3-61）可得

$$e_{ss}=\lim_{s\to 0}\frac{sR(s)}{1+H(s)G(s)}=\frac{R_0}{1+\lim\limits_{s\to 0}H(s)R(s)}=\frac{R_0}{1+K_p} \tag{3-65}$$

令
$$K_p=\lim_{s\to 0}H(s)R(s) \tag{3-66}$$

式中 K_p——静态位置误差系数

由式（3－63）知

$$K_p=\begin{cases}K, & v=0\\ \infty, & v\geqslant 1\end{cases}$$

由式（3－64）或式（3－65）可知

$$e_{ss}=\begin{cases}\dfrac{R_0}{1+K}=\text{常数}, & v=0\\ 0\ , & v\geqslant 1\end{cases}$$

从这里可以看出，如果要求系统对于阶跃作用不存在稳态误差，则必须选用Ⅰ型及Ⅰ型以上的系统。习惯上，阶跃输入作用下的稳态误差称为静差。

二、斜坡输入信号

对于静态速度误差系统：

$$r(t)=v_0t\quad v_0=\text{常数},R(s)=\frac{v_0}{s^2},\text{则由式(3－61)得}$$

$$e_{ss}=\lim_{s\to 0}\frac{s\cdot\dfrac{v_0}{s^2}}{1+H(s)G(s)}=\lim_{s\to 0}\frac{v_0}{s+sH(s)G(s)}=\frac{v_0}{\lim\limits_{s\to 0}sH(s)G(s)}=\frac{v_0}{K_v}\tag{3-67}$$

令

$$K_v=\lim_{s\to 0}sH(s)G(s)=\lim_{s\to 0}\frac{K}{s^{v-1}}\tag{3-68}$$

将 K_v 定义为静态速度误差系数，它是指系统在速度（斜坡）输入作用下，系统的稳态输出与输入之间存在位置误差。

由式（3－68）得

$$K_v=\begin{cases}0 & v=0\\ K & v=1\\ \infty & v\geqslant 2\end{cases}$$

由式（3－67）得

$$e_{ss}=\begin{cases}\infty & v=0\\ \dfrac{v_0}{K} & v=1\\ 0 & v\geqslant 2\end{cases}$$

以上分析说明：0 型系统稳态时不能跟踪斜坡输入；Ⅰ型系统稳态时能跟踪斜坡输入，但存在一个稳态位置误差；Ⅱ型及Ⅱ型以上系统，稳态时能准确跟踪斜坡输入信号，不存在位置误差。

三、加速度输入

当输入信号为加速度函数时，$r(t)=\dfrac{1}{2}a_0t^2,a_0=\text{常数},R(s)=\dfrac{a_0}{s^3}$，由式(3－61)得

$$e_{ss}=\lim_{s\to 0}sE(s)=\lim_{s\to 0}\frac{s\cdot\dfrac{a_0}{s^3}}{1+G(s)H(s)}=\lim_{s\to 0}\frac{a_0}{s^2+s^2G(s)H(s)}=\lim_{s\to 0}\frac{a_0}{K_a}\tag{3-69}$$

令
$$K_a = \lim_{s \to 0} s^2 G(s) H(s) = \lim_{s \to 0} \frac{K}{s^{v-2}} \tag{3-70}$$

K_a 定义为系统的静态加速度误差系数

由式（3-70）得
$$K_a = \begin{cases} 0 & v = 0,\ 1 \\ K & v = 2 \\ \infty & v \geqslant 3 \end{cases}$$

由式（3－69）得
$$e_{ss} = \begin{cases} \infty & v = 0,\ 1 \\ \dfrac{a_0}{K} = \text{const} & v = 2 \\ 0 & v \geqslant 3 \end{cases}$$

表 3－2　　各型系统跟踪加速度输入的响应

类型 \ 误差系数	静态位置误差系数 K_p	速度 K_v	加速度 K_a
0 型	K	0	0
Ⅰ型	∞	K	0
Ⅱ型	∞	∞	K

与前面两种情况类似，由式（3－69）表示的稳态误差称为加速度误差，它是系统由于加速度输入而产生的位置误差。显然，0 型及Ⅰ型系统在稳态时都不能跟踪加速度输入；Ⅱ型单反馈系统在稳态时能跟踪加速度输入，但存在一定的位置误差；Ⅲ型或高于Ⅳ型的单位反馈系统，在稳态下能准确地跟踪加速度输入，不存在稳态误差。

静态误差系数定量描述了系统跟踪不同形式输入信号的能力。当系统输入信号形式、输出量的希望值及容许的位置误差确定后，可以方便地根据静态误差系数去选择系统的类型和开环增益。如果系统承受多种形式的输入信号，例如将以上分析的三种信号共同形成一个复合信号时，可将每一输入分量单独作用于系统，最后将各稳态误差分量叠加起来，显然，这时至少要采用Ⅱ型系统，否则稳态误差将为无穷大。无穷大的稳态误差，表示为位置上的误差随时间 t 不断增长。，由此可见，采用高型别系统对于提高系统控制的准确度有利，但同时又降低了系统的稳定性。

表 3－3　　不同输入信号作用下的稳态误差

类型 \ 输入	$r(t) = R_0$	$r(t) = v_0 t$	$r(t) = \frac{1}{2} a_0 t^2$
0 型	$\frac{R_0}{1+K}$	∞	∞
Ⅰ型	0	$\frac{v_0}{K}$	∞
Ⅱ型	0	0	$\frac{a_0}{K}$

反馈控制系统的型别、静态误差系数和输入信号形式之间的关系，统一归纳在表 3－2 和表 3－3 之中。

【例 3－10】　一个控制系统如图 3－23，其中 $G(s)=\frac{5}{s+1}, H(s)=K_n$，如果控制信号为单位阶跃函数 $r(t)=1\text{rod}$，试计算当 K_n 分别为 1 和 0.2 时，系统输出量的位置误差 e'_{ss}。

解　由图 3－23，得 $G(s)H(s)=\frac{5K_n}{s+1}$

因上述系统是零型系统，其静态位置误差系数 $K_p=K=5K_h$。

由式 3－65，得 $e_{ss}=\frac{1}{1+5K_h}$。

根据系统的 $H(s)=k_n$ 为常数，折算到系统输出端的输出量的希望值为 $\frac{r(t)}{K_n}$，则输出量 $C(t)$ 的位置误差 $e'_{ss}=\frac{e_{ss}}{K_n}$。

当 $K_h=1$ 时，$e'_{ss}=e_{ss}=\frac{1}{1+5K_h}=\frac{1}{6}$（rod）

当 $K_n=0.2$ 时，$e'_{ss}=\frac{e_{ss}}{K_h}=\frac{1}{K_h(1+5K_h)}=2.5$（rod）。

3.6.3　扰动作用下的稳态误差

前面章节我们已经讨论了系统在参考输入信号作用下的稳态误差。事实上，在实际使用中，控制系统除了受到参考输入信号的作用外，还会受到来自系统内部和外部各种扰动的影响。例如负载力矩的变动、放大器的零点漂移和噪声、电源电压和频率的波动以及环境温度的变化等，这些都会引起稳态误差。这种误差称为扰动稳态误差，它的大小反映了系统抗干扰能力的强弱。在理想情况下，系统对于任意形式的扰动作用其稳态误差总是为零，但实际上这是不可能实现的。

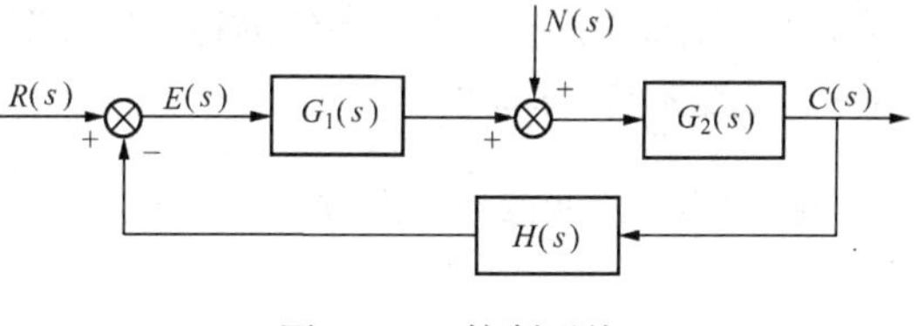

图 3－24　控制系统

对于扰动稳态误差的计算，可以采用上述对参考输入的方法。但是，由于参考输入和扰动输入作用于系统的不同位置，因此系统就有可能会产生在某种形式的参考输入下，其稳态误差为零的情况；而在同一形式的扰动作用下，系统的稳态误差未必为零。因此，就有必要研究由扰动作用引起的稳态误差和系统结构的关系。

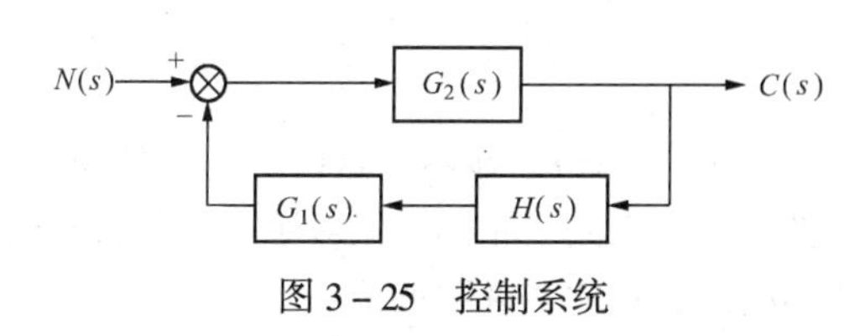

图 3－25　控制系统

考虑图 3－24 的系统，图中 $R(s)$ 为系统的参考输入，$N(s)$ 为系统的扰动作用。为了计算由扰动引起的系统稳态误差，假设 $R(s)=0$，则根据图 3－25 输出对扰动的传递函数为（控制对象控制器）。

$$M_N(s) = \frac{C(s)}{N(s)} = \frac{G_2(s)}{1 + G_1(s)G_2(s)H(s)} \tag{3-71}$$

$$G(s) = G_1(s)G_2(s)$$

由扰动产生的输出为

$$C_n(s) = M_N(s)N(s) = \frac{G_2(s)}{1 + G_1(s)G_2(s)H(s)}N(s) \tag{3-72}$$

系统的理想输出为零，故该非单位反馈系统响应扰动的输出端误差信号为

$$E_n(s) = 0 - C_n(s) = -\frac{G_2(s)}{1 + G_1(s)G_2(s)H(s)}N(s) \tag{3-73}$$

根据终值定理和式（3-73）求得在扰动作用下的稳态误差为

$$e_{ssn} = \lim_{s \to 0} sE_n(s) = -\frac{sG_2(s)}{1 + G_1(s)G_2(s)H(s)}N(s) \tag{3-74}$$

若令图 3-25 中的 $G_1(s) = \frac{K_1 W_1(s)}{s^{v_2}}, G_2(s) = \frac{K_2 W_2(s)}{s^{v_2}}$　　(3-75)

为讨论方便起见假设 $H(s) = 1$

则系统的开环传递函数为

$$G(s) = G_1(s)G_2(s) = \frac{K_1 W_1(s) K_2 W_2(s)}{s^v} \tag{3-76}$$

$v = v_1 + v_2, W_1(0) = W_2(0) = 1$。将式（3-75）和式（3-76）代入式（3-73），得

$$E_n(s) = -\frac{s^{v_1} K_2 W_2(s)}{s^v + K_1 K_2 W_1(s) W_2(s)}N(s) \tag{3-77}$$

下面讨论 $v = 0$，1 和 2 时系统的扰动稳态误差。

一、0 型系统（$v = 0$）

当扰动为一阶跃信号，即 $n(t) = N_0, N(s) = \frac{N_0}{s}$。将式（3-75）代入式（3-74），求得

$$e_{ssn} = -\frac{K_2 N_0}{1 + K_1 K_2} \tag{3-78}$$

在一般情况下，由于 $K_1 K_2 >> 1$，则式（3-78）可近似表示为

$$e_{ssn} \approx \frac{N_0}{K_1}$$

上式表明系统在阶跃扰动作用下，其稳态误差正比于扰动信号的幅值，与扰动作用点前的正向传递函数系数近似成反比。

二、Ⅰ型系统（$v = 1$）

系统有两种可能的组合：①$v_1 = 1$，$v_2 = 0$；②$v_1 = 0$，$v_2 = 1$。显然，这两种不同的组合，对于参考输入来说，它们都是Ⅰ型系统，产生的稳态误差也完全相同。但对于扰动而言，这两种不同组合的系统，它们抗扰动的能力是完全不同的。对此，说明如下：

（1）$v_1=1$，$v_2=0$。当扰动为一阶跃信号，即 $n(t)=N_0, N(s)=\frac{N_0}{s}$，则由式（3－74）得

$$e_{ssn}=\lim_{s\to 0} sE_n(s)=-\frac{s\cdot sK_2W_2(s)}{s+K_1K_2W_1(s)W_2(s)}\frac{N_0}{s}=0$$

当扰动为一斜坡信号，即 $n(t)=N_0t, N(s)=\frac{N_0}{s^2}$，相应的稳态误差为

$$e_{ssn}=\lim_{s\to 0} sE_n(s)=-\frac{s\cdot sK_2W_2(s)}{s+K_1K_2W_1(s)W_2(s)}\frac{N_0}{s^2}=-\frac{N_0}{K_1}$$

（2）$v_1=0$，$v_2=1$。当扰动为一阶跃信号，即 $n(t)=N_0, N(s)=\frac{N_0}{s}$

$$e_{ssn}=\lim_{s\to 0} sE_n(s)=-\frac{s\cdot K_2W_2(s)}{s+K_1K_2W_1(s)W_2(s)}\frac{N_0}{s}=-\frac{N_0}{K_1}$$

当扰动为一个斜坡信号，即 $n(t)=N_0t, N(s)=\frac{N_0}{s^2}$，相应的稳态误差为

$$e_{ssn}=\lim_{s\to 0} sE_n(s)=-\frac{sK_2W_2(s)}{s+K_1K_2W_1(s)W_2(s)}\frac{N_0}{s^2}=\infty$$

由上述分析可知，扰动稳态误差只与作用点前的 $G_1(s)$ 结构和参数有关。如 $G_1(s)$ 中的 $v_1=1$ 时，相应系统的阶跃扰动稳态误差为零；斜坡稳态误差只与 $G_1(s)$ 中的增益 K_1 成反比。至于扰动作用点后的 $G_2(s)$，其增益 K_2 的大小和是否有积分环节，它们均对减小或消除扰动引起的稳态误差没有什么作用。

三、Ⅱ型系统（$v=2$）

系统有三种可能的组合：①$v_1=2$，$v_2=0$；②$v_1=1$，$v_2=1$；③$v_1=0$，$v_2=2$。

根据上述的结论可知，按第一种组合的系统具有Ⅱ型系统的功能，即对于阶跃和斜坡扰动引起的稳态误差均为零。第二种组合的系统具有Ⅰ型系统的功能，即由阶跃扰动引起的稳态误差为零，斜坡产生的稳态误差为$\frac{N_0}{K_1}$。系统的第三种组合具有0型系统的功能，其阶跃扰动产生的稳态误差为$\frac{N_0}{K_1}$，斜坡扰动引起的误差为∞。

3.6.4 减小或消除稳态误差的措施

由前面的讨论可知，提高系统的开环增益和增加系统的类型（即增加前向通道积分环节个数或增加误差信号到扰动作用点之间积分环节个数）是减小和消除系统稳态误差的有效方法。但这两种方法在其他条件不变时，一般都会影响系统的动态性能，乃至影响到系统的稳定性。我们说，系统的稳态精度与稳定性之间始终存在矛盾。如何解决这个矛盾呢？如果我们能够在系统中加入前馈控制作用，就可以实现既减小系统的稳定误差，又能保证系统稳定性不变的目的。

一、对扰动进行补偿

图 3-26 为对扰动进行补偿的系统方块图。系统除了原有的反馈通道外，还增加了一个由扰动通过前馈（补偿）装置产生的控制作用，这是为了补偿由于扰动对系统产生的影响。图中 $G_n(s)$ 为待求的前馈控制装置的传递函数；$N(s)$ 为扰动作用，并且其大小可进行测量。

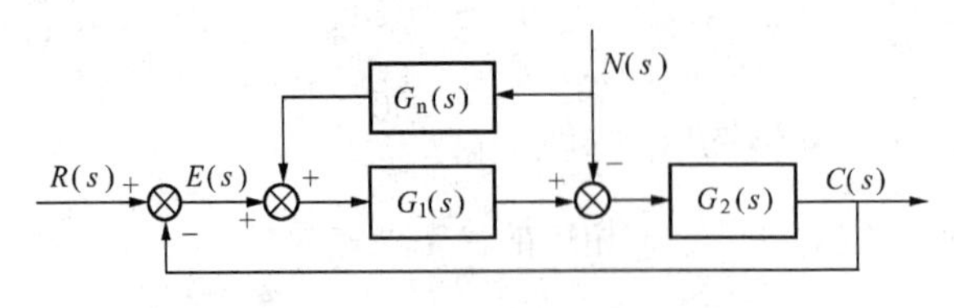

图 3-26 按扰动补偿的复合控制系统

令 $R(s)=0$，由图 3-26 求得扰动引系统的输出为

$$C_n(s)=\frac{G_2(s)[G_n(s)G_1(s)-1]}{1+G_1(s)G_2(s)}N(s) \tag{3-79}$$

由式（3-79）可知，引入前馈装置后，系统的闭环特征多项式没有发生任何变化，即不会影响系统的稳定性。为了能够补偿扰动对系统输出的影响，令式（3-79）等号右边的分子为零，即有 $G_2(s)[G_n(s)G_1(s)-1]=0$ 则

$$G_n(s)=\frac{1}{G_1(s)} \tag{3-80}$$

这是对扰动进行全补偿的条件。由于 $G_1(s)$ 分母的 s 阶次一般比分子的 s 阶次高，故要完全满足式（3-80）的条件是不现实的，在工程实践中只能近似地得到满足。

二、按输入进行补偿

图 3-27 为对输入进行补偿的系统方块图。图中 $G_r(s)$ 为待求前馈装置的传递函数。由于 $G_r(s)$ 设置在系统闭环的外面，所以不会影响系统的稳定性。在设计时，一般先设计系统的闭环部分，首先使其有良好的动态性能；然后再设计前馈装置 $G_r(s)$，以提高系统在参考输入作用下的稳态精度。

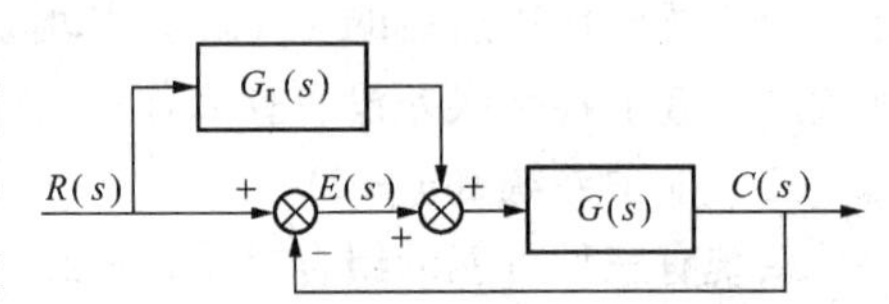

图 3-27 按输入补偿的复合控制系统

由图 3-27 得

$$C(s)=[E(s)+G_r(s)R(s)]G(s) \tag{3-81}$$

由于系统的误差表达式

$$E(s)=R(s)-C(s) \tag{3-82}$$

$$C(s)=\frac{[1+G_r(s)]G(s)}{1+G(s)}R(s) \tag{3-83}$$

如果选择前馈装置的传递函数

$$G_r(s)=\frac{1}{G(s)} \tag{3-84}$$

则式（3-83）变为

$$C(s) = R(s) \tag{3-85}$$

这表明在式（3-84）成立的条件下，系统的输出量在任何时刻都可以完全无误差地复现输入量，也就是说，具有理想的时间响应特性。

为了说明前馈补偿装置为什么能够完全消除误差的物理意义，将式（3-81）代入式（3-82），可得

$$E(s) = \frac{1 - G_r(s)G(s)}{1 + G(s)}R(s) \tag{3-86}$$

上式表明，在式（3-84）成立的条件下，$E(s)=0$ 是个恒等式；前馈补偿装置 $G_r(s)$ 的存在，相当于在系统中增加了一个输入信号 $G_r(s)R(s)$，其产生的误差信号与原输入信号 $R(s)$ 产生的误差信号相比，大小相等而方向相反。故式（3-84）称为输入信号的误差全补偿条件。由于 $G(s)$ 一般具有比较复杂的形式，故全补偿条件式（3-84）的物理实现相当困难。在工程实践中，大多采用满足跟踪精度要求的部分补偿条件，或者在对系统性能起主要影响的频段内实现近似全补偿，以达到 $G_r(s)$ 的形式既简单，同时也易于实现的目的。

小　　结

1. 时域分析法是通过直接求解系统在典型输入信号作用下的时域响应来分析系统的性能的。时域分析法具有直观，准确和物理概念清楚的特点，是研究自动控制原理理论的基本方法之一。

2. 时域分析法通常是以系统阶跃响应的超调量、调节时间和稳态误差等性能指标来评价系统性能优劣的。

3. 二阶系统在欠阻尼时的动态响应虽有振荡，但只要阻尼 ξ 取值适当（如 $\xi=0.7$ 左右），则系统既有动态响应的快速性，又有动态过程的平稳性，因而在控制系统中常把二阶系统设计为欠阻尼。

4. 如果一个高阶系统中含有一对闭环主导极点，则该系统的瞬态响应就可以用这对主导极点所描述的二阶系统近似地来表征。

5. 稳定是系统能够正常工作的首要条件。线性定常系统的稳定是系统的固有特性，它与外施信号的形式和大小无关，只取决于系统的结构和参数。不用求根而能直接判断系统稳定性的方法，称为稳定判据。稳定判据只回答特征方程式的根在 s 平面上的分布情况，而不能确定根的具体数值。

6. 稳态误差是系统控制精度的度量，也是系统的一个重要性能指标。系统的稳态误差既与其结构和参数有关，也与控制信号的形式、大小和作用点有关。

7. 系统的稳态精度与动态性能在对系统的类型和开环增益的要求上是相互矛盾的。解决这一矛盾的方法，除了在系统中设置校正装置外，还可用前馈补偿的方法来提高系统的稳态精度。

习　　题

3-1　一单位反馈系统的开环传递函数为 $G(s)=\dfrac{1}{s(s+1)}$

求：1　系统的单位阶跃响应及动态性能指标 $t_r, t_p, \sigma\%, t_s$。

2　输入量为单位脉冲函数时系统的输出响应。

3-2　设二阶控制系统的单位阶跃响应曲线如 3-28 图所示

试求：1. 特征参数 ξ，ω_n；

2. 传递函数 $\dfrac{C(s)}{R(s)}$

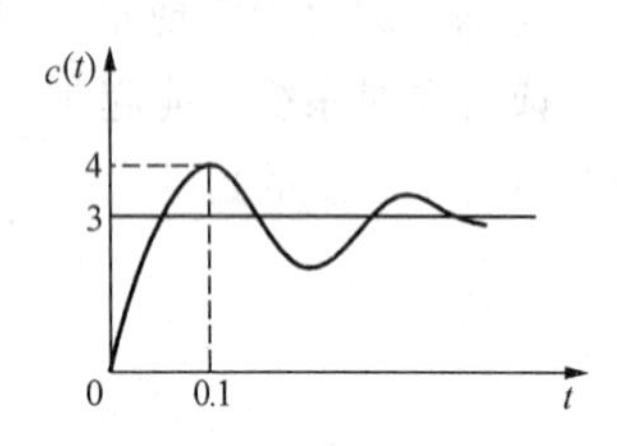

图 3-28　习题 3-2 图

3-3　一单位反馈系统的开环传递函数为 $G(s)=\dfrac{k}{s(s+4)}$

求：1. 动态性能指标 t_r，t_p，$\sigma\%$，t_s。

2. $\xi=0.4$ 时的 k 值

3-4　某单位反馈系统的闭环传递函数为 $\phi(s)=\dfrac{C(s)}{R(s)}=\dfrac{1}{Ts+1}$，当输入单位阶跃信号时，经 15 秒系统响应达到稳态的 98%，试确定系统的时间常数 T 及开环传递函数 $G(s)$。

3-5　某单位反馈系统的开环传递函数为 $G(s)=\dfrac{k}{s(Ts+1)}$。

试求在下列条件下系统单位阶跃响应的 $\sigma\%$ 和 t_s（2%）。

1 $K=4.5$，$T=1\text{s}$；2 $K=1$，$T=1\text{s}$；3 $K=0.16$，$T=1\text{s}$。

3-6　已知单位反馈系统的开环传递函数为 $G(s)=\dfrac{k}{s(Ts+1)}$。若要求 $\sigma\%\leqslant16\%$，$t_s=6\text{s}$（5%）时，要求确定 K 和 T 的数值。

3-7　系统结构如图 3-29 所示，试求系统在零初始条件下的单位阶跃响应。

1. $G(s)=\dfrac{1}{0.2s}, H(s)=2$；2. $G(s)=\dfrac{8}{s(s+2)}, H(s)=0.4$；

3-8　试用劳斯判据判别具有下列特征方程式的系统稳定性。

1. $s^3+20s^2+9s+100=0$

2. $s^3+20s^2+9s+200=0$

3. $s^4+2s^3+8s^2+4s+3=0$

4. $3s^4+10s^3+5s^2+s+2=0$

5. $s^5+s^4+3s^3+9s^2+6s+10=0$

6. $s^5+12s^4+44s^3+48s^2+5s+1=0$

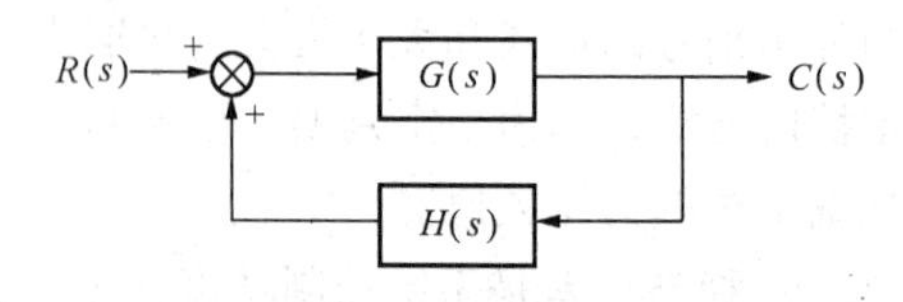

图 3-29　习题 3-7 图

3-9　设单位反馈系统的开环传递函数分别为

1. $G(s) = \dfrac{k}{(s+1)(0.1s+1)}$　　2. $G(s) = \dfrac{k}{s(s+1)(0.5s+1)}$

要求确定系统稳定时 K 的取值范围。

3-10　四阶系统的特征方程式为　$a_0 s^4 + a_1 s^3 + a_2 s^2 + a_3 s + a_4 = 0$，试确定系统稳定的条件。

3-11　已知单位负反馈系统的开环传递函数分别为

1. $G(s) = \dfrac{10}{s(s+4)(5s+1)}$　　2. $G(s) = \dfrac{10(s+0.1)}{s^2(s+1)(s+5)}$

求输入量为 $r(t) = t$ 和 $r(t) = 2 + 4t + 5t^2$ 时系统的稳态误差。

3-12　假设温度计可用 $\dfrac{1}{Ts+1}$ 传递函数来描述其特性，现用温度计测量盛在容器内的水温，发现需 1 分钟时间才能指出实际水温的 98% 的数值，若给容器加热，使水温依 10℃/min 的速度线性变化，问，温度计的稳态指示误差有多大?

第4章

根　轨　迹　法

通过前面分析我们可知，控制系统的稳定性由其闭环极点唯一确定，闭环极点恰好就是系统特征方程的根，而求取闭环极点就必须解系统特征方程。当系统特征方程的阶数高于四阶时，求根过程是非常复杂的，而且还不能够看出系统参数变化对于系统特征方程根，即闭环极点的影响。

1948年，伊文思（W.R.Evans）创造出一种根据开环零、极点寻求闭环极点位置的图解法——根轨迹法。根轨迹法是分析线性定常系统动态响应的实用方法之一。这种方法按照图解法的一系列法则，通过绘制出根轨迹来分析系统性能。随着计算机技术的飞速发展，利用计算机绘制系统的根轨迹已经变得非常简便，因此根轨迹法在工程实践上应用非常广泛。

本章主要介绍常规根轨迹的基本概念，绘制系统180°根轨迹图的基本法则，以及根轨迹与系统性能之间的关系。

4.1　根轨迹法的基本概念

4.1.1　根轨迹

所谓根轨迹，指当系统中某一参数从零变化到无穷大时，系统闭环特征方程的根（即闭环极点）在 s 平面上移动变化时所绘制的一些曲线。而以系统的开环增益 K 为参数绘制的根轨迹就称为常规根轨迹，这也是本章研究的对象。以其它参数为参变量而绘制的根轨迹称为广义根轨迹（见其它相关参考文献）。有了根轨迹，就能确定系统在各种参数下的闭环极点分布情况，从而分析系统的各种性能。

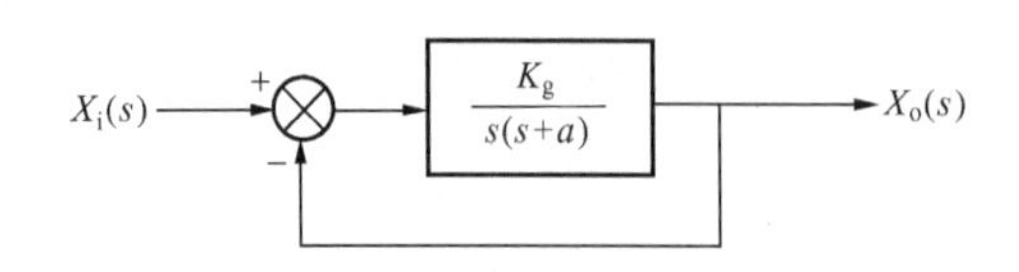

图4-1　单位负反馈系统

下面以图4-1所示的控制系统为例，具体说明根轨迹的基本概念。

当 $a=2$ 时系统开环传递函数为

$$G(s)H(s) = \frac{K_g}{s(s+2)}$$

它有两极点 $p_1=0$；$p_2=-2$。

系统开环传递函数可表示成如下的标准形式：

尾“1”型：
$$G(s)H(s) = \frac{K(\tau_1 s + 1)(\tau_2 s + 1)\cdots(\tau_m s + 1)}{s^v(T_1 s + 1)(T_2 s + 1)\cdots(T_{n-v}s + 1)} \tag{4-1}$$

首“1”型：
$$G(s)H(s) = \frac{K_g(s - Z_1)(s - Z_2)\cdots(s - Z_m)}{s^v(s - P_1)(s - P_2)\cdots(s - P_{n-v})} \tag{4-2}$$

式中 K——系统开环增益；

K_g——系统根轨迹增益。

可以看出，K_g 与 K 之间仅差一个比例系数 a，在绘制常规根轨迹时，一般取 K_g 为参变量。K_g 称为准开环放大倍数或根轨迹放大倍数，K_g 与 K 的关系为

$$K = K_g \frac{\prod_{i=1}^{m}(-z_i)}{\prod_{j=1}^{n-v}(-p_j)} \tag{4-3}$$

系统闭环传递函数如下式所示：

$$\Phi(s) = \frac{G(s)}{1 + G(s)} = \frac{K_g}{s^2 + 2s + K_g} \tag{4-4}$$

由此可得到系统闭环特征方程为

$$1 + G(s) = s^2 + 2s + K_g = 0 \tag{4-5}$$

在没有介绍根轨迹作图法则之前，我们先用解析法求出式（4-3）系统特征方程的根：

$$s_{1,2} = -1 \pm \sqrt{1 - K_g} \tag{4-6}$$

当 K_g 从 $0 \to \infty$ 连续变化时，系统特征方程的根在 s 平面上变化如下：

当 $K_g = 0$ 时， $s_1 = 0, s_2 = -2$

$0 < K_g < 1$ 时， $s_{1,2} = -1 \pm \sqrt{1 - K_g}$ 为负实数根

$K_g = 1$ 时， $s_1 = s_2 = -1$ 为全实数根

$1 < K_g < \infty$ 时， s_1、s_2 为实部是 -1 的共轭复根

$K_g = 2$ 时， $s_{1,2} = -1 \pm j$

下面作出当 K_g 由 $0 \to \infty$ 变化时，闭环系统特征根在 s 平面上移动所形成的轨迹，即系统的根轨迹。如图 4-2 中粗实线所示，在一般情况下，根轨迹图上所标注的参数就是根轨迹增益 K_g。

有了根轨迹，就可以通过它对系统性能进行分析。

1. 稳定性

当 K_g 由 $0 \to \infty$ 变化时，根轨迹均在 s 平面左半部，因此，对于所有的 K_g 值，系统都是稳定的。

2. 稳态性能

开环传递函数中有一个积分环节，所以系统属于Ⅰ型系统，静态速度误差系数等于 K，

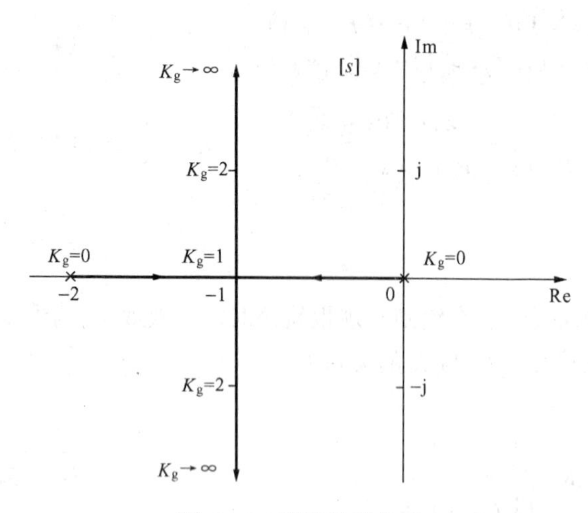

图 4-2 系统的根轨迹

而K与 K_g 之间仅相差一个比例系数，很容易进行换算。因此，当给定系统的稳态误差要求时，通过根轨迹图可十分容易地确定闭环极点的取值范围。

3. 动态性能

(1) 当 $0<K_g<1$ 时，特征根为负实数根，系统呈过阻尼状态，阶跃响应为非周期过程。

(2) 当 $K_g=1$ 时，系统处于临界阻尼状态。

(3) 当 $1<K_g<\infty$ 时，特征根为共轭复根，系统为欠阻尼状态，阶跃响应为衰减振荡。

由上述分析表明，根轨迹与系统性能之间有着比较密切的关系，根轨迹图能够表示 K_g 变化时，闭环极点所有可能的分布情况。根轨迹法的基本思想就是根据系统的开环与闭环传递函数之间的确定关系，由开环的零、极点来寻求闭环极点的轨迹。因此有必要研究开环零、极点与闭环零、极点之间的关系。

4.1.2 根轨迹方程

对于一般意义上的控制系统，结构如图 4-3 所示，该系统的闭环传递函数为

$$\Phi(s)=\frac{G(s)}{1+G(s)H(s)} \tag{4-7}$$

系统的闭环特征方程为

$$1+G(s)H(s)=0$$

即

$$G(s)H(s)=-1 \tag{4-8}$$

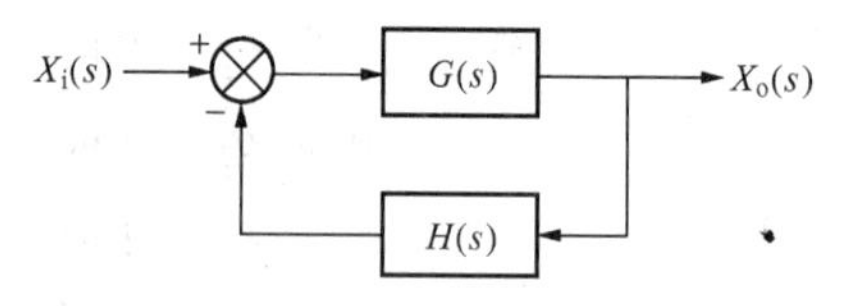

图 4-3 系统的闭环传递函数

而 $G(s)H(s)$ 恰好是系统的开环传递函数。在根轨迹分析中，一般把系统的开环传递函数写成零、极点的形式为

$$G(s)H(s)=\frac{K_g\prod_{i=1}^{m}(s-z_i)}{\prod_{j=1}^{n}(s-p_j)}=-1 \tag{4-9}$$

式中 K_g——系统根轨迹增益；

z_i——系统开环零点；

p_j——系统开环极点。

由式 (4-9) 得

$$\frac{\prod_{i=1}^{m}(s-z_i)}{\prod_{j=1}^{n}(s-p_j)}=-\frac{1}{K_g} \tag{4-10}$$

因此能够满足式（4-10）的一切 s 值都将是根轨迹上的点，因此式（4-10）被称为根轨迹方程式。

4.1.3 绘制根轨迹的条件

根轨迹方程式（4-10）实际上是一个复数方程，使用起来非常不方便。这时我们可以利用

$$-1=1\cdot e^{j(2k+1)\pi}(k=0,\pm1,\pm2,\cdots)$$

让根轨迹方程式（4-10）等号两边复数的相角和幅值分别相等，得到如下所示两个方程，即

幅值条件
$$\frac{\prod_{i=1}^{m}|s-z_i|}{\prod_{j=1}^{n}|s-p_j|}=\frac{1}{K_g}\qquad K_g\in(0,+\infty) \tag{4-11}$$

相角条件
$$\sum_{i=1}^{m}\arg(s-z_i)-\sum_{j=1}^{n}\arg(s-p_j)=(2k+1)\pi\quad(k=0,\pm1,\pm2,\cdots) \tag{4-12}$$

满足幅值条件和相角条件的 s 值，就是系统特征方程的根，即系统的闭环极点。当 K_g 从零到无穷变化时，系统特征方程的根在复平面 s 上移动的轨迹就是根轨迹。根据这两个条件，可以完全确定复平面 s 上的根轨迹以及根轨迹上相应的 K_g 值。实际上满足相角条件的点就是根轨迹上的点，也就是说相角条件是确定复平面 s 上根轨迹的充分必要条件。只有当需要确定根轨迹上各点对应的 K_g 值时，才使用幅值条件，进而得到系统的开环增益 K 值。

4.2 绘制根轨迹的基本法则

由上节我们可以知道，当 K 从零到无穷大变化时，根据相角条件，可以绘制出系统的根轨迹，但是必须经过一点一点依次进行试凑，非常麻烦。实际上，我们可以根据相角条件导出若干绘制根轨迹的法则，找到一些特殊的点，如 $K_g=0$ 和 $K_g=\infty$ 时特征方程的特征根，然后根据这些规则大致绘出根轨迹草图，对于根轨迹上认为重要的部分，再利用幅值条件和相角条件精确绘制极点的准确位置。

下面就介绍这些法则，并给以必要的证明，然后举例说明如何利用这些法则绘制系统的根轨迹。应注意：这些基本法则仅针对180°根轨迹而言。

4.2.1 法则1——根轨迹的起点和终点

根轨迹起始于开环极点，终止于开环零点。

证明：根轨迹的起点对应于根轨迹增益 $K_g=0$ 时系统特征方程的特征根，终点对应于

$K_g=\infty$时系统特征方程的根。所以由公式（4－11）可得

当 $K_g=0$时　　$s=p_j$　　(j=1，2，3，…，n)

即根轨迹起始于开环极点。

当 $K_g=\infty$时　　$s=z_i$　　(i=1，2，3，…，m)

即根轨迹终止于开环零点。

对于实际系统，一般来说，开环传递函数中分子多项式的阶次 m 小于或等于分母多项式的阶次 n，即满足 $n\geqslant m$。

当 $n=m$ 时，根轨迹起点数与终点数相等。而当 $n>m$ 时，根轨迹起点数多于终点数。由式（4－11）可知，当 $s\to\infty$时

$$\frac{1}{K_g}=\lim_{s\to\infty}\frac{\prod_{i=1}^{m}|s-z_i|}{\prod_{j=1}^{n}|s-p_j|}=\lim_{s\to\infty}\frac{1}{|s|^{n-m}}=0 \tag{4-13}$$

这说明，必然会有（$n-m$）个终点在无穷远处。显然 $m=0$ 时，n 条根轨迹都将终止于无穷远处。将这些终点称为无限零点，而把有限数值的零点称作有限零点。

4.2.2 法则 2——根轨迹的分支数

根轨迹的分支数等于系统特征方程的阶数。

一般来说，系统开环传递函数中 $n\geqslant m$，所以系统闭环特征方程为 n 阶，有 n 个根，这 n 个特征根随着 K_g 的变化，必然有 n 条根轨迹。

4.2.3 法则 3——根轨迹的连续性与对称性

根轨迹各分支都是连续的，并且对称于实轴。

因为系统特征方程中的某些系数是根轨迹增益 K_g 的函数，因而当 K_g 从零到无穷连续变化时特征方程的某些系数也必然是连续的，所以根轨迹一定是连续的。

又由于系统闭环特征方程是实系数多项式方程，其根不是实数就是复数。若为实数，一定在实轴上；若为复数，必然是共轭复根，又因为根轨迹是根的集合，所以根轨迹必然对称于实轴。因此，在绘制根轨迹时，只要作出复平面 s 上半部分的轨迹，就可根据对称性得到下半部分的根轨迹。

4.2.4 法则 4——实轴上的根轨迹

实轴上某区段为根轨迹的条件是：根轨迹区段右侧开环实数零、极点数目之和为奇数。若为偶数，则该区段不是根轨迹。而开环的共轭复数零点、极点对于实轴上的根轨迹位置没有影响。

证明：设系统的开环零、极点分布如图 4－4 所示，为了确定实轴上某区段是否为根轨迹，在 z_2 和 p_2 间取 s_e 作为一个试探点，如果它属于根轨迹，则其充分必要条件是必须满足相角条件式（4－12）。从图 4－4 可以看到，开环零点到 s_e 点向量的相角是 θ_i（$i=1$，2，3，

4，5)，开环极点到 s_e 点向量的相角为 $\phi_j(j=1,2,3,4,5,6)$。p_5 和 p_6 为共轭复数极点，其相角和为 $\phi_5+\phi_6=2\pi$，而共轭复数零点 z_4 和 z_5 间的相角和也为 $\theta_4+\theta_5=2\pi$，这说明点 s_e 是否满足相角条件不受这些共轭复数极点和零点的影响，而只取决于实轴上极点和零点的分布。

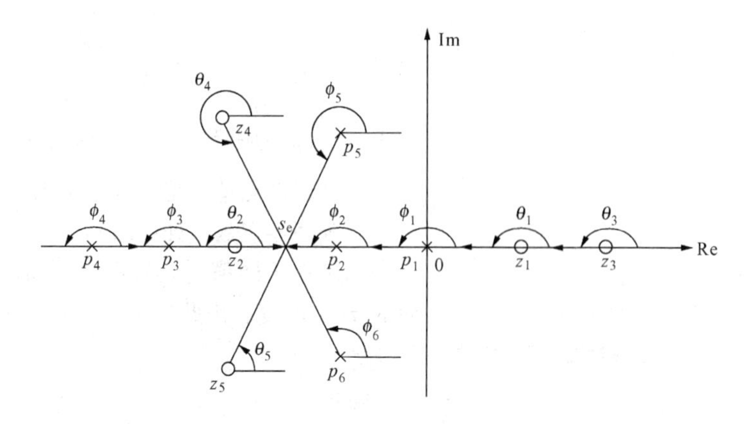

图 4-4 系统开环零、极点分布

我们在来分析一下位于实轴上的实零点、实极点对于相角的影响。在实轴上，s_e 点左侧的开环极点 p_3 和 p_4 以及开环零点 z_2 构成的向量夹角 ϕ_3 和 ϕ_4 都为0°，所以试探点 s_e 是否满足相角条件也不受它们的影响。最后，我们再分析一下 s_e 点右侧的零点和极点，这些零点和极点到 s_e 点所构成的向量夹角 θ_1、θ_3，ϕ_1、ϕ_2 均为 π。由此可知实轴上根轨迹分布规律为：只有当 s_e 点右侧实轴上的开环实数零、极点数目之和为奇数时才满足相角条件，这时 s_e 点所在的这一区段实轴才属于根轨迹；如果是偶数，则该区段就不是根轨迹。

所以根据这个法则，就可判断图 4-4 中实轴上 (p_3,z_2)，(p_2,p_1)，(z_1,z_3) 这三段才是根轨迹。

4.2.5 法则5——根轨迹的渐近线

从前面的分析我们可以知道：当 $n>m$ 时，有 $n-m$ 条根轨迹分支沿着 $n-m$ 条渐近线趋于无穷远处。所谓渐近线就是指当 s 趋于无穷时的根轨迹。渐近线包括两个方面内容，即渐近线夹角和渐近线与实轴的交点。

1. 渐近线夹角

$$\varphi_a=\frac{(2k+1)\pi}{n-m}[k=0,\pm1,\pm2,\cdots\cdots\pm(n-m-1)] \tag{4-14}$$

证明： 当 $s\to\infty$ 时，可以认为从所有开环零极点引向无穷远点 s 的相角基本相等，用 φ_a 表示。则相角条件

$$\sum_{i=1}^{m}\arg(s-z_i)-\sum_{j=1}^{n}\arg(s-p_j)=(2k+1)\pi$$

可以表示为

$$m\varphi_a-n\varphi_a=(2k+1)\pi$$

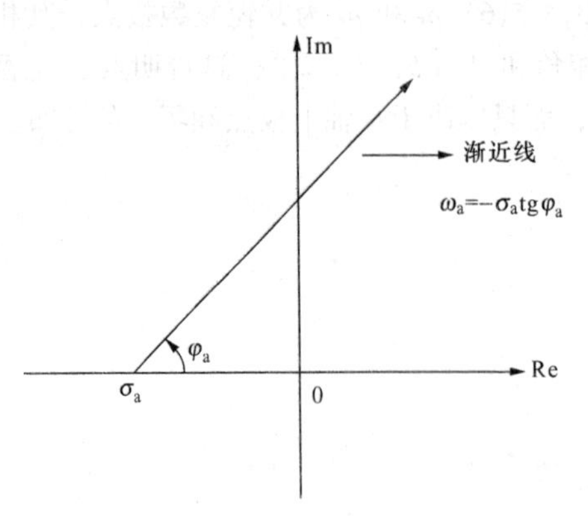

图 4－5　渐近线方程

即　$\varphi_a = \dfrac{(2k+1)\pi}{n-m}$　$k = 0, \pm 1, \pm 2, \cdots$

2. 渐近线与实轴交点

$$\sigma_a = \frac{\sum_{j=1}^{n} p_j - \sum_{i=1}^{m} z_i}{n-m} \tag{4-15}$$

式中　$\sum_{j=1}^{n} p_j$ 为所有开环极点值之和；$\sum_{i=1}^{m} z_i$ 为所有开环零点值之和；n 为开环极点数；m 为开环零点数（证明略）。

当 k 取不同值时，可以得到 $n-m$ 个 φ_a 角，而 σ_a 却不改变，因此这 $n-m$ 条渐近线与实轴交点 σ_a 的夹角为 φ_a 的一组射线。其渐近线方程为

$$\omega_a = -\sigma_a \tan\varphi_a$$

如图 4－5 所示。

4.2.6　法则 6——根轨迹的分离点与会合点

两条或两条以上的根轨迹分支在 s 平面上某点相遇又立即分开，则称此点为分离点。分离点一定是实极点，分离点的坐标 d 可由下述方程求解出

$$\sum_{i=1}^{m} \frac{1}{d - z_i} = \sum_{j=1}^{n} \frac{1}{d - p_j} \tag{4-16}$$

式中，z_i 为各开环零点值；p_j 为各开环极点值。

一般来说，分离点多位于实轴上。但是也有复根的情况，由根轨迹的对称性可知，这对复根一定是共轭复根。根据法则 1，根轨迹起始于开环极点，终止于开环零点，如果实轴上两相邻极点间的区段属于根轨迹，那么根轨迹从这两个极点出发，在中间某点相遇，就必然要分开，即这两个极点间必然有分离点。同理如果实轴上两相邻零点间的区段属于根轨迹，则它们之间必然有会合点。当然，这两个零点可能是有限零点，也可能一个是有限零点，另一个是无限零点。如图 4－6 所示，a 为分离点，b 为会合点。显然方程式（4－16）也适用于计算复数分离点或会合点。

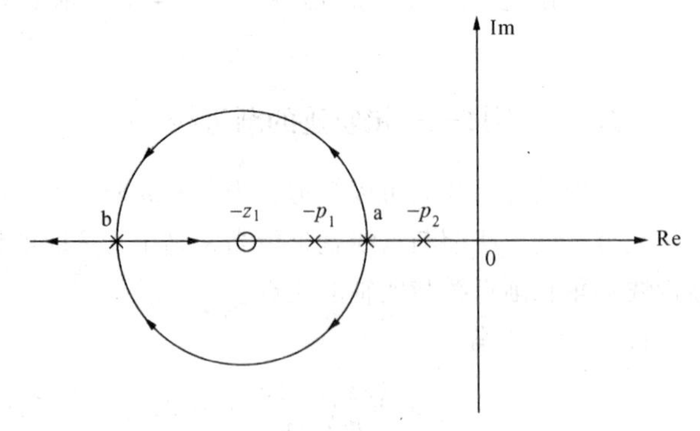

图 4－6　根轨迹的分离点和会合点

如果在开环传递函数中没有有限零点，那么对于方程（4－16）中，应取 $\sum_{i=1}^{m} \dfrac{1}{d - z_i} = 0$。

注意：方程（4－16）的根往往不一定就是分离点，只有把求得的根代入系统特征方程

后进行验证，满足 $K_g>0$ 的根才是分离点。在实际工程应用中，有时可明显看出方程（4-16）的根是否为分离点，而不必代入系统特征方程去检验。

【例 4-1】　已知系统的开环传递函数为

$$G(s)H(s)=\frac{K_g(s+1)}{s^2+3s+3.25}$$

求分离点。

解： 系统开环传递函数化为

$$G(s)H(s)=\frac{K_g(s+1)}{(s+1.5-\mathrm{j})(s+1.5+\mathrm{j})}$$

求得系统的开环零点 $z_1=-1$。

系统的开环极点 $p_1=-1.5+\mathrm{j}$；$p_2=-1.5-\mathrm{j}$

代入方程（4-16）

$$\frac{1}{d+1}=\frac{1}{d+1.5-\mathrm{j}}+\frac{1}{d+1.5+\mathrm{j}}$$

解得 $d_1=0.12$，$d_2=-2.12$。

经检查 d_1 不在实轴上的根轨迹区段，舍弃。因此分离点坐标为 $d=-2.12$。

4.2.7　法则7——根轨迹的起始角与终止角

根轨迹离开开环复数极点处的切线方向与实轴正方向间的夹角称为起始角，用 θ_{pk}表示；根轨迹进入开环复数零点的切线方向与实轴正方向间的夹角，称为终止角，用 θ_{zk}表示。θ_{pk}与 θ_{zk}可按照下面公式进行计算：

$$\theta_{pk}=180°+\sum_{i=1}^{m}\arg(p_k-z_i)-\sum_{\substack{j=1\\j\neq k}}^{n}\arg(p_k-p_j) \tag{4-17}$$

$$\theta_{zk}=180°+\sum_{j=1}^{n}\arg(z_k-p_j)-\sum_{\substack{i=1\\i\neq k}}^{m}\arg(z_k-z_i) \tag{4-18}$$

而实轴上零、极点的起始角和终止角恒为 ±90°。

4.2.8　法则8——根轨迹与虚轴的交点

若根轨迹与虚轴相交，其交点可由劳斯判据确定。也可以将 $s=\mathrm{j}\omega$ 代入系统特征方程，令特征方程两端的实部和虚部分别相等来求得。

证明： 若根轨迹与虚轴相交，则表明系统存在纯虚根，即系统处于临界稳定状态。因此令劳斯表的第一列系数中含有 K_g 的项为零，就可以求出 K_g 值。因为一对纯虚根是绝对值相同但符号相反的根，所以这时可利用劳斯表中 s^2 项的系数构成辅助方程，对此方程进行求解便可得到交点处的 ω 值。如果根轨迹与虚轴有两个或两个以上的交点，则说明系统特征方程有两对或两对以上的纯虚根，这时应采用劳斯表中大于 2 的偶次幂所在行的系数构造辅助方程，进而求出根轨迹与虚轴的交点。

确定根轨迹与虚轴交点的另一种方法就是将 $s=\mathrm{j}\omega$ 代入系统特征方程，即

$$1+G(\mathrm{j}\omega)H(\mathrm{j}\omega)=0 \tag{4-19}$$

令上述方程的实部与虚部分别相等，则

$$\mathrm{Re}[1+G(\mathrm{j}\omega)H(\mathrm{j}\omega)]=0 \tag{4-20}$$

$$\mathrm{Im}[1+G(\mathrm{j}\omega)H(\mathrm{j}\omega)]=0 \tag{4-21}$$

对以上两方程联立求解，就可求得根轨迹与虚轴交点处的 K_g 值和 ω 值。

利用上述八条法则就可以非常方便地绘制出系统的根轨迹，但要注意的是这八条法则都是在负反馈闭环系统的前提下并根据式（4－10）推导得出来的，即这些法则是用于绘制系统 180°根轨迹的基本法则。如果需要绘制 0°根轨迹，则相应的法则应进行一下修正才可适用。

【例 4－2】 已知闭环系统的开环传递函数为

$$G(s)H(s)=\frac{K_g}{s(s+4)(s^2+4s+20)}$$

试绘制该系统的常规根轨迹图。

解 由系统的开环传递函数，可以求得以下开环极点：

$$p_1=0,\ p_2=-4,\ p_3=-2+\mathrm{j}4,\ p_4=-2-\mathrm{j}4$$

（1）因为 $n=4$，$m=0$，所以共有 4 条根轨迹，且均趋于无穷远处。根轨迹起点为 $p_1=0$，$p_2=-4$，$p_3=-2+\mathrm{j}4$，$p_4=-2-\mathrm{j}4$。

（2）根据法则 4，实轴上的根轨迹区段为 $[0,\ -4]$。

（3）根轨迹渐近线如图 4－7 中虚线所示。

与实轴交点为 $$\sigma_a=\frac{0-4-2+\mathrm{j}4-2-\mathrm{j}4}{4}=-2$$

与实轴夹角为 $$\varphi_a=\frac{(2k+1)\pi}{4}\quad k=0,\ k=\pm1,\ \pm2,\ \pm3$$

得 $$\varphi_{a1}=45^\circ,\ \varphi_{a2}=-45^\circ,\ \varphi_{a3}=135^\circ,\ \varphi_{a4}=-135^\circ$$

（4）根轨迹分离点。分离点方程为

$$d^3+6d^2+18d+20=0$$

即 $$(d+2)(d^2+4d+10)=0$$

解得 $$d_1=-2, d_2=-2+\mathrm{j}2.45, d_3=-2-\mathrm{j}2.45$$

（5）根轨迹与虚轴交点。令 $s=\mathrm{j}\omega$ 代入系统特征方程，得到

$$\mathrm{j}\omega(\mathrm{j}\omega+4)[(\mathrm{j}\omega)^2+4\mathrm{j}\omega+20]+K_g=0$$

化简为

$$\omega^4-36\omega^2+K_g+\mathrm{j}\omega(80-8\omega^2)=0$$

所以可令上式实部与虚部分别为零，得

$$\begin{cases} \omega^4 - 36\omega^2 + K_g = 0 & (1) \\ \omega(80 - 8\omega^2) = 0 & (2) \end{cases}$$

解得 $\omega = \pm\sqrt{10} = \pm 3.16$，代入式（1）得 $K_g = 260$。

根据以上分析所绘制的系统根轨迹如图4－7所示。

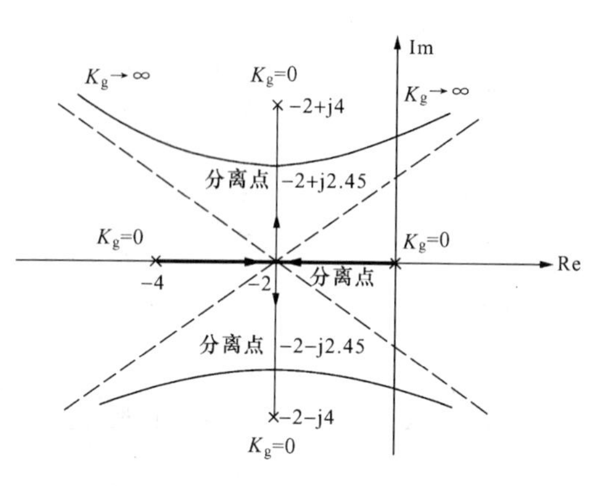

图4－7 例4－2题系统的根轨迹

【例4－3】 已知控制系统的开环传递函数为

$$G(s)H(s) = \frac{k(s+2)}{s(s+3)(s^2+2s+2)}$$

试绘制系统的根轨迹。

解 由系统的开环传递函数，求得开环极点为

$p_1 = 0$，$p_2 = -3$，$p_3 = -1+\mathrm{j}1$，$p_4 = -1-\mathrm{j}1$

开环零点为 $z_1 = -2$

（1）因为 $n=4$，$m=1$，所以共有4条根轨迹。起点分别为0，－3，$-1+\mathrm{j}1$，$-1-\mathrm{j}1$。终点为开环零点－2以及三个无穷远零点。

（2）由法则4可知实轴上的根轨迹区段为［0，－2］和［－3，－∞）。

（3）根轨迹渐近线共有 $n-m=3$ 条，如图4－8中虚线所示。

与实轴交点为 $\sigma_a = \dfrac{0+(-3)+(-1+\mathrm{j}1)+(-1-\mathrm{j}1)-(-2)}{4-1} = -1$

与实轴夹角为 $\varphi_a = \dfrac{180°(2k+1)}{4-1} = \dfrac{180°(2k+1)}{3} \quad k = 0, \pm1, \pm2$

得 $\varphi_{a1} = 60°$，$\varphi_{a2} = -60°$，$\varphi_{a3} = 180°$

（4）根轨迹分离点。因为本例中，实轴上是极点与零点间的根轨迹，因此没有分离点和会合点。

（5）根轨迹的起始角 θ_{p3}。首先计算出从零点指向极点 p_3 的夹角 $\arg(p_3 - z_1) = 45°$，然后求出各极点指向极点 p_3 的夹角：

$$\arg(p_3 - p_2) = \arctan\frac{1}{2} = 26.6°$$

$$\arg(p_3 - p_1) = 135°$$

$$\arg(p_3 - p_4) = 90°$$

所以根据法则7并由公式（4－17）计算得出

$$\theta_{p3} = 180° + 45° - 135° - 26.6° - 90° = -26.6°$$

（6）根轨迹与虚轴交点。令 $s = \mathrm{j}\omega$，代入系统特征方程，并化简得到

$$(\mathrm{j}\omega)^4 + 5(\mathrm{j}\omega)^3 + 8(\mathrm{j}\omega)^2 + 6(\mathrm{j}\omega) + K_g(\mathrm{j}\omega + 2) = 0$$

$$\omega^4 - 8\omega^2 + 2K_g + \mathrm{j}\omega(-5\omega^2 + 6 + K_g) = 0$$

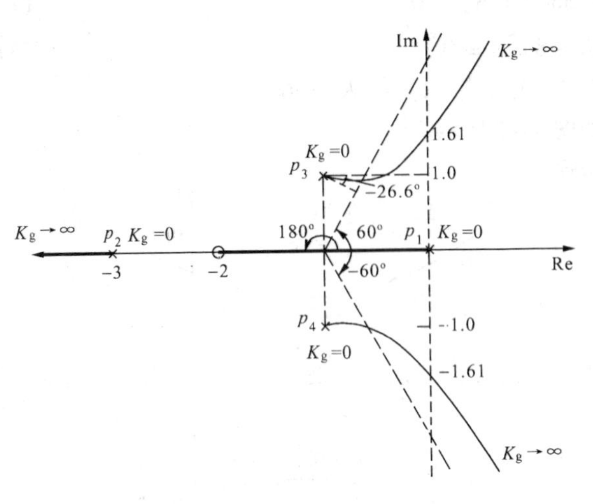

图 4-8 [例 4-3] 题系统的根轨迹

令上式中实部与虚部分别为零，得到

$$\begin{cases} \omega^4 - 8\omega^2 + 2K_g = 0 & (1) \\ \omega(-5\omega^2 + 6 + K_g) = 0 & (2) \end{cases}$$

联立求解，可得到

$$\omega = 0,\ \omega = 1.61,\ \omega = -1.61$$

显然当 $\omega = 0$ 时，$K_g = 0$ 没有意义。所以根轨迹与虚轴交点为 $\pm$ j1.61，相应的增益 $K_g = 7$。

【例 4-4】 已知系统的开环传递函数为

$$G(s)H(s) = \frac{K_g(0.5s + 1)}{0.5s^2 + s + 1}$$

求分离点。

解 依题意，系统开环传递函数化为标准形式

$$G(s)H(s) = \frac{K_g(s + 2)}{(s + 1 + \mathrm{j})(s + 1 - \mathrm{j})}$$

所以，可以得到如下系统的开环零、极点：

$$z_1 = -2,\ p_1 = -1 - \mathrm{j},\ p_2 = -1 + \mathrm{j}$$

根据分离点方程

$$\frac{1}{d + 2} = \frac{1}{d + 1 + \mathrm{j}} + \frac{1}{d + 1 - \mathrm{j}}$$

化简为

$$d^2 + 4d + 2 = 0$$

解得 $d_1 = -0.586$，$d_2 = -3.414$

因实轴上（$-\infty$，-2] 区段是根轨迹，故 $d_2 = -3.414$ 是分离点，而 $d_1 = -0.586$不是分离点。其根轨迹如图 4-9 所示。

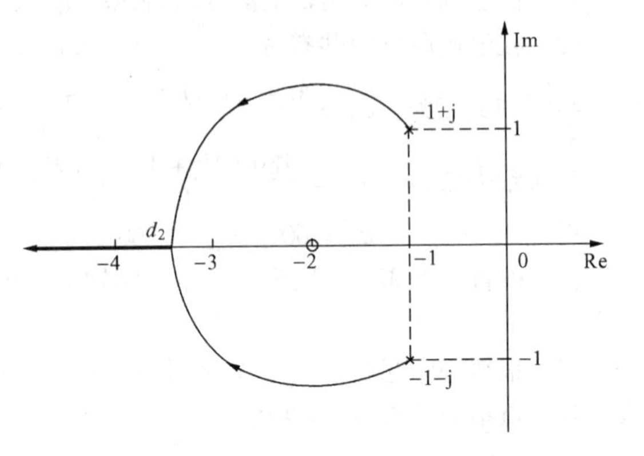

图 4-9 [例 4-4] 题系统的根轨迹

4.3 控制系统的根轨迹法分析

上一节讨论了如何根据控制系统的开环传递函数绘制出闭环系统的根轨迹。根轨迹求出以后，对于一定的 K_g 值，就可利用幅值条件来确定系统的闭环极点（系统的特征根）。如果这时系统的闭环零点是已知的，那么在一定的输入条件下，就可以根据系统零、极点的位置以及已知的输入信号，求出系统的各项性能指标，进而利用前几章的知识对系统性能进行分

析。

因为系统的闭环极点在系统的性能分析中居于主导地位，所以可以借助系统的根轨迹，研究某个参数的变化对系统特征方程的根在复平面 s 上分布的大致情况。并且通过改变系统的开环零、极点在 s 平面上的位置来满足系统所要达到的性能指标，可以实现对于系统的综合。因此根轨迹法为分析系统性能和改善系统性能提供了有力依据。

4.3.1　在根轨迹上确定系统特征根

根据已知的 K_g 值，在根轨迹上找出相应的特征根，常常采用试探法。即先在根轨迹上试取一点 s_e，然后画出 s_e 点到开环零、极点间的连线，量出这些连线的长度，并代入幅值条件公式（4-11），求得 K_g 值。如果它和已知的 K_g 值相等，则试探点 s_e 就是所要求解的系统特征根（即闭环极点），否则移动试探点继续寻找特征根。下面举例介绍这种方法：

【例 4-5】　已知系统的结构图如图 4-10 所示求当 $K_g = 10$ 时的系统特征根。

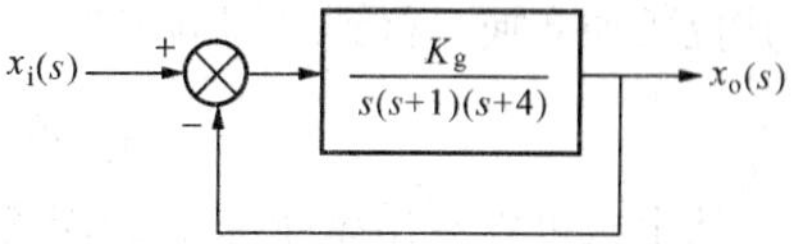

解　由已知得到系统的开环传递函数：

$$G(s)H(s) = \frac{K_g}{s(s+1)(s+4)}$$

图 4-10　例 4-4 系统结构图

首先作出系统根轨迹如图 4-11 所示。

根据式（4-11）可得

$$K_g = \frac{\prod_{j=1}^{n} |s - p_i|}{\prod_{i=1}^{m} |s - z_i|} = \frac{\text{试探点与所有开环极点之间距离积}}{\text{试探点与所有开环零点之间距离积}}$$

$$10 = |s_e - 4| \cdot |s_e - 1| \cdot |s_e|$$

经几次试探可求得

$$s_{1,2} = -0.2 \pm \mathrm{j}1.46 \text{ 或 } s_3 = -4.6$$

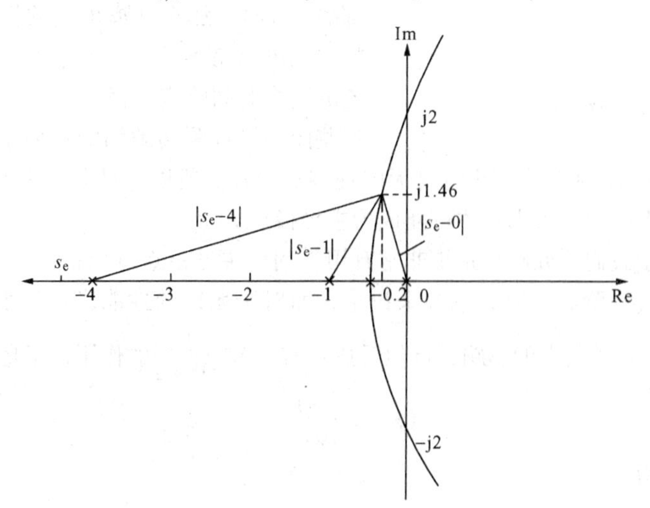

图 4-11　例 4-5 题系统根轨迹

4.3.2 主导极点和偶极子的概念

在经典控制理论中，一般是通过系统的单位阶跃响应来分析系统的性能。利用根轨迹法，可以迅速得到系统的闭环零点和极点，这样就可立即得到系统的闭环传递函数。然后，利用拉氏逆变换法，得出系统的时间响应。

在工程实际中，常常采用主导极点的概念对系统进行分析，这样可使系统分析简化。例如研究以下这个具有闭环传递函数的系统

$$\Phi(s)=\frac{1}{(s+1)(10s+1)}$$

该系统的单位阶跃响应为

$$x_0(s)=\frac{1}{(s+1)(10s+1)}\times\frac{1}{s}$$

取其拉氏逆变换，得到时间响应为

$$x_0(t)=1-1.11\mathrm{e}^{-\frac{t}{10}}+0.11\mathrm{e}^{-t}$$

从上式可以看出整个系统的瞬态响应取决于时间常数大（对于本题 $T_1=10$）的环节，而时间常数小（对于本题来说 $T_2=1$）的环节对系统瞬态响应的影响非常小，可以忽略其对系统动态响应的影响，所以

$$x_0(t)\approx 1-1.11\mathrm{e}^{-\frac{t}{10}}$$

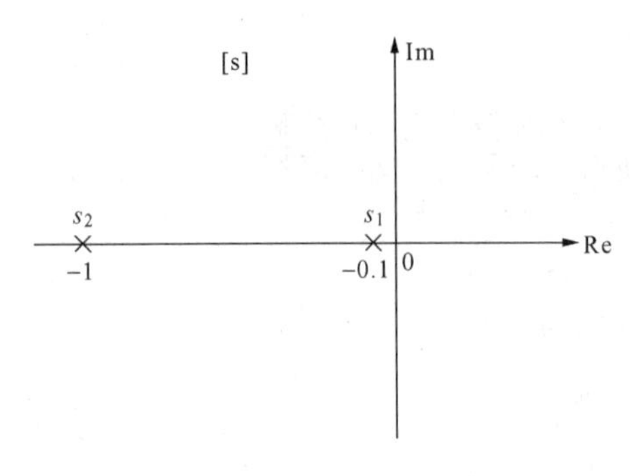

图 4 – 12　系统极点分布

从极点分布情况来看，靠近虚轴的极点在系统瞬态响应中起主导作用，这样的极点称为主导极点。而离虚轴较远的极点影响很小，如图 4 – 12 所示。

当离虚轴较近的极点的实部小于其它极点实部的 1/5 时，那么远离虚轴的极点在瞬态响应中的作用可忽略不计。一般来说，主导极点指在系统的整个时间响应过程中起主要作用的闭环极点，这些闭环极点距离虚轴的距离小于其它闭环极点距离虚轴距离的 1/5，而且它们附近又无闭环零点存在。所以，只有那些既接近虚轴，又不十分接近闭环零点的闭环极点，才可能成为主导极点。

这个概念对于我们研究高阶系统非常有用，利用主导极点可以把多个极点的高阶系统，近似简化成低阶（一阶或二阶）系统来讨论，而对于系统的性能影响很小。例如，在本例中，可以忽略 $s_2=-1$ 极点的影响，近似看成只有环节$\frac{1}{10s+1}$的作用，于是可以得到

$$x_0(s)=\frac{1}{10s+1}\cdot\frac{1}{s}$$

取其拉氏逆变换得

$$x_0(t)=1-\mathrm{e}^{-\frac{t}{10}}$$

除了主导极点以外，系统还有其它实数零点和极点：零点的存在将会减小系统的阻尼，使系统响应速度加快；极点的存在会加大系统阻尼，使系统响应速度变慢。它们各自的作用随着它们接近原点的程度而加强。

如果闭环系统中零、极点之间距离很近，那么这样的闭环零、极点常常被称为是偶极子。偶极子对系统的动态响应的作用近似，可以相互抵消。偶极子分实数偶极子和复数偶极子，如果是复数偶极子，则它们必为共轭出现。在工程实际应用中，确定偶极子的方法是：如果一对闭环零、极点之间的距离比它们本身的模值小一个数量级，那么这一对闭环零、极点就构成了偶极子。例如在系统闭环传递函数

$$\Phi(s)=\frac{6(s+3.9)}{s(s+4)(s+20)}$$

中，闭环极点 -4 与闭环零点 -3.9 就构成了偶极子，如图 4－13 所示

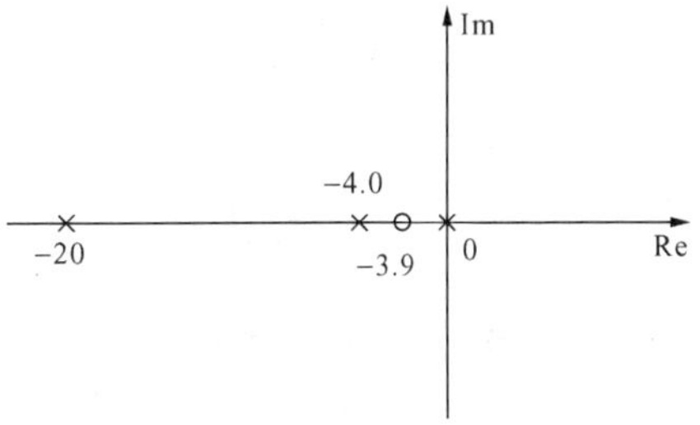

因子（$s+3.9$）与（$s+4$）可以相互抵消，对系统的动态响应不会有太大的影响。系统可近似为二阶系统来考虑，即

$$\Phi(s)=\frac{6}{s(s+20)}$$

Im
-4.0
-20
-3.9
0
Re

图 4－13 系统偶极子概念图

但应注意：远离原点的偶极子对系统影响可忽略不计，而接近原点的偶极子对系统的影响不能忽略，不能相互抵消，必须加以考虑。

4.3.3 开环零点对系统根轨迹的影响

增加开环零点将引起系统根轨迹的变化，同时也将影响闭环系统的稳定性和瞬态响应性能。

设某一系统的开环传递函数为

$$G(s)H(s)=\frac{K_g}{s^2(s+a)} \qquad (a>0)$$

其根轨迹如图 4－14 所示，很明显这样的根轨迹是非常不好的。因为根轨迹全部位于 s 右半平面，所以无论 K_g 取何值系统都不稳定。

当在系统中增加一个开环负实零点 $z=-b(b>0)$，则系统开环传递函数变为如下形式：

$$G(s)H(s)=\frac{K_s(s+b)}{s^2(s+a)}$$

分两种情况进行讨论：

(1) 如果该零点 $z=-b$ 位于极点 $p=-a$ 右侧，即 $a>b$。这时的根轨迹如图 4－15 曲线Ⅰ所示，根轨迹的渐近线与实轴交点为 $-\frac{a-b}{2}$ 与实轴正向夹角分别为 90°和 －90°。

从图 4－15 中我们可以看到：三条根轨迹都在 s 平面左半部，无论 K_g 取任何值，根轨迹都不会进入 s 右半平面，即系统肯定是稳定的。而且当开环零点 $z=-b$ 越靠近虚轴，根轨迹就越向左偏移，如分别任意取另一零点 $z=-c(c>0)$，$z=-d(d>0)$ 并且 $d<c<b$，

对应的根轨迹如图 4-15 中曲线Ⅱ和Ⅲ所示。

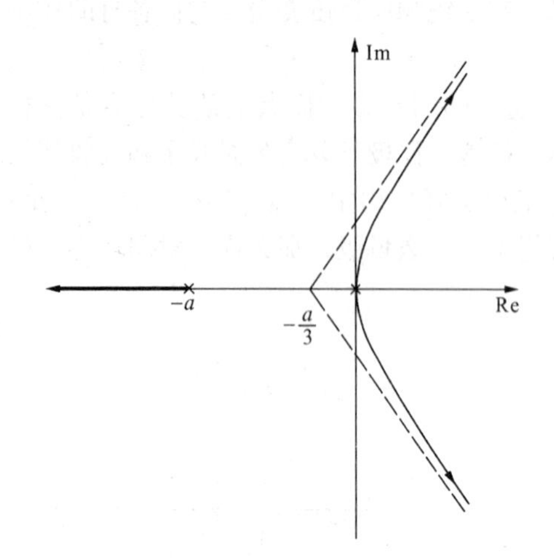

图 4-14 系统根轨迹图

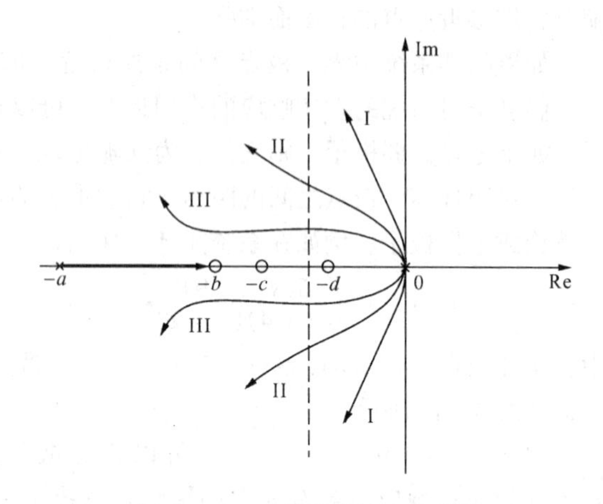

图 4-15 系统根轨迹变化趋势

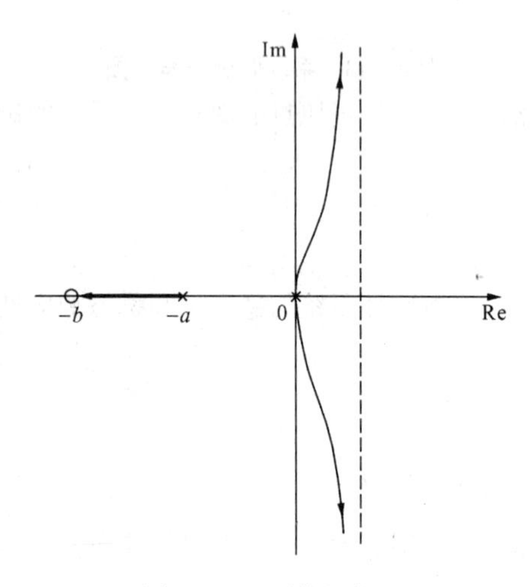

图 4-16 系统根轨迹

(2) 如果零点 $z=-b$ 位于极点 $p=-a$ 左侧，即 $a<b$，其根轨迹如图 4-16 所示，根轨迹的渐近线与实轴交点还是 $-\frac{a-b}{2}$，这时与实轴正向夹角不变，还是 90°和 -90°，$-\frac{a-b}{2}>0$ 位于 s 右半平面。显然，仍然有两条根轨迹位于 s 右半平面内，系统仍然不稳定，且该零点 $z=-b$ 离极点 $p=-a$ 愈远，系统根轨迹愈右移。

从以上分析可知

1）增加合适的开环零点，可以使原来不稳定的系统变为稳定系统。

2）该零点离虚轴越近，其对系统动态特性的影响就越明显。

4.3.4 开环极点对系统根轨迹的影响

设系统的开环传递函数为

$$G(s)H(s)=\frac{K_g}{s(s+p_0)}(p_0>0)$$

其根轨迹如图 4-17 粗实线所示：

在增加一个开环极点 $s=-p(p>0)$ 后，p 依次取 p_1，p_2，p_3，$p_4\cdots$，且 $p_1>p_2>p_3>p_4\cdots$ 其相应根轨迹如图 4-17 所示。

可以看出：当开环极点 $s=-p$ 离虚轴越远，根轨迹向右偏移程度越小，反之则变大；

当 $p=0$ 时，根轨迹两条分支完全进入 s 右半平面。

由此可以得出：

(1) 增加开环极点改变了根轨迹在实轴上的分布。

(2) 增加开环极点改变了渐近线的夹角、条数和与实轴的交点位置。

(3) 增加开环极点使根轨迹右移，不利于系统的稳定性及动态性能。

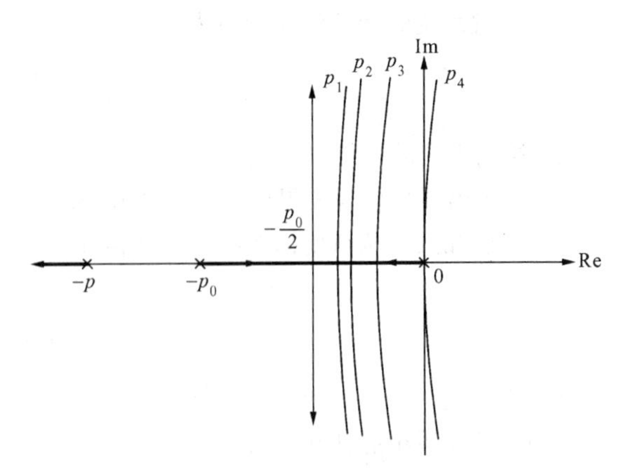

图 4-17　系统根轨迹图

最后我们应明确一点：利用根轨迹法只能确定系统的闭环极点，从而决定了系统的稳定性。但是，系统的动态特性与系统的闭环极点和闭环零点都有关系。如果两个系统的闭环极点相同而闭环零点却不同，那么这两个系统的根轨迹虽然相同，而动态响应是不同的。这一点我们在设计与校正系统的过程中应注意。

小　　结

根轨迹法是一种图解方法。它利用已知系统的开环零、极点，研究当开环传递函数的某一参数变化时，闭环极点在复平面 s 上的变化趋势。本章介绍了常规根轨迹的基本概念以及绘制法则，利用这些法则可绘制出系统根轨迹的大致图形，并且当参数（K_g）一定时，也可利用幅值条件在根轨迹上确定与之相应的闭环极点（即系统特征方程的根）。

根轨迹法能够分析系统的稳定性以及动态响应特性。而且利用主导极点和偶极子的理论，可把高阶系统简化为低阶系统进行研究。调整开环零、极点位置以及改变它们的数目可满足系统的性能要求。因此，在实际工程应用中，根轨迹法对于系统的分析与设计是一种非常实用的方法。

习　　题

4-1　绘制具有下列开环传递函数系统的常规根轨迹图

(1) $G(s)H(s)=\dfrac{K_g(s+1)}{s^2(s+2)(s+4)}$

(2) $G(s)H(s)=\dfrac{K_g(s+3)}{s(s+5)(s+6)(s^2+2s+2)}$

(3) $G(s)H(s)=\dfrac{K_g}{s(s^2+2s+5)}$

(4) $G(s)H(s)=\dfrac{K_g}{s(s+1)(s+2)}$

4-2 设系统的开环传递函数为

$$G(s)H(s) = \frac{K_g(s+2)(s+3)}{s(s+1)}$$

(1) 绘制系统的常规根轨迹；

(2) 试求出系统呈现欠阻尼状态时的开环增益范围。

4-3 已知某单位负反馈系统的开环传递函数为

$$G(s) = \frac{k}{s(s+1)\left(\frac{1}{2}s+1\right)}$$

试用根轨迹法分析系统的稳定性。

4-4 已知系统的开环传递函数为

$$G(s)H(s) = \frac{K_g}{s(s+1)}$$

当系统增加一个 $p=-3$ 的开环极点时，请绘出系统的根轨迹，并分析其稳定性。

4-5 系统结构图如图 4-18 所示，试绘出闭环系统在 $a>0$ 和 $a<0$ 两种情况下的根轨迹，并分析系统的稳定性。

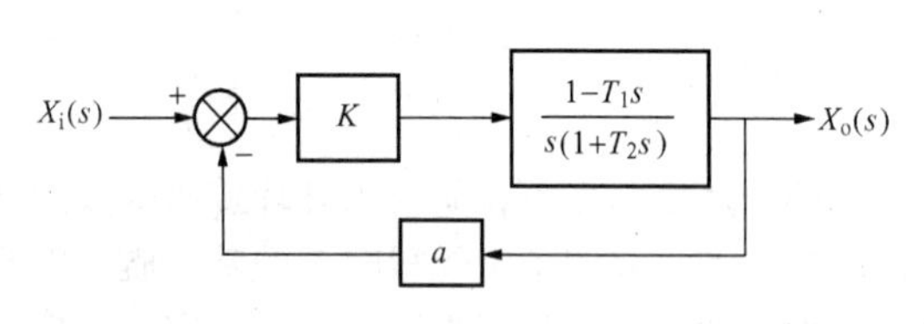

图 4-18 系统结构图

4-6 试讨论具有两个开环极点和一个开环零点的系统的根轨迹。

4-7 某控制系统结构图如图 4-19 所示

求：(1) 绘制系统常规根轨迹。

(2) 利用根轨迹法确定，当系统阻尼比 $\xi=0.5$（对于一对复数闭环极点而言）时 K 的取值。

(3) 系统在单位阶跃信号作用下，稳态控制精度的取值。

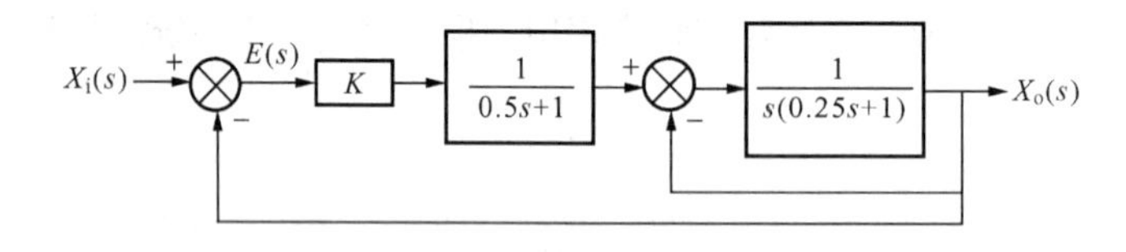

图 4-19 控制系统结构图

4-8 已知系统的开环传递函数为

$$G(s)H(s) = \frac{K_g(1-0.5s)}{s(1+0.25s)}$$

绘制该系统的常规根轨迹，并求出当系统产生实重根以及纯虚根时的 K_g 值。

第5章

频 率 特 性 法

前面章节讨论了控制系统的时域性能分析法，从工程角度考虑，系统的动态性能用时域性能指标描述最为直观。但是，一个控制系统，特别是高阶系统的时域性能是很难用解析法确定的。尤其在系统设计方面，到目前为止还没有直接用时域指标（如上升时间、超调量、过渡时间等）进行系统设计的通用方法。而频域中的一些图解法则可以方便地用于控制系统的分析和设计。

用频率法分析和设计系统有如下优点：

(1) 不用求解系统的特征根，而用一些较为简单的图解方法就可研究系统的稳定性，进而对系统进行分析和设计。

(2) 系统的频率特性可用实验方法测出，这对难于用解析法确定其数学模型的系统是非常有用的。

(3) 用频率法设计系统，不但可以考虑到噪声的影响，并且在一定前提条件下，对某些非线性系统也适用。

频率响应法是20世纪30年代发展起来的一种经典的工程实用方法，在控制系统研究中得到广泛应用。虽然1948年根轨迹法出现，但频率响应法仍是研究控制系统的基本方法之一。

本章主要讨论频率响应法的基本概念，典型环节及系统频率特性的求法，频率特性与时域响应的关系，闭环系统的频率特性等。

5.1 频 率 特 性

5.1.1 频率特性的基本概念

对于一个线性定常的稳定系统，在它的输入端加入一个振幅为 A_r，角频率为 ω 和初相角为 φ_1 的正弦信号，那么经过一段过度过程而达到稳定后，系统的输出端也将输出一同频率的正弦信号，只是输出端振幅 A_o 和初相角 φ_2 有变化。改变输入正弦信号的角频率 ω，那么同频率输出的正弦信号的振幅和初相角也跟着改变。因此，根据电工学的知识可得出输出信号与输入信比

$$\frac{\overrightarrow{X_o}}{\overrightarrow{X_i}} = G(j\omega)$$

$G(\mathrm{j}\omega)$ 称为系统的频率特性，它表示了在正弦量的作用下，稳态输出的振幅、相位随频率变化的关系：$\overrightarrow{X_o}$ 表示输出正弦量的相量；$\overrightarrow{X_i}$ 表示输入正弦量的相量。

如设系统的输入 X_i 为 $r = A_r\sin\omega t$，输出 X_o 为 $y = A_o\sin(\omega t + \varphi)$，则有

$$G(\mathrm{j}\omega) = \frac{\overrightarrow{X_o}}{\overrightarrow{X_i}} = \frac{A_o\angle\varphi}{A_r\angle 0^\circ}$$

由于 A_o 和 φ 都是 ω 的函数，因此又有

$$G(\mathrm{j}\omega) = \frac{A_o}{A_r}(\angle\varphi - \angle 0^\circ) = A(\omega)\angle\varphi(\omega)$$

同传递函数一样，也可用结构图来表示系统的频率特性，如图 5－1 所示。

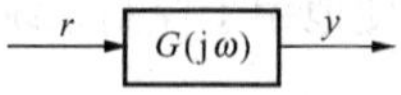

$r \rightarrow$ [$G(\mathrm{j}\omega)$] $\rightarrow y$

图 5－1 用结构图表示系统的频率特性

可见，$A(\omega)$ 是输出信号的幅值与输入信号幅值之比，称为幅频特性。$\varphi(\omega)$ 是输出信号的相角与输入信号的相角之差，称为相频特性。二者统称为频率特性，用 $A(\omega)e^{\mathrm{j}\varphi(\omega)}$ 表示。

频率特性定义：频率特性是线性定常系统或环节在正弦输入信号作用下，输出的稳态分量与输入的复数比。

5.1.2 频率特性的求取方法

根据频率特性的定义，频率特性一般可通过以下三种方法得到：

一、根据微分方程求取

根据已知系统的微分方程，输入信号用正弦函数代入，来求取其稳态时输出稳态分量与输入的复数比。

【例 5－1】 某单位反馈（即 $H(s) = 1$）控制系统开环传递函数为 $G(s)H(s) = \frac{1}{s+1}$，求输入函数为 $r(t) = 3\sin(2t + 30^\circ)$ 时系统的稳态输出。

解 闭环系统频率特性为

$$\Phi(\mathrm{j}\omega) = \frac{G(\mathrm{j}\omega)}{1 + G(\mathrm{j}\omega)H(\mathrm{j}\omega)} = \frac{\frac{1}{\mathrm{j}\omega + 1}}{1 + \frac{1}{\mathrm{j}\omega + 1}} = \frac{1}{\mathrm{j}\omega + 2}$$

$$= \frac{1}{\sqrt{2^2 + \omega^2}}\angle - \arctan\frac{\omega}{2}$$

此题 $\omega = 2$，所以

$$\Phi(\mathrm{j}\omega) = \frac{1}{2\sqrt{2}}\angle - 45^\circ = 0.35\angle - 45^\circ$$

因

$$G(\mathrm{j}\omega) = \frac{y(t)}{r(t)}(\angle\varphi_1 - \angle\varphi_2)$$

所以系统稳态输出 $y(t) = (0.35 \times 3)\sin[2t + (35° - 45°)]$

$$= 1.05\sin(2t - 15°)$$

二、根据传递函数来求取

如系统或环节的传递函数为 $G(s) = \dfrac{X_o(s)}{X_i(s)}$，则频率特性为

$$G(j\omega) = G(s)\mid_{s=j\omega}$$

【例 5-2】 已知线性系统的传递函数为 $G(s) = \dfrac{K}{Ts+1}$，求频率特性。

解 在传递函数 $G(s) = \dfrac{K}{Ts+1}$ 中令 $s = j\omega$，得到的频率特性为

$$G(j\omega) = \frac{K}{j\omega T + 1} = \frac{K}{1 + (\omega T)^2}(1 - j\omega T)$$

由此可以得到系统的实频特性和虚频特性如下：

$$\mathrm{Re}(\omega) = \frac{K}{1 + (\omega T)^2} \text{ 和 } \mathrm{Im}(\omega) = -\frac{K\omega T}{1 + (\omega T)^2}$$

因此，幅频特性：$A(\omega) = |G(j\omega)| = \sqrt{\mathrm{Re}^2(\omega) + \mathrm{Im}^2(\omega)} = \dfrac{K}{\sqrt{1 + (\omega T)^2}}$

相频特性：$\varphi(\omega) = \angle G(j\omega) = \tan^{-1}\dfrac{\mathrm{Im}(\omega)}{\mathrm{Re}(\omega)} = -\tan^{-1}(\omega T)$

频率特性：$G(j\omega) = A(\omega)e^{j\varphi(\omega)} = \dfrac{K}{\sqrt{1 + (\omega T)^2}}e^{-j\tan^{-1}(\omega T)}$。

三、通过实验方法测定

在分析和设计系统时，首先要建立系统的数学模型。通常说，系统的数学模型可以利用物理定律等解析法求取，但这往往是困难的，工程上多用频率响应实验法来确定系统的数学模型。对于稳定系统，试验时不断改变输入正弦信号 $X_i(t) = X_i\sin t$ 频率ω，同时记录 $X_i(t)$ 和稳态时输出 $X_o(t)$，以求的对应的 $A(\omega)$ 和 $\varphi(\omega)$。

在作频率响应实验时，必须采用规范的正弦信号，无谐波分量和畸变，通常频率范周为 0.001～1000Hz。对超低频信号（0.01Hz 以下）可采用机械式正弦信号发生器，而对频率范围为 0.01～1000Hz 的，可采用电子式信号发生器。在实验过程中，必须使系统工作在线性段，同时要合理选择输入信号的幅值，既避开其大幅值时的饱和区，又要注意幅值偏小时而出现的死区。

5.1.3 频率特性的表示法

一、系统频率特性的解析式表示

幅频 - 相频形式 $G(s)H(s) = |G(s)H(s)| \angle G(s)H(s)$

指数形式 $G(s)H(s) = A(\omega)e^{j\varphi(\omega)}$

三角函数形式 $G(s)H(s) = A(\omega)\cos\varphi(\omega) + jA(\omega)\sin\varphi(\omega)$

实频 - 虚频形式 $G(s)H(s) = \mathrm{Re}(\omega) + j\mathrm{Im}(\omega)$

控制系统常用的频率特性表达式是幅频 - 相频形式。

二、系统频率特性的几何表示

用曲线表示系统或环节的频率特性，常使用的有以下几种方法：

1. 幅频特性和相频特性曲线

幅频特性和相频特性曲线是通常采用的一组物理含义比较明确的曲线，表示实际的幅值或相位与频率关系，如正弦波曲线等。在对控制系统进行分析和设计时，多采用下面介绍的曲线。

2. 幅相频率特性曲线

系统频率特性 $G(s)H(s) = |G(s)H(s)| \angle G(s)H(s)$

当 $G(s)H(s)$ 在 $0\sim\infty$ 变化时，相量 $G(s)H(s)$ 幅值和相角 ω 随而变化，与此对应的 $G(s)H(s)$ 的端点在复平面上的运动形式的轨迹就称幅相频率特性或称 Nyquist 曲线。画有曲线的图形称为极坐标图或 Nyquist 图。

【例 5-3】 已知 $G(s) = \dfrac{10}{s(s+1)(s+2)}$，试绘制出系统频率特性的极坐标图。

解 令 $s=\mathrm{j}\omega$，则计算得出

$$G(\mathrm{j}\omega) = -\frac{10}{\omega(2-\omega^2)^2+9\omega^2}[3\omega + \mathrm{j}(2-\omega^2)]$$

则
$$A(\omega) = \frac{10/\omega}{\sqrt{\omega^4+5\omega^2+4}},\quad \varphi(\omega) = \tan^{-1}\frac{2-\omega^2}{3\omega}$$

即
$$\mathrm{Re}(\omega) = -\frac{30}{(2-\omega^2)^2+9\omega^2},\quad \mathrm{Im}(\omega) = -\frac{10(2-\omega^2)}{\omega[(2-\omega^2)^2+9\omega^2]}$$

于是，当取不同的数值时，计算所得的结果见表 5-1

表 5-1 极坐标量计算结果

ω	0	1.414	…	∞
$A(\omega)$	∞	1.66	…	0
$\varphi(\omega)$	-90°	-180°	…	—
$\mathrm{Re}(\omega)$	-7.5	-1.66	…	0
$\mathrm{Im}(\omega)$	$-\infty$	0	…	0

依据表 5-1，通过描点法即绘制出该系统频率特性的极坐标图，如图 5-2 所示。

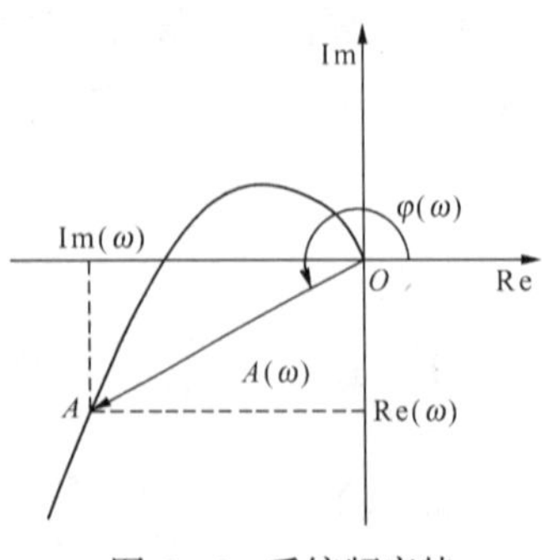

图 5-2 系统频率特性的极坐标图

3. 对数频率特性曲线

对数频率特性曲线又称伯德（Bode）图，是由对数幅频特性和对数相频特性曲线组成，它是工程实际中应用最多的一组曲线。它由两张图组成：一张是对数幅频图，另一张是对数相频图。两张图的横坐标相同，表示频率 ω，采用对数值 $\lg\omega$ 标度，单位是 rad/s。必须注意的是分度不是等分的，它是随频率 ω 每变化 10 倍，横坐标就增加一个单位长度。这个单位长度代表 10 倍频的距离，故又称为“十倍频程”，记作 dec，如图 5-3 所示。

对数幅频图的纵坐标是频率特性幅值的对数值乘 20，

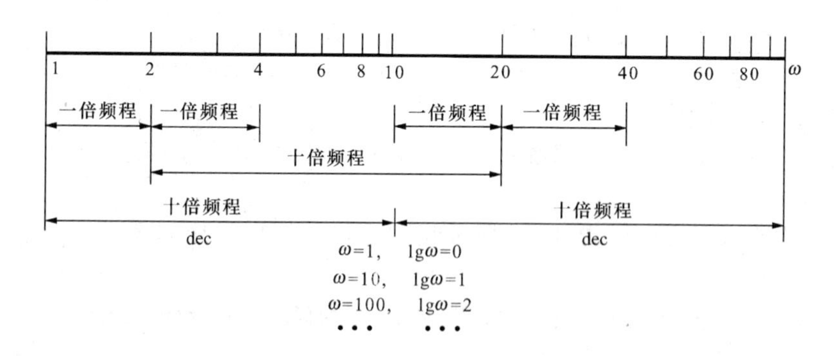

图 5-3　十倍频程图

即 $L(\omega)=20\lg A(\omega)$ 表示，均匀分度，单位为“分贝”，记作 dB。对数幅频图绘的是对数幅频特性曲线。对数相频图的纵坐标是相位角 $\varphi(\omega)$，均匀分度，单位为（°）。对数相频图绘的是相颇特性曲线。

【例 5-4】　已知 $G(s)=\dfrac{1}{(Ts+1)}$，试绘出系统的 Bode 图。

解　令 $s=j\omega$，可求得系统的幅频特性和相频特性分别为

$$A(\omega)=\frac{1}{\sqrt{1+(\omega T)^2}} \text{ 和 } \varphi(\omega)=-\tan^{-1}(\omega T)$$

依次可画出该系统的对数频率特性图。

（1）画对数幅频特性图

1）当 $\omega T<<1$ 时，有 $A(\omega)\approx 1, L(\omega)=0$。可见，在低频段对数幅频特性曲线 $L(\omega)$ 与横轴几乎重合；

2）当 $\omega T>>1$ 时，有 $A(\omega)\approx\dfrac{1}{\omega T}, L(\omega)=20\lg A(\omega)=20\lg\dfrac{1}{T}-20\lg\omega$。则对于按 $\lg\omega$ 分度的横坐标，对数幅频特性曲线 $L(\omega)$ 是以条斜率为 -20（dB/dec）的直线，与横坐标交点是 $\omega=\dfrac{1}{T}$；

3）当 $\omega T=1$ 时，有 $A(\omega)\approx 0.707, L(\omega)=20\lg A(\omega)=-3\text{dB}$。

根据以上三点，即通过 $\omega=\dfrac{1}{T}$ 点作两条渐进线，其左边的一条与横轴重合，右边的一条为斜率是 -20（dB/dec）的直线，并在点 $\omega=\dfrac{1}{T}$ 处找出 $L(\omega)=-3$ dB 的点，将该点与两边渐进线圆滑地连接，从而就可以大致地画出该系统的对数频率特性图，如图 5-4（a）所示。显然，这种近似作图的过程是很简单的。

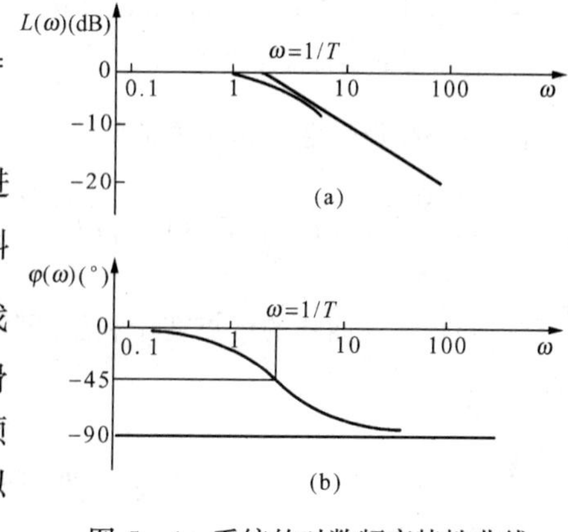

图 5-4　系统的对数频率特性曲线

（a）对数幅频特性；（b）对数相频特性

（2）画对数相频特性图

1）当 $\omega T << 1$ 时，有 $\varphi(\omega) \to 0$，如 $\omega T \to 0$ 时，$\varphi \approx -6°$；

2）当 $\omega T >> 1$ 时，有 $\varphi(\omega) \to 90°$，如 $\omega T \to 10$ 时，$\varphi \approx -84°$；

3）当 $\omega T = 1$ 时，有 $\varphi = -45°$。

根据以上三点，就可以大致画出系统的相频特性图，如图 5－4（b）所示。

伯德（Bode）图法的优点：

在工程设计和绘图中，Bode 图是采用以 10 为底的常用对数 $[\log_{10} G(s)H(s) = \lg G(s)H(s)]$，其优点十分明显。

(a) 频率 ω（横坐标）按对数分度，低频部分排列稀疏，分辨精细，而高频部分排列密集，分辨粗略。这正适合工程实际的需要。

(b) 幅频特性取对数 $[20\lg|G(s)H(s)|]$ 后，使各因子间的乘除运算转化成加减运算，在 Bode 图上则变成各因子曲线的叠加，大大简化了作图过程，使设计和分析变得容易。

(c) 采用由直线构成的渐近特性（或稍加修正）代替精确 Bode 图，使绘图十分简便，又能满足工程需要，因而被广泛应用。

(d) 在控制系统的设计和调试中，开环放大系数 K 是最常变化的参数。而 K 的变化不影响对数幅频特性的形状，只会使幅频特性曲线作上下平移。

4. 对数幅相特性曲线

对数幅相特性曲线又称尼柯尔斯（Nichols）图。它是在以 $\angle G(j\omega)$ 为横坐标，以 $20\lg|G(j\omega)|$ 为纵坐标表的等间隔的方格纸上绘制的 $G(j\omega)$ 曲线，该曲线以 ω 为参变量。实质上，它是将对数幅频特性和相频特性两条曲线合并为一条曲线。因此，利用对数频率特性曲线上取得的数据来绘制对数幅相特性曲线是很方便的。

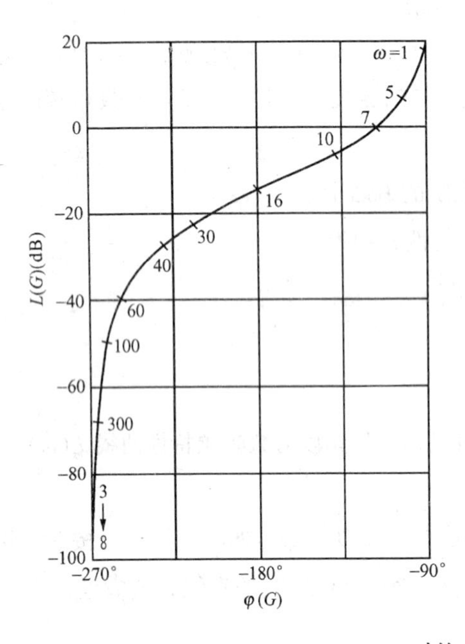

图 5－5　$K=10$　$T_1=0.2$s　$T_2=0.02$s 时的对数幅相特性曲线

如 $G(j\omega) = \dfrac{K}{j\omega(1+j\omega T_1)(1+j\omega T_2)}$ 在 $K=10, T_1=0.2\text{s}, T_2=0.02\text{s}$ 时的对数幅相特性曲线见图 5－5。

对数幅相特性曲线的优点在于利用开环的数幅相特性曲线，方便地确定闭环系统几个特征量。

5.2　典型环节的频率特性

自动控制系统的数学模型是由若干典型环节组成的。归纳起来，通常有六种：比例环节、惯性环节、积分环节、微分环节、振荡环节和延时环节。本节讨论这些典型环节的频率特性。

5.2.1　比例环节的频率特性

一、解析式

比例环节的传递函数为

$$\Phi(s)=\frac{Y(s)}{R(s)}=K$$

若以 $j\omega$ 代替 s，则频率特性为

$$\Phi(j\omega)=K=K+j0=Ke^{j0^\circ}$$

幅频特性

$$A(\omega)=|\Phi(j\omega)|=K$$

相频特性

$$\varphi(\omega)=0^\circ$$

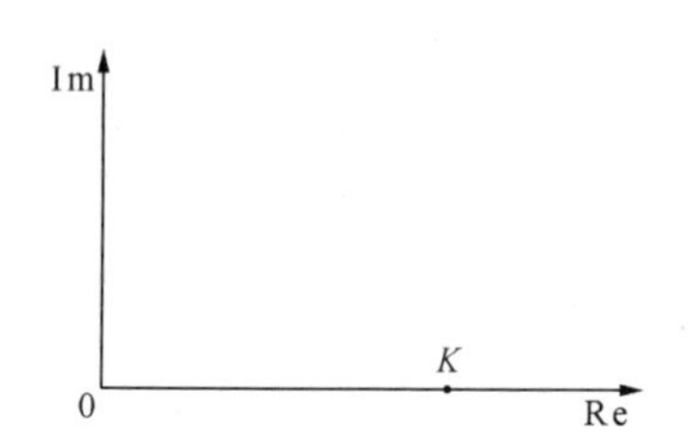

图 5-6　比例环节幅相频率特性

二、幅相频率特性

比例环节的幅频特性 $A(\omega)=K$ 和相频特性 $\varphi(\omega)=0^\circ$ 均与频率 ω 无关。幅相频率特性是实轴上的 K 点，见图 5-6。比例环节所呈现的特点是，当输入端为正弦信号时，输出能够无滞后、无失真地复现输入信号。

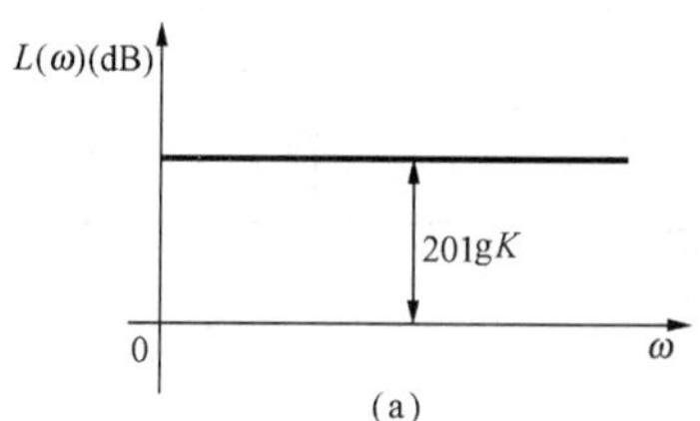

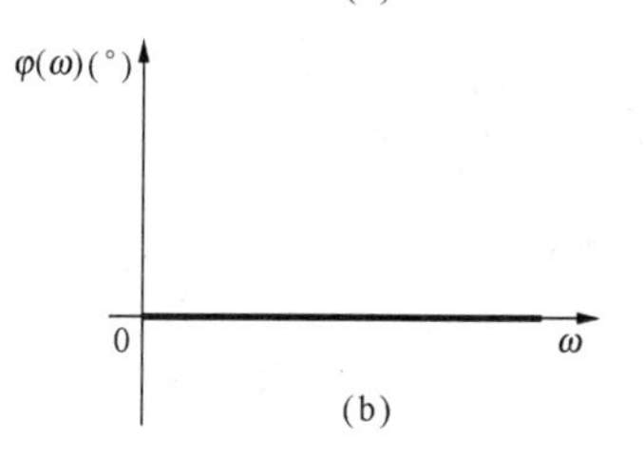

图 5-7　比例环节对数频率特性
(a) 幅频特性；(b) 相频特性

三、对数频率特性

1. 对数幅频特性

$$L(\omega)=20\lg A(\omega)=20\lg K$$

它是一条高度为 $20\lg K$ 且平行于频率轴的直线。改变 K 值，$L(\omega)$ 直线的位置上下移动，见图 5-7 (a)。

2. 对数相频特性

$$\varphi(\omega)=0^\circ$$

它是一条与0°直线重合的直线，见图 5-7 (b)。

5.2.2　积分环节的频率特性

一、解析式

积分环节的传递函数为

$$\Phi(s)=\frac{Y(s)}{R(s)}=\frac{1}{s}$$

若以 $j\omega$ 代替 s，则频率特性为

$$\Phi(j\omega)=\frac{1}{j\omega}=0-j\frac{1}{\omega}=\frac{1}{\omega}e^{-j90^\circ}$$

幅频特性

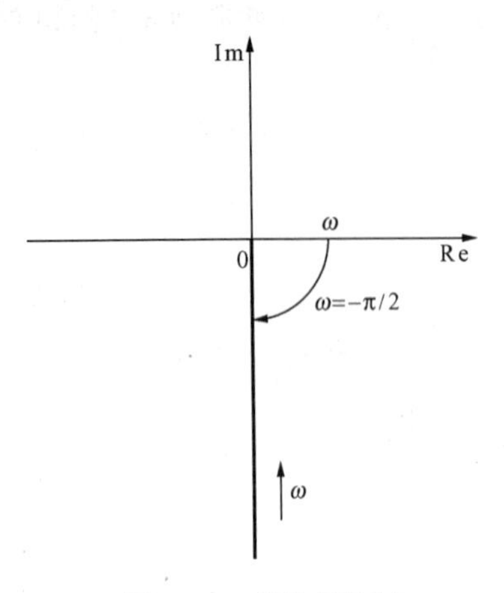

图 5－8 积分环节幅相频率特性

$$A(\omega)=|\Phi(j\omega)|=\frac{1}{\omega}$$

相频特性

$$\varphi(\omega)=-90°$$

二、幅相频率特性

由 $A(\omega)=\dfrac{1}{\omega}$ 可见，积分环节的幅相频率特性 $A(\omega)$ 与频率 ω 成反比，而相频特性 $\varphi(\omega)$ 恒为 $-90°$。相应的幅相频率特性如图 5－8 所示。当频率 ω 从 0 变化到 ∞ 时，特性曲线由虚轴的 $-j\infty$ 处趋于原点。

三、对数频率特性

1. 对数幅频特性

$$L(\omega)=20\lg A(\omega)=-20\lg\omega$$

由于对数频率特性的频率轴是以 $\lg\omega$ 分度，由上式可见，$L(\omega)$ 与 $\lg\omega$ 的关系式是直线方程，直线的斜率 $\lg\omega$ 的系数 -20，单位为 dB/dec（分贝/十倍频程），即斜率为 -20dB/dec。故其对数幅频特性为一条斜率为 -20dB/dec 的直线，此直线通过 $L(\omega)=0$、$\omega=1$ 的点。见图 5－9（a）。

2. 对数相频特性

$$\varphi(\omega)=-90°$$

它是一条平行于 ω 轴的直线，其纵坐标为 $-90°$，见图 5－9（b）。

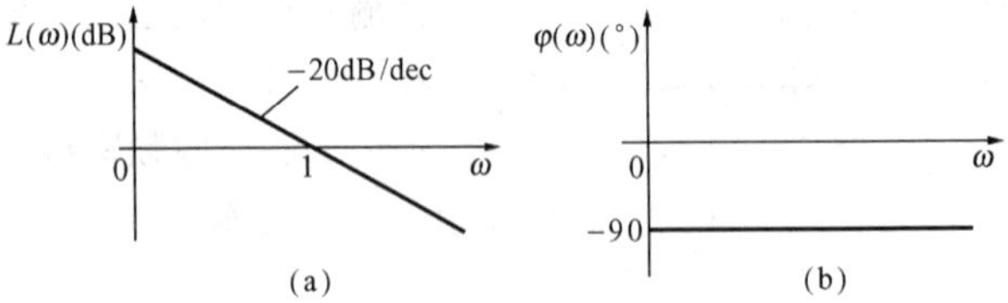

如果传递函数中含有 v 个积分环节串联，这时的对数幅频特性为

$$L(\omega)=20\lg A(\omega)=-v20\lg\omega$$

这是一条在 $\omega=1$ 处通过横轴，斜率为 $-20v$dB/dec 的直线。相频特性为与 $\varphi(\omega)=-v90°$ 无关的常值。

图 5－9 积分环节的对数频率特性
（a）幅频特性；（b）相频特性

5.2.3 惯性环节的频率特性

一、解析式

惯性环节的传递函数为

$$\Phi(s)=\frac{Y(s)}{R(s)}=\frac{1}{1+Ts}$$

若以 $j\omega$ 代替 s，则频率特性为

$$\Phi(j\omega)=\frac{1}{1+j\omega T}=\frac{1}{1+T^2\omega^2}-j\frac{T\omega}{1+T^2\omega^2}$$

$$=\frac{1}{\sqrt{1+T^2\omega^2}}e^{-j\arctan(T\omega)}$$

幅频特性

$$A(\omega)=|\Phi(\mathrm{j}\omega)|=\frac{1}{\sqrt{1+T^2\omega^2}}$$

相频特性

$$\varphi(\omega)=-\arctan T\omega$$

二、幅相频率特性

对于任一给定的频率 ω，可由式 $\Phi(\mathrm{j}\omega)=\frac{1}{\sqrt{1+T^2\omega^2}}\mathrm{e}^{-\mathrm{j}\arctan(T\omega)}=A(\omega)\mathrm{e}^{\mathrm{j}\varphi(\omega)}$ 计算出相应的 $A(\omega)$ 和 $\varphi(\omega)$ 从而得到极坐标中一个点。如 $\omega=0$ 时，$A(\omega)=1$，$\varphi(\omega)=0°$；$\omega=\frac{1}{T}$ 时，$A(\omega)=\frac{1}{\sqrt{2}}$，$\varphi(\omega)=-45°$；$\omega\to\infty$ 时，$A(\omega)=0$，$\varphi(\omega)=-90°$。当 ω 由 0 变化到∞时，则可绘出其幅相频率特性曲线。惯性环节的幅相频率特性曲线是一个以 (1/2, j0) 为圆心，1/2 为半径的半圆，如图 5-10 所示。

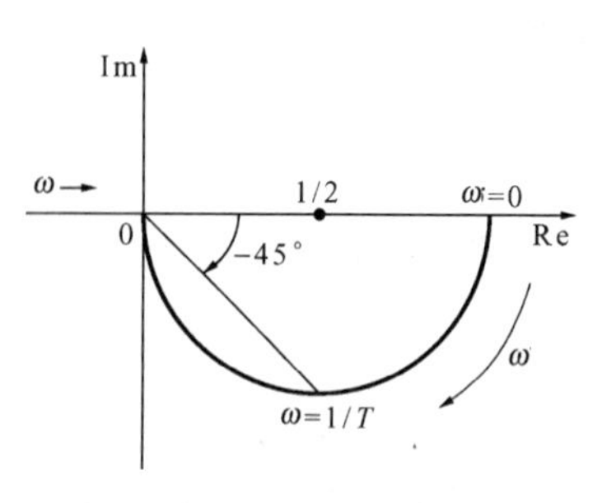

图 5-10 惯性环节幅相频率特性曲线

三、对数频率特性

1. 对数幅频特性

由 $\Phi(\mathrm{j}\omega)=\frac{1}{\sqrt{1+T^2\omega^2}}\mathrm{e}^{-\mathrm{j}\arctan(T\omega)}=A(\omega)\mathrm{e}^{\mathrm{j}\varphi(\omega)}$，可知得惯性环节的对数幅频特性为

$$L(\omega)=20\lg A(\omega)=20\lg\frac{1}{\sqrt{1+T^2\omega^2}}=-20\lg\sqrt{1+T^2\omega^2}$$

当 ω 由 0 变化到∞取值，可计算出相应的 $L(\omega)$，从而绘出对数幅频特性曲线，如图 5-11 (a) 所示。但在工程实际中，常采用分段直线（渐近线）近似地表示其对数幅频特性。

当 $\omega\ll\frac{1}{T}$，即 $\omega T\ll 1$ 时，可近似认为 $\omega T=0$，则

$$L(\omega)\approx 20\lg 1=0\mathrm{dB}$$

当 $\omega>>\frac{1}{T}$，即 $\omega T>>1$ 时，可近似取

$$L(\omega)\approx-20\lg\sqrt{T^2\omega^2}=-20\lg T\omega$$

在 $\omega=\omega_i$ 时，$L(\omega_i)=-20\lg T\omega_i$

当 $\omega=10\omega_i$ 时，$L(10\omega_i)=-20\lg 10T\omega_i=-20\lg T\omega_i-20$

以上分析表明，惯性环节的对数幅频特性可以近似地用渐近线来表示。在 $\omega<<\frac{1}{T}$ 部分为一条 0dB 的水平线；在 $\omega>>\frac{1}{T}$ 时为斜率等于 -20dB/dec的直线。在两条渐近线的交接处的频率 $\omega=\omega_n=\frac{1}{T}$，称为转折频率。

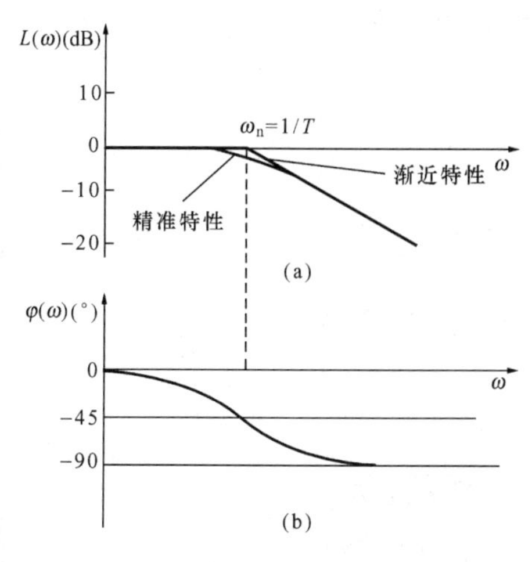

图 5-11 惯性环节的对数频率特性
(a) 幅频特性；(b) 相频特性

采用渐近线表示对数幅频特性，在接近转折频率处会出现一些误差。最大误差发生在转折频率为 $\omega_n=\frac{1}{T}$ 处，其值为 -3dB。这是因为，由 $L(\omega)=-20\lg\sqrt{1+T^2\omega^2}$ 可见，在 $\omega_n=\frac{1}{T}$ 处，有 $L(\omega)=20\lg1-20\lg\sqrt{2}=-3\text{dB}$。

2. 对数相频特性

$$\varphi(\omega)=-\arctan(\omega T)$$

对数相频特性的绘制没有类似对数幅频特性的简化方法。只能给定若干 ω 值，按照式 $\varphi(\omega)=-\arctan(\omega T)$ 逐点求出相应的 $\varphi(\omega)$ 值，如 $\omega=0$ 时，$\varphi(\omega)=0°$；$\omega=\frac{1}{T}$ 时，$\varphi(\omega)=-45°$；$\omega\to0$ 时，$\varphi(\omega)=-90°$，然后用平滑曲线连接，如图 5-11（b）所示。

为简便计算，还可用如下近似公式进行计算

当 $\omega\leqslant\frac{1}{T}$ 时，$\varphi(\omega)\approx-\omega T$

当 $\omega\geqslant\frac{1}{T}$ 时，$\varphi(\omega)\approx-\left[90°-\frac{1}{\omega T}\right]$

显然，当 $\omega\to0$ 时，$\varphi(\omega)\to0°$；当 $\omega\to\infty$ 时，$\varphi(\omega)\to-90°$。

有时，也可以采用预先制好的模板绘制。

由上分析可知，转折频率 $\omega_n=\frac{1}{T}$ 是一个重要参数。$\omega_n=\frac{1}{T}$ 数值的变化，只能引起对数频率特性曲线的向左或向右平移，而不改变其曲线形状。

5.2.4 振荡环节的频率特性

一、解析式

振荡环节的传递函数为

$$\Phi(s)=\frac{Y(s)}{R(s)}=\frac{1}{T^2s^2+2\xi Ts+1}\quad 0<\xi<1$$

若以 $j\omega$ 代替 s，则频率特性为

$$\Phi(j\omega)=\frac{1}{(1-T^2\omega^2)+j2\xi T\omega}$$

$$=\frac{(1-T^2\omega^2)-j2\xi T\omega}{(1-T^2\omega^2)^2+(2\xi T\omega)^2}$$

$$=\frac{1}{\sqrt{(1-T^2\omega^2)^2+(2\xi T\omega)^2}}e^{-j\arctan\frac{2\xi T\omega}{1-T^2\omega^2}}$$

幅频特性

$$A(\omega)=|\Phi(j\omega)|=\frac{1}{\sqrt{(1-T^2\omega^2)^2+(2\xi T\omega)^2}}$$

相频特性

$$\varphi(\omega)=-\arctan\frac{2\xi T\omega}{1-T^2\omega^2}$$

二、幅相频率特性

以 ξ 为参变量，给定若干 $\omega(0\to\infty)$ 值，计算出对应的 $A(\omega)$ 和 $\varphi(\omega)$ 值，即可以绘出幅相频率特性曲线。当 $\omega=0$ 时，$A(\omega)=1,\varphi(\omega)=0°$；特性曲线为正实轴上一点 $(1,j0)$；当 $\omega=\omega_n=\dfrac{1}{T}$ 时，$A(\omega)=\dfrac{1}{2\xi},\varphi(\omega)=-90°$，特性曲线与负虚轴相交，且 ξ 值越小，曲线与虚轴的交点离原点越远；当 $\omega\to\infty$ 时，$A(\omega)\to 0,\varphi(\omega)\to -180°$，即特性曲线沿负实轴方向趋向原点。振荡环节的幅相频率特性曲线，如图 5－12 所示。

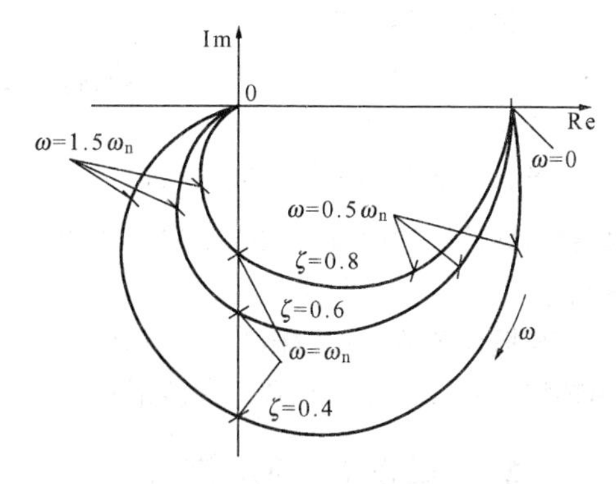

图 5－12 振荡环节的幅相频率特性曲线

三、对数频率特性

1. 对数幅频特性

由 $A(\omega)=\dfrac{1}{\sqrt{(1-T^2\omega^2)^2+(2\xi T\omega)^2}}$，可求得振荡环节的对数幅频特性为

$$L(\omega)=20\lg A(\omega)=-20\lg\sqrt{(1-T^2\omega^2)^2+(2\xi T\omega)^2}$$

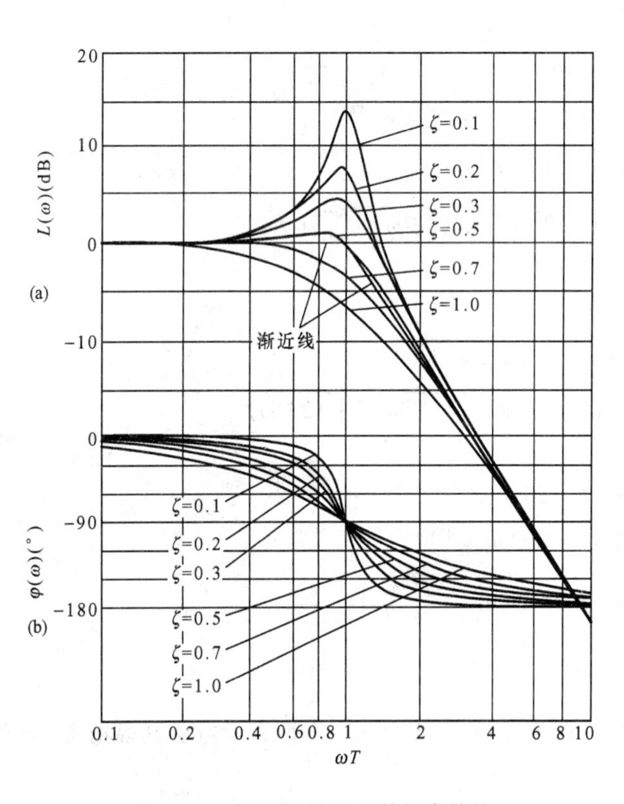

图 5－13 振荡环节的对数频率特性

(a) 对数幅频特性；(b) 对数相频特性

当 $\omega T<<1\left(\text{即 }\omega<<\dfrac{1}{T}\right)$ 低频段时

$$L(\omega)\approx-20\lg 1=0\text{dB}$$

当 $\omega T>>1\left(\text{即 }\omega>>\dfrac{1}{T}\right)$ 高频段时

$$L(\omega)\approx-20\lg(\omega T)^2=-40\lg\omega T\ \text{dB}$$

可见，低频段是一条 0dB 的水平线，而高频段是一条斜率为 －40dB/dec的直线。这两条直线相交处的转折频率为 $\omega=\omega_n=\dfrac{1}{T}$。振荡环节的对数幅频特性曲线是种对数渐近的幅频特性曲线，见图 5－13 所示。当 $\omega T=1$，即在转折频率 $\omega=\omega_n=\dfrac{1}{T}$ 附近，实际（准确）频率特性与渐近特性之间出现最大误差，其误差的大小取决于系统阻尼比 ξ 的大小。在工程分析中，需要根据阻尼比进行修正。

2. 对数相频特性

$$\varphi(\omega) = -\arctan\frac{2\xi T\omega}{1 - T^2\omega^2}$$

当 $\omega = 0°$ 时，$\varphi(\omega) = 0$；当 $\omega = \omega_n = \frac{1}{T}$ 时，$\varphi(\omega) = -90°$；当 $\omega \to \infty$ 时，$\varphi(\omega) \to -180°$。对数相频特性的曲线形状因阻尼比 ξ 的不同而异，振荡环节的对数相频特性曲线见图 5 - 13 所示。

与惯性环节和一阶微分环节相似，惯性环节在参数 ω_n 变化时，其对数幅频特性和对数相频特性曲线只左右平移，曲线形状不变。

5.2.5 微分环节的频率特性

一、解析式

微分环节通常包括纯微分、一阶微分和二阶微分。其传递函数分别为

$$\Phi_1(s) = s$$

$$\Phi_2(s) = 1 + Ts$$

$$\Phi_3(s) = 1 + 2\xi Ts + T^2 s^2$$

若以 $j\omega$ 代替 s，则频率特性为

$$\Phi_1(j\omega) = j\omega = \omega e^{j90°}$$

$$\Phi_2(j\omega) = 1 + j\omega T = \sqrt{1 + T^2\omega^2}\, e^{j\arctan T\omega}$$

$$\Phi_3(j\omega) = (1 - T^2\omega^2) + 2j\xi T\omega$$

$$= \sqrt{(1 - T^2\omega^2)^2 + (2\xi T\omega)^2}\, e^{j\arctan\frac{2\xi T\omega}{1-T^2\omega^2}}$$

幅频特性

$$A_1(\omega) = |\Phi_1(j\omega)| = \omega$$

$$A_2(\omega) = |\Phi_2(j\omega)| = \sqrt{1 + T^2\omega^2}$$

$$A_3(\omega) = |\Phi_3(j\omega)| = \sqrt{(1 - T^2\omega^2)^2 + (2\xi T\omega)^2}$$

相频特性

$$\varphi_1(\omega) = 90°$$

$$\varphi_2(\omega) = \arctan(\omega T)$$

$$\varphi_3(\omega) = \arctan\left(\frac{2\xi T\omega}{1 - \omega^2 T^2}\right)$$

二、幅相频率特性

1. 纯微分

纯微分环节的幅频特性 $A_1(\omega)$ 等于频率 ω，相频特性 $\varphi_1(\omega)$ 恒为 $+90°$，其幅相频率特性如图 5 - 14 (a) 所示。

当 ω 从 0 变化到 ∞ 时，特性曲线与正虚轴重合。

2. 一阶微分

由 $\Phi_2(\mathrm{j}\omega) = \sqrt{1 + T^2\omega^2}\mathrm{e}^{\mathrm{j}\arctan T\omega} = A(\omega)\mathrm{e}^{\mathrm{j}\varphi(\omega)}$ 表明，一阶微分的幅相频特性是在复平面上由（1，0）点出发，平行于虚轴向上的一条直线，如图5－14（b）所示。

3．二阶微分

由 $\Phi_3(\mathrm{j}\omega) = \sqrt{(1 - T^2\omega^2)^2 + (2\xi T\omega)^2}\mathrm{e}^{\mathrm{j}\arctan\frac{2\xi T\omega}{1-T^2\omega^2}} = A(\omega)\mathrm{e}^{\mathrm{j}\varphi(\omega)}$，对于给定的参变量 ξ，当频率从0变化到∞时，依照频率的几个特征值按渐近线和适当修正的办法，可绘得出二阶微分的幅相频率特性曲线见图5－14（c）所示。

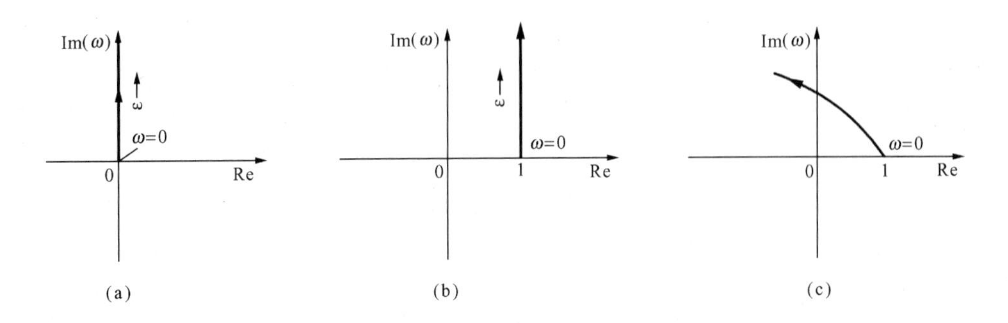

图5－14　微分环节的幅相频率特性

(a) 纯微分环节；(b) 一阶微分环节；(c) 二阶微分环节

三、对数频率特性

1．纯微分

（1）对数幅频特性为

$$L_1(\omega) = 20\lg A_1(\omega) = 20\lg\omega$$

它是一条斜率为20dB/dec的直线，并与0dB线交于 $\omega = 1$ 点。见图5－15所示。

（2）对数相频特性为

$$\varphi_1(\omega) = 90^\circ$$

它是一条纵坐标为90°且平行于 ω 轴的直线。见图5－15所示。

由于积分环节和纯微分环节的传递函数互为倒数，所以它们的对数幅频特性和对数相频特性是以 ω 轴互为镜象。

2．一阶微分

（1）对数幅频特性为

$$L_2(\omega) = 20\lg A_2(\omega) = 20\lg\sqrt{1 + T^2\omega^2}$$

（2）对数相频特性为

$$\varphi_2(\omega) = \arctan(\omega T)$$

一阶微分环节和惯性环节的传递函数互为倒数，一阶微分环节对数幅频特性曲线和惯性环节对数幅频特性曲线以0dB线互为镜像，一阶微分环节对数相频特性曲线和惯性环节对数相频特性曲线以 ω 轴互为镜象。由惯性环节分析可知，一阶微分环节对数频特性曲线，见图5－16所示。

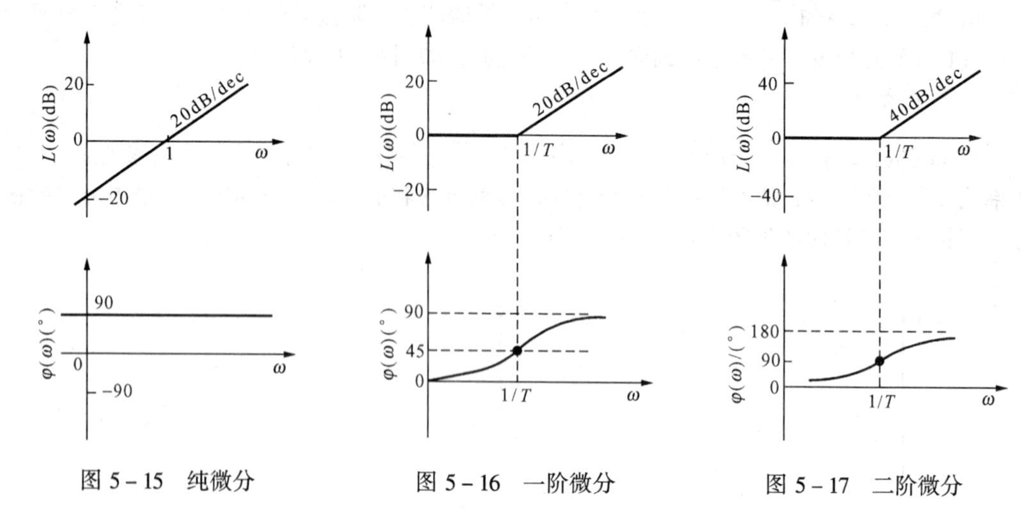

图 5-15　纯微分　　图 5-16　一阶微分　　图 5-17　二阶微分

3. 二阶微分

（1）对数幅频特性为

$$L_3(\omega) = 20\lg A_3(\omega) = 20\lg\sqrt{(1 - T^2\omega^2)^2 + (2\xi T\omega)^2}$$

（2）对数相频特性为

$$\varphi_3(\omega) = \arctan\left(\frac{2\xi T\omega}{1 - \omega^2 T^2}\right)$$

二阶微分环节和振荡环节的传递函数互为倒数，二阶微分环节对数幅频特性曲线和对数相频特性曲线与振荡环节的对数幅频特性曲线和对数相频特性曲线关于各自的横轴成镜象对称，所以有时称两环节为互逆的。二阶微分环节对数幅频特性和对数相频特性曲线，见图 5-17 所示。

5.2.6　延时环节的频率特性

一、解析式

延时环节的运动特性是输出量 $y(t)$ 完全复现输入量 $r(t)$，但比输入量 $r(t)$ 要滞后一个固定的时间 T，即

$$y(t) = r(t - T), t \geqslant T$$

延时环节常出现在化工、造纸、轧钢等控制系统中，其传递函数为

$$\Phi(s) = \frac{Y(s)}{R(s)} = e^{-Ts}$$

若以 $j\omega$ 代替 s，则频率特性为

$$\Phi(j\omega) = e^{-jT\omega}$$

幅频特性

$$A(\omega) = |\Phi(j\omega)| = 1$$

相频特性

$$\varphi(\omega) = -T\omega$$

二、幅相频率特性

延时环节的幅频特性 $A(\omega)$ 恒为1，与 ω 无关；相频特性 $\varphi(\omega) = -T\omega$，与 ω 成正比。所以它的幅相频率特性是一个以坐标原点为圆心，以1为半径的圆，如图5-18所示。

三、对数频率特性

1. 对数幅频特性

$$L(\omega) = 20\lg A(\omega) = 20\lg 1 = 0$$

2. 对数相频特性

$$\varphi(\omega) = -T\omega$$

延时环节的对数频率特性曲线如图5-19所示。由图可见，在延时系统中如果 T 值越大，则相角滞后就越大，这对系统的稳定性是很不利的。

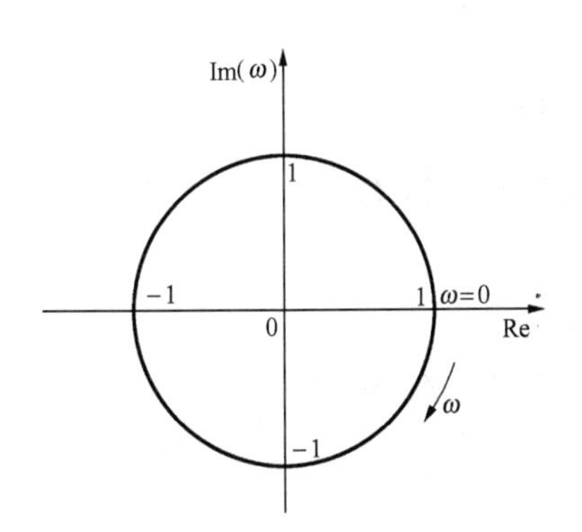

图5-18 延时环节的幅相频率特性

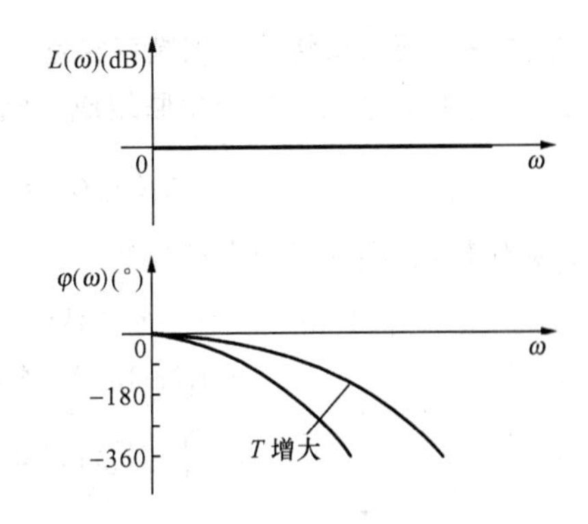

图5-19 延时环节的对数频率特性

5.2.7 最小相位系统和非最小相位系统

系统的开环传递函数在右半 s 平面上没有极点和零点，则该系统称为最小相位系统。例如：

$$G(s)H(s) = \frac{K(T_1 s + 1)}{s(T_2 s + 1)(T_3 s + 1)} \quad (K\ T_1\ T_2\ T_3 \text{ 均为正数})$$

系统的开环传递函数在右半 s 平面上有一个（或多个）零点，则该系统称为非最小相位系统。如果系统的开环传递函数在右半 s 平面上有一个（或多个）极点，这意味着该开环系统不稳定，一般也称该系统为非最小相位系统。例如

$$G(s)H(s) = \frac{K(T_1 s - 1)}{(T_2 s - 1)(T_3 s + 1)} \quad (K\ T_1\ T_2\ T_3 \text{ 均为正数})$$

或

$$G(s)H(s) = \frac{K\mathrm{e}^{-Ts}}{(T_2 s + 1)(T_3 s + 1)} \quad (K\ T_2\ T_3 \text{ 均为正数})$$

最小相位系统或环节系统最重要的性质是，对数幅频特性和对数相频特性之间存在着唯一的对应关系。这就是说，根据系统的对数幅频特性，可以唯一地确定相应的相频特性和传

递函数，反之亦然。而非最小相位系统或环节就不存在这种对应关系。

对于单回路，若只包含比例、积分、微分、惯性、一阶微分、振荡和二阶微分环节，系统一定是最小相位系统。含有延时环节或不稳定环节（包括不稳定的局部回路）的系统则属非最小相位系统。

5.3 控制系统的开环频率特性

开环系统总是由若干典型环节所组成，掌握了典型环节的频率特性后，就不难绘制系统开环频率特性。本节着重讨论系统开环幅相频率特性和开环对数频率特性的绘制方法。有了系统的开环频率特性曲线，便可进而对闭环系统的性能指标以及稳定性进行分析和计算。

5.3.1 系统开环幅相频率特性

一、系统开环幅频率特性和相频率特性

设开环系统由 n 个典型环节串联组成，则开环频率特性为

$$G(s) = G_1(s)G_2(s)\cdots G_n(s) = \prod_{i=1}^{n} G_i(s)$$

若以 $\mathrm{j}\omega$ 代替 s，则开环频率特为

$$\begin{aligned}G(\mathrm{j}\omega) &= G_1(\mathrm{j}\omega)G_2(\mathrm{j}\omega)\cdots G_n(\mathrm{j}\omega)\\&= A_1(\omega)\mathrm{e}^{\mathrm{j}\varphi_1(\omega)}A_2(\omega)\mathrm{e}^{\mathrm{j}\varphi_2(\omega)}\cdots A_n(\omega)\mathrm{e}^{\mathrm{j}\varphi_n(\omega)}\\&= \prod_{i=1}^{n} A_i(\omega)\mathrm{e}^{\mathrm{j}\left[\sum_{i=1}^{n}\varphi_i(\omega)\right]}\\&= A(\omega)\mathrm{e}^{\mathrm{j}\varphi(\omega)}\end{aligned}$$

所以开环幅频率特性为

$$A(\omega) = \prod_{i=1}^{n} A_i(\omega)$$

开环相频率特性为

$$\varphi(\omega) = \sum_{i=1}^{n} \varphi_i(\omega)$$

可以看出，系统开环幅频率特性是各环节幅频之积，系统开环相频特性是各环节相频之和。

二、系统开环幅相频率特性曲线（极坐标图或 Nyquist 图）

系统开环幅相频率特性曲线的绘制可用如下方法。

1. 逐点计算绘制

给定 ω（由 $0\to\infty$）一系列值，计算出相应的 Re（ω）和 Im（ω）值，在坐标图上得出对应的点，而后平滑地逐点连成曲线，则得到该系统开环幅相频率特性曲线。

【例 5-5】 系统开环幅相频率特性为

$$G(s) = \frac{K}{(1 + T_1 s)(1 + T_2 s)}$$

试画出当 $K=10$，$T_1=1$，$T_2=5$ 时的幅相频率特性曲线。

解 系统开环幅相频率特性为

$$G(\mathrm{j}\omega) = G(s)\mid_{s=\mathrm{j}\omega} = \frac{K}{(1+\mathrm{j}T_1\omega)(1+\mathrm{j}T_2\omega)}$$

将上式有理化，得

$$G(\mathrm{j}\omega) = \frac{K(1-T_1T_2\omega^2)}{(1+T_1^2\omega^2)(1+T_2^2\omega^2)} + \mathrm{j}\frac{-K(T_1+T_2)\omega}{(1+T_1^2\omega^2)(1+T_2{}^2\omega)^2}$$

$$= \mathrm{Re}(\omega) + \mathrm{jIm}(\omega)$$

在 $K=10$，$T_1=1$，$T_2=5$ 时，给出 ω 不同值，逐点计算出 Re（ω）和 Im（ω）数值，见表5-2。

表5-2　　Re（ω）和 Im（ω）计算数值

ω	0	0.05	0.1	0.15	0.2	0.3	0.4	0.6	0.8	1	2	∞
Re（ω）	10	9.27	7.50	5.56	3.85	1.55	0.34	-0.59	-0.79	-0.77	-0.38	0
Im（ω）	0	-2.82	-4.75	-5.63	-5.77	-5.08	-4.14	-2.65	-1.72	-1.15	-0.24	0

据表5-2，可绘制出该系统开环幅相频率特性曲线，见图5-20。

2. 传递函数按典型环节分解

分别计算出各典型环节幅频率特性 A_i（ω）和相频率特性 φ_i（ω），$i=1$，2，…；各典型环节幅频率特性相乘，得到系统幅频率特性，即 $A(\omega) = A_1(\omega)A_2(\omega)\cdots A_n(\omega) = \prod_{i=1}^{n} A_i(\omega)$；各典型环节相频率特性代数相加，得到系统相频率特性，即 $\varphi(\omega) = \varphi_1(\omega) + \varphi_2(\omega)\cdots\varphi_n(\omega) = \sum_{i=1}^{n}\varphi_i(\omega)$；根据不同的 ω 数值，计算出每个环节的 A（ω）和 φ（ω）数据，再依据幅频率特性相乘，频率特性代数相加原则，绘制出开环幅相频率特性曲线。

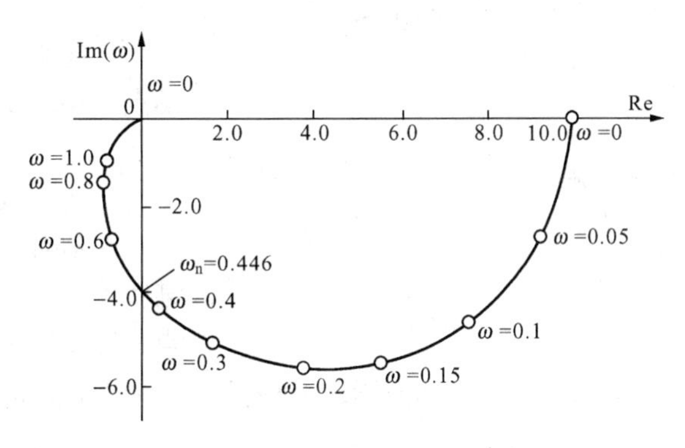

图5-20　开环幅相频率特性曲线

【例5-6】 设某开环传递函数为

$$G(\mathrm{j}\omega) = \frac{10}{(s+1)(0.1s+1)}$$

试绘制该系统的开环幅相频率特性曲线。

解 此系统是由一个比例环节和两个惯性环节串联组成，它们的频率特性分别是

$$G_1(\mathrm{j}\omega) = A_1(\omega)\mathrm{e}^{\mathrm{j}\varphi_1(\omega)} = 10$$

$$G_2(\mathrm{j}\omega) = A_2(\omega)\mathrm{e}^{\mathrm{j}\varphi_2(\omega)} = \frac{1}{\sqrt{\omega^2+1}}\mathrm{e}^{-\mathrm{j}\arctan\omega}$$

$$G_3(j\omega)=A_3(\omega)e^{j\varphi_3(\omega)}=\frac{1}{\sqrt{(0.1\omega)^2+1}}e^{-j\arctan(0.1\omega)}$$

系统开环频率特性为

$$\begin{aligned}G(j\omega)&=G_1(j\omega)G_2(j\omega)G_3(j\omega)\\&=A_1(\omega)e^{j\varphi_1(\omega)}A_2(\omega)e^{j\varphi_2(\omega)}A_3(\omega)e^{j\varphi_3(\omega)}\end{aligned}$$

开环幅频特性为

$$A(\omega)=A_1(\omega)A_2(\omega)A_3(\omega)=10\frac{1}{\sqrt{\omega^2+1}}\frac{1}{\sqrt{(0.1\omega)^2+1}}$$

开环相频特性为

$$\varphi(\omega)=\varphi_1(\omega)+\varphi_2(\omega)+\varphi_3(\omega)=0°+(-\arctan\omega)+[-\arctan(0.1\omega)]$$

给定若干 ω ($0\to\infty$) 值，则可以计算出对应的 $A(\omega)$ 和 $\varphi(\omega)$，绘出开环幅相频率特性。它的起点和终点分别为

$$\lim_{\omega\to 0}G(j\omega)=10\angle 0°$$

$$\lim_{\omega\to\infty}G(j\omega)=0\angle 180°$$

其开环幅相频率特性曲线见图 5-21。

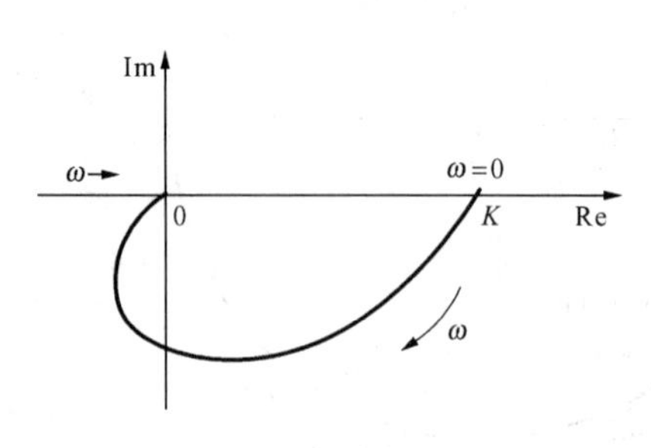

图 5-21　开环幅相频率特性曲线

它起始于实轴上由开环增益 K ($K=10$) 所决定的点 (10, j0) 上，而以 $-180°$的角度收敛于坐标原点。

3. 确定幅相频率特性曲线的起点和终点

在不需要准确图形时，可绘制草图，但草图应对某些关键点，例如曲线的起点、与实轴和虚轴的交点、终点等必须准确。知道这些关键点，便可作出幅相频率特性的草图。

设系统的开环传递函数为

$$G(s)=\frac{K\prod_{i=1}^{m}(\tau_i s+1)}{s^v\prod_{j=1}^{n-v}(T_j s+1)}\quad n\geqslant m$$

其频率特性

$$G(j\omega)=\frac{K\prod_{i=1}^{m}(j\omega\tau_i+1)}{(j\omega)^v\prod_{j=1}^{n-v}(j\omega T_j+1)}$$

开环幅相频率特性有如下特征点：

(1) 起点：当 $\omega=0$ 时，对于 0 型 ($v=0$) 系统 $G(0)=Ke^{j0°}$，故其起点在实轴上的

“K”点；对于非零型系统（$v\neq0$），$G(0)=\infty e^{j\left(-\frac{\pi}{2}v\right)}$。可见，其起点在无穷远处，而相位角为$\left(-\frac{\pi}{2}v\right)$。

(2) 终点：当 $\omega=\infty$ 时，对于0、1及2型系统，$G(\infty)=0e^{-j\frac{\pi}{2}(n-m)}$。可见，是按 $-90°(n-m)$ 的角度终止于原点。

(3) 与实轴交点：特性与实轴的交点的频率由下式求出，即令虚部 $\mathrm{Im}(\omega)=0$，即 $\mathrm{Im}[G(j\omega)]=0$。求出的频率值代入实部 $\mathrm{Re}(\omega)$，其实部值为交点值。

(4) 与虚轴交点：同理，令实部 $\mathrm{Re}(\omega)=0$，求出频率值。该频率值代入虚部 $\mathrm{Im}(\omega)$，其值为与虚轴的交点值。

绘出了0、1和2型系统幅相频率特性的起点图5－22 (a)、终点图5－22 (b) 大致形状。

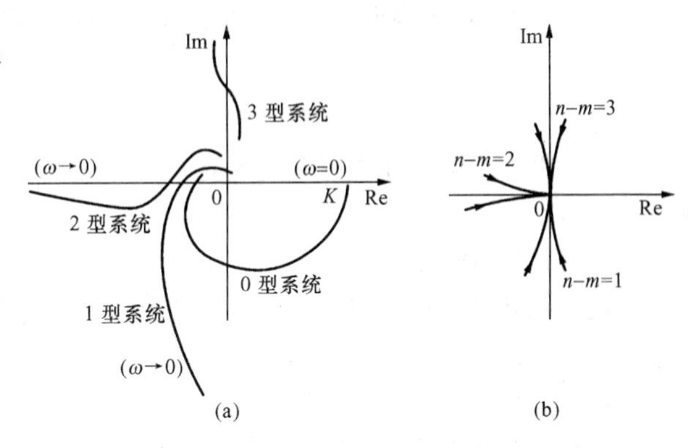

图5－22 0、1、2型系统幅相频率特性

(a) 起点图；(b) 终点图

【例5－7】 已知开环系统的传递函数为 $G(s)=\dfrac{K}{s(T+1)}$，试绘制其极坐标图。

解 该系统是由一个比例环节 一个积分环节和一个惯性环节组成。令 $s=j\omega$，计算得该系统的实频特性和虚频特性，幅频特性和相频特性分别如下

$$\mathrm{Re}(\omega)=-\frac{KT}{1+(\omega T)^2}\qquad \mathrm{Im}(\omega)=-\frac{K}{\omega[1+(\omega T)^2]}$$

$$A(\omega)=\frac{K}{\omega\sqrt{1+(\omega T)^2}}\qquad \varphi(\omega)=-90°-\tan^{-1}(\omega T)$$

于是，对于频率 ω 值的变化有

$$\omega=0\text{时},A(\omega)=\infty,\varphi(\omega)=-90°;$$

$$\mathrm{Re}(\omega)=-KT,\mathrm{Im}(\omega)=-\infty$$

$$\omega=\infty\text{时},A(\omega)=0,\varphi(\omega)=-180°;$$

$$\mathrm{Re}(\omega)=0,\mathrm{Im}(\omega)=0$$

又分别令 $\mathrm{Re}(\omega)=0$ 和 $\mathrm{Im}(\omega)=0$，均惟一解得 $\omega=\infty$，表明系统的极坐标曲线仅与虚轴和实轴交于坐标原点。

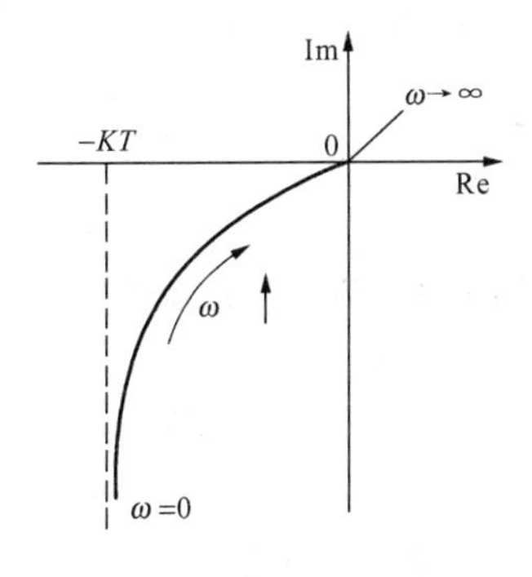

图5－23 例5－7极坐标图

依此，可大致画出系统的极坐标图，如图5－23示。可见，该系统在低频段（即频率较小或 $\omega\to0$ 的范围内）其坐标曲线是过点（$-KT$，j0），且与虚轴并行的渐近线趋于无穷远点；在高频段（即频率较高或 $\omega\to\infty$ 的范围）内，其极坐

标曲线是在第Ⅲ象限内沿实轴方向趋于坐标原点。

5.3.2　系统开环对数频率特性

对 $A(\omega)=\prod_{i=1}^{n}A_i(\omega)$ 取对数，则有系统的开环对数频率特性为

$$L(\omega)=20\lg A(\omega)=20\lg\prod_{i=1}^{n}A_i(\omega)=20\sum_{i=1}^{n}\lg A_i(\omega)=\sum_{i=1}^{n}L_i(\omega)$$

$$\varphi(\omega)=\sum_{i=1}^{n}\varphi_i(\omega)$$

由此可见，系统的开环对数幅频率特性和相频率特性分别等于各典型环节对数幅频和相频之和。

一、对数幅频特性

绘制系统开环对数幅频特性，通常只需画出渐近特性。若需要较精确特性时，就对渐近特性进行适当修正。

绘制步骤：

(1) 在半对数坐标纸上标出横轴及纵轴的刻度。

(2) 将开环传递函数化成典型环节乘积因子型式，求出各典型环节的交接频率，标在角频率轴上。

(3) 计算 $201\text{g}K$，K 为系统开环放大系数。

(4) 在 $\omega=1$ 处找出纵坐标等于 $201\text{g}K$ 的点“A”；过该点作一直线，其斜率等于 $-20v$ (dB/dec)，当 v 取正号时为积分环节个数，当 v 取负号时为纯微分环节的个数；该直线直到第一个交接频率 ω_1 对应的地方。若 $\omega_1<1$，则该直线的延长线经过“A”点。

(5) 以后每遇到一个交接频率，就改变一次渐近线的斜率，如遇到惯性环节的交接频率，斜率增加 -20dB/dec；遇到一阶微分的交接频率，斜率增加 +20dB/dec；遇到振荡环节的交接频率，斜率增加 -40dB/dec；遇到二阶微分的交接频率，斜率增加 +40dB/dec，直至经过所有各典型环节的交接频率，便得系统开环对数幅频渐近特性。

若要得到较准确的对数幅频特性，可利用典型环节修正的方法对渐近特性进行修正，特别在振荡环节和二阶微分环节的交接频率附近进行修正。

二、对数相频特性

绘制步骤：

(1) 绘出各环节对数相频特性曲线。

(2) 这时在坐标上对各环节对数相频特性曲线进行代数相加，就可以得到系统的开环对数相频特性曲线。

或采用：

(1) 得出各典型环节的对数相频特性表达式。

(2) 各典型环节的对数相频特性代数相加，得到该系统对数相频特性表达式。

(3) 代入不同的 ω 值到该系统对数相频特性表达式中，得到一组不同的 $\varphi(\omega)$ 值，就可

以绘出该系统的开环对数相频特性曲线。

在工程设计中，除了解系统相频特性大致趋向外，主要要知道 $L(\omega)$ 与 0dB 线交点频率 ω_c（截止频率）。

【例 5-8】 某系统的开环传递函数为

$$G(s) = \frac{10}{(0.25s + 1)(0.25s^2 + 0.4s + 1)}$$

试绘制开环对数幅频特性和相频特性。

解 该系统由三个典型环节组成：

比例环节 $$G_1(s) = K = 10$$

惯性环节 $$G_2(s) = \frac{1}{1 + Ts} = \frac{1}{0.25s + 1}$$

交接频率 $$\omega_{n1} = 1/T = 1/0.25 = 4$$

振荡环节 $$G_3(s) = \frac{1}{T^2s^2 + 2\xi Ts + 1} = \frac{1}{0.25s^2 + 0.4s + 1}$$

交接频率 $$\omega_{n2} = 1/T = 1/\sqrt{0.25} = 2。$$

(1) 系统对数幅频特性绘制：根据 $K = 10$，$20\lg K = 20\text{dB}$，在 $\omega = 1$ 处找出纵坐标等于 $201gK$ 的点“A”。

因为没有积分或纯微分环节，$v = 0$，所以过“A”点是一条水平线（斜率是 0）直到第一个交接频率“2”的地方。

由于“2”是振荡环节的交接频率，因此，在 $\omega = 2$ 以后，渐近线的斜率变为 -40dB/dec 的直线。

当 $\omega \geqslant 4$ 时，渐近线的斜率又增加 -20dB/dec，即变为变为 -60dB/dec 的直线。

至此，该开环系统对数幅频特性绘制完毕，若要得到比较精确曲线，可对交接频率处进行修正，见图 5-24（a）。

(2) 系统对数相频特性绘制：根据

$$\varphi_1(\omega) = 0$$

$$\varphi_2(\omega) = -\arctan 0.25\omega$$

$$\varphi_3(\omega) = -\arctan\frac{0.4\omega}{1 - 0.25\omega^2}$$

写出该开环系统对数相频特性表达式：

$$\varphi(\omega) = -\arctan 0.25\omega - \arctan\frac{0.4\omega}{1 - 0.25\omega^2}$$

取不同 ω 值，得 $\varphi(\omega)$，见表 5-3。

表 5-3 **$\varphi(\omega)$ 数 值**

ω	0	0.5	1	1.5	2	3	4	6	10	…	∞
$\varphi(\omega)$	0°	-14°	-42°	-86°	-117°	-170°	-197°	-220°	-239°	…	-270°

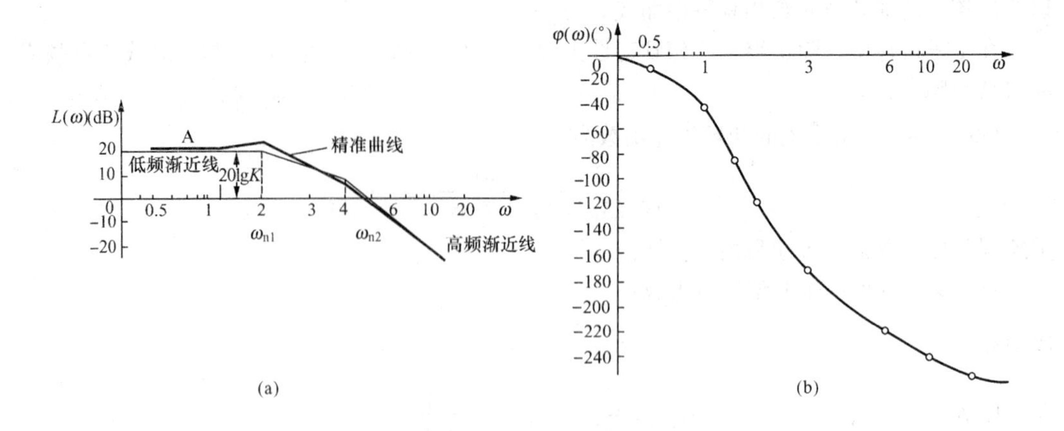

图 5-24　例 5-8 图

(a) 对数幅频特性；(b) 对数相频特性

依表 5-3，可绘制系统对数相频特性，见图 5-24（b）所示。

【例 5-9】　某最小相位系统，其开环对数渐近幅频特性如图 5-25 所示。试写出该系统的开环传递函数。

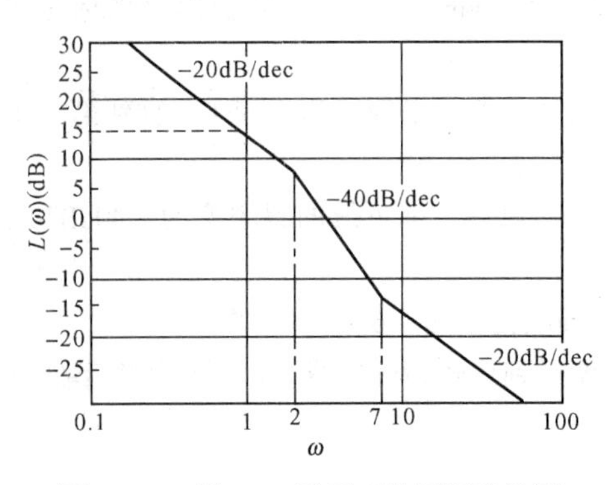

图 5-25　例 5-9 开环对数幅频特性图

解　由图可看出，该系统是由一个积分环节，一个惯性环节，一个一阶微分环节和比例环节所组成，其传递函数为

$$G(s) = \frac{K(1 + T_2 s)}{s(1 + T_1 s)}$$

由图 5-25 知，$\omega = 1$ 时 $20\lg K = 15$，则 $K = 5.6$

$$\omega_1 = 2, 则\ T_1 = \frac{1}{2}$$

$$\omega_2 = 7, 则\ T_2 = \frac{1}{7}$$

所以

$$G(s) = \frac{5.6(1 + s/7)}{s(1 + s/2)}$$

5.4　控制系统的频域稳定性分析

根据系统开环频率特性，来判别闭环系统的稳定性，进而确定稳定系统的相对稳定性，是控制工程中一种极为重要而实用的方法。

由于闭环系统稳定的充分和必要条件是特征方程的所有根（闭环极点）都具有负实部，即都位于 s 左半平面，因此运用开环频率特性讨论闭环系统的稳定性，首先应明确开环频率特性和闭环特征式的关系，并进而找出和闭环特征根性质之间的规律性。

5.4.1 系统开环频率特性与闭环特征式的关系

一个闭环系统的典型结构如图 5-26 所示，其闭环传递函数为

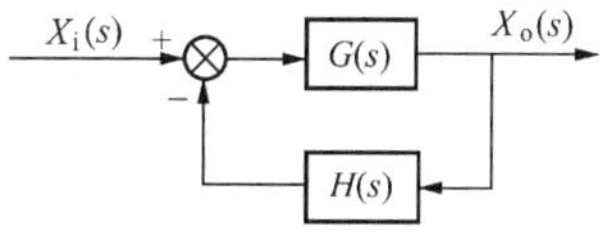

$$\Phi(s)=\frac{G(s)}{1+G(s)H(s)}$$

图 5-26 闭环系统的典型结构图

令 $$F(s)=1+G(s)H(s)$$

设 $$G(s)=\frac{M_1(s)}{N_1(s)},H(s)=\frac{M_2(s)}{N_2(s)}$$

代入 $F(s)=1+G(s)H(s)$ 可得

$$F(s)=1+G(s)H(s)=1+\frac{M_1(s)M_2(s)}{N_1(s)N_2(s)}=\frac{N_1(s)N_2(s)+M_1(s)M_2(s)}{N_1(s)N_2(s)}$$

$$=\frac{N(s)+M_1(s)M_2(s)}{N(s)}=\frac{D(s)}{N(s)}$$

式中 $N(s)$——系统开环特征式 $N(s)=N_1(s)N_2(s)$；

$D(s)$——系统闭环特征式 $D(s)=N(s)+M_1(s)M_2(s)$。

由 $\Phi(s)=\dfrac{G(s)}{1+G(s)H(s)}=\dfrac{G(s)}{F(s)}$ 可见，$F(s)$ 的零点为系统的闭环极点，而 $F(s)$ 的极点为系统的开环极点。对于一个实际的系统，开环传递函数 $G(s)H(s)$ 分母的阶次总是高于分子的阶次，所以系统闭环特征式的阶次与开环特征式的阶次相同，即 $D(s)$ 与 $N(s)$ 根的个数相等。

以 $\mathrm{j}\omega$ 代替 s，得

$$F(\mathrm{j}\omega)=1+G(\mathrm{j}\omega)H(\mathrm{j}\omega)=\frac{D(\mathrm{j}\omega)}{N(\mathrm{j}\omega)}$$

上式揭示了系统开环频率特性和闭环频率特性间的关系。要使系统闭环稳定，闭环特征根应全部位于 s 左半平面，所以控制系统稳定的充要条件变成为 $F(s)$ 的全部零点都必须在 s 左半平面。

5.4.2 幅角变化与系统稳定性的关系

闭环系统的稳定性决定于闭环特征根，为了判断闭环系统的稳定性，就需要进一步检验 $F(s)$ 是否具有位于 s 右半平面的零点。为此，在给出闭环系统的稳定判据前，先寻找 $F(\mathrm{j}\omega)$ 的幅相频率特性与 $F(s)$ 零、极点的关系。

$$F(\mathrm{j}\omega)=1+G(\mathrm{j}\omega)H(\mathrm{j}\omega)=\frac{D(\mathrm{j}\omega)}{N(\mathrm{j}\omega)}=\frac{(\mathrm{j}\omega-s_1)(\mathrm{j}\omega-s_2)\cdots(\mathrm{j}\omega-s_n)}{(\mathrm{j}\omega-p_1)(\mathrm{j}\omega-p_2)\cdots(\mathrm{j}\omega-p_n)}$$

$$=\frac{\prod\limits_{i=1}^{n}(\mathrm{j}\omega-s_i)}{\prod\limits_{i=1}^{n}(\mathrm{j}\omega-p_i)}$$

式中 s_i——系统闭环极点；

p_i——系统开环极点。

如果系统在 s 左半平面有 p 个开环极点，s 右半平面有 z 个闭环极点；又因复数相除，幅角相减原则，则有 $F(j\omega) = 1 + G(j\omega)H(j\omega) = \dfrac{\prod_{i=1}^{n}(j\omega - s_i)}{\prod_{i=1}^{n}(j\omega - p_i)}$ 在某复数平面中的幅角增加量为

$$\Delta \frac{\angle 1 + G(j\omega)H(j\omega)}{\omega: 0 \to \infty} = \sum_{i=1}^{n} \Delta \frac{\angle (j\omega - s_i)}{\omega: 0 \to \infty} - \sum_{i=1}^{n} \Delta \frac{\angle (j\omega - p_i)}{\omega: 0 \to \infty}$$

$$= \left[(n - z)\frac{\pi}{2} - z\frac{\pi}{2}\right] - \left[(n - p)\frac{\pi}{2} - p\frac{\pi}{2}\right]$$

$$= (n - 2\pi)\frac{\pi}{2} - (n - 2p)\frac{\pi}{2} = (p - z)\pi$$

上式表明，当 ω 由 $0 \to \infty$ 变化时，向量函数 $F(j\omega) = 1 + G(j\omega)H(j\omega)$ 在某复数平面中的幅角增加量为 $p\pi$，则系统稳定。不然，系统不稳定。

5.4.3 奈魁斯特（Nyquist）稳定判据

奈魁斯特（Nyquist）稳定判据是利用系统开环幅相频特性来判定闭环系统稳定的图解法。它不仅能判定闭环系统稳定性，还能指出系统相对稳定的程度以及改善系统性能的方法。

$$\Delta \frac{\angle 1 + G(j\omega)H(j\omega)}{\omega: 0 \to \infty} = (p - z)\pi = \frac{p - z}{2} \times 2\pi = N \times 2\pi$$

其中 N 是 $F(j\omega) = 1 + G(j\omega)H(j\omega)$ 的幅角变化圈数，$N = \dfrac{p - z}{2}$，表明，$F(j\omega) = 1 + G(j\omega)H(j\omega)$ 矢量在复平面上 ω 由 $0 \to \infty$ 变化时（逆时针旋转），绕过原点圈数是 $N = \dfrac{p - z}{2}$。

闭环系统稳定的充要条件是，闭环特征根应全部位于 s 左半平面，即 s 右半平面的闭环极点 $z = 0$，即 $N = \dfrac{p - z}{2}$ 中的 $z = 0, N = \dfrac{p}{2}$，也就是 $F(j\omega) = 1 + G(j\omega)H(j\omega)$ 矢量在复平面上 ω 由 $0 \to \infty$（逆时针）绕原点旋转圈数 N 等于该系统开环极点 p 的 1/2 时，该闭环系统稳定。

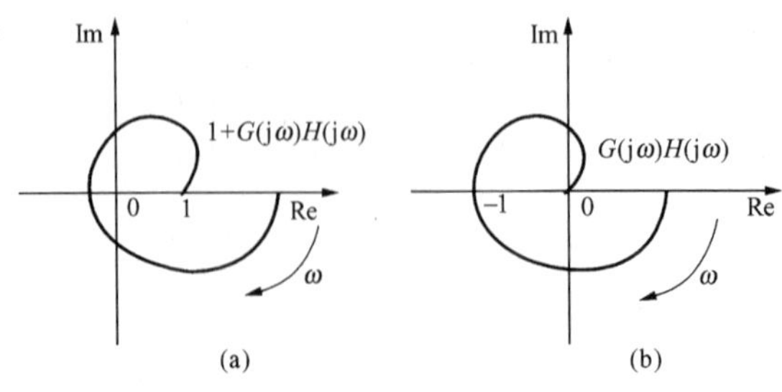

图 5-27 系统闭环与开环幅相频率特性关系

$F(j\omega) = 1 + G(j\omega)H(j\omega)$ 矢量在复平面上绕过原点旋转，相当于该系统开环的幅相频率特性曲线 $G(j\omega)H(j\omega)$ 绕过（−1，j0）旋转，图 5-27 表示它们之间关系。

根据以上分析，利用该系统开环幅相频特性来判定本系统闭环稳定的图解法的奈魁斯特（Nyquist）稳定判据分别叙述如下。

一、第一种情况（又称判据一）

当系统开环的传递函数 $G(j\omega)H(j\omega)$ 在 s 平面的原点及虚轴上没有极点时

（1）当开环系统稳定（即 $p=0$），如果曲线 $G(j\omega)H(j\omega)$ 逆时针旋转不包围（-1，j0）点，该闭环系统稳定，如图5-28（a）；如果曲线 $G(j\omega)H(j\omega)$ 逆时针旋转包围了（-1，j0）点，该闭环系统不稳定，如图5-28（b）。

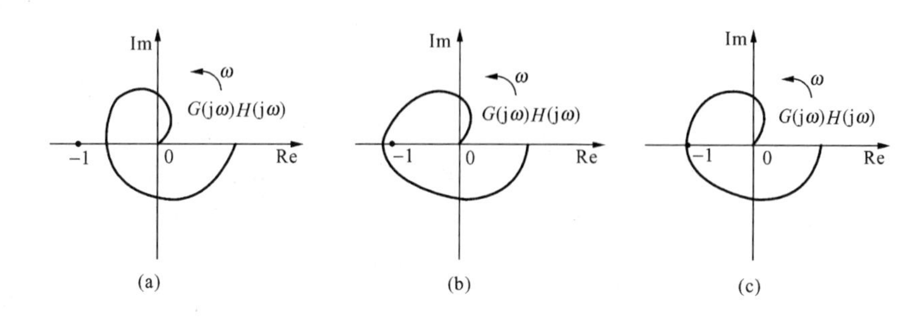

图5-28　$G(j\omega)H(j\omega)$ 幅相频率特性

（2）当开环系统不稳定（即 $p\neq0$），相当于曲线 $G(j\omega)H(j\omega)$ 逆时针旋转包围（-1，j0）点 N 次，如果 $N=p$，该闭环系统稳定；如果 $N\neq p$，该闭环系统不稳定。

（3）当曲线 $G(j\omega)H(j\omega)$ 逆时针旋转正好通过（-1，j0）点，该闭环系统临界稳定，对于实际工程，则属于不稳定系统，如图5-28（c）。

二、第二种情况（又称判据二）

当系统开环的传递函数 $G(j\omega)H(j\omega)$ 在 s 平面的原点或虚轴上有极点时，通常出现在系统中有串联积分环节。将 s 平面上的闭合轨线在原点或虚轴上极点处以极小的半径绕过，若仍包围右半 s 平面内的所有零点和极点，则仍可适用判据一，即系统开环的频率特性 $G(j\omega)H(j\omega)$ 在 ω 从 $-\infty\rightarrow\infty$ 变化逆时针包围（-1，j0）点的次数 $N=p$，该闭环系统稳定；如果 $N\neq p$，该闭环系统不稳定。

【例5-10】　某单位反馈系统，开环传递函数为

$$G(s)=\frac{2}{s-1}$$

试用奈氏判据判别闭环系统稳定性。

解　开环频率特性为

$$G(j\omega)=\frac{2}{j\omega-1}$$

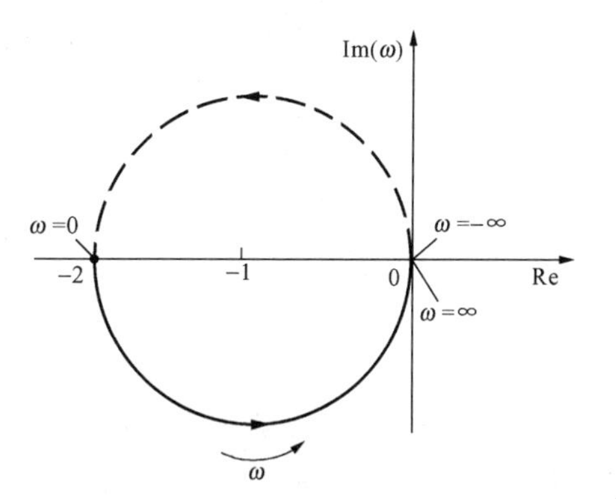

图5-29　例5-10题幅相频率特性

开环幅相频率特性曲线如图5-29中的实线所示 $\omega:0\rightarrow\infty$ 时的幅相曲线。以实轴为对称轴，即可绘制出如图5-29中的虚线所示 $\omega:0\rightarrow\infty$ 时的幅相曲线。

由开环传递函数可知，有一个正极点，即 $p=1$；而开环频率特性当频率 $\omega=-\infty\rightarrow\infty$

时，逆时针包围临界点一圈（2π），即 $N=1$，故系统是稳定的（$z=0$）。

【例 5-11】 设开环系统的传递函数为

$$G(s)=\frac{K(s+3)}{s(s-1)}$$

试判别其闭环系统的稳定性。

解 该开环系统在右半 s 平面上有一个极点，即 $p=1$，且在虚轴上有一个极点，为坐标原点，即 $s=j\omega=0$。

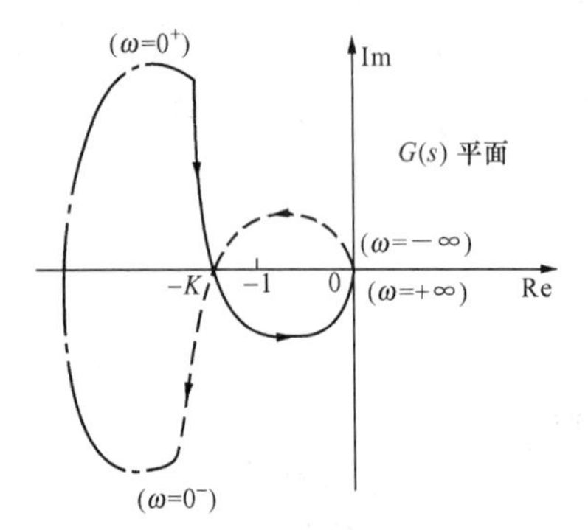

图 5-30 例 5-11 幅相频率特性图

首先绘制 $\omega:0^+\to\infty$ 时的开环频率特性的极坐标曲线，然后，按照其对称性，用虚线描出它在 $\omega:-\infty\to 0^-$ 时的曲线，如图 5-30 所示。根据奈氏判据判别二，此时在 s 平面上绕过原点的无穷小半圆弧线所映射的极坐标曲线，应是半径为无穷大，从 $\omega=0^-$ 处的曲线出发顺时针方向转过 $-180°$，到 $\omega=0^+$ 处的曲线，如图 5-30 中的点划线所示。

从点（-1，j0）向任一方向画一射线，设取为实轴正方向，并站在点（-1，j0）上观察可发现，开环频率特性极坐标曲线在 $\omega=-\infty\to\infty$ 时，按逆时针方向与该设定射线相交一次（若取负实轴为射线，则观察结果是顺时针相交一次，逆时针相交二次）。因此，曲线包围实轴上点（-1，j0）的圈数是 $N=-1=-p$，所以该闭环系统稳定。

【例 5-12】 已知三个单位负反馈系统的开环幅相频率特性曲线如图 5-31 所示。并已知各开环系统不稳定特征根的个数 p，试判别各闭环系统的稳定性。

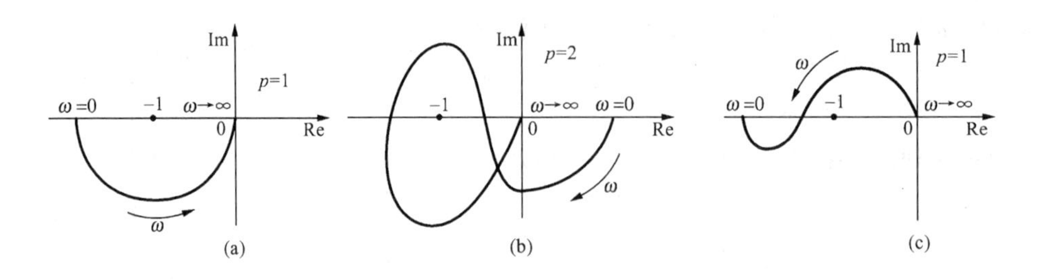

图 5-31 例 5-12 幅相频率特性图

解 图 5-31（a）系统当 ω 由 $0\to\infty$ 变化时，$G(j\omega)$ 曲线绕（-1，j0）点转半圈，即 $N=1/2, z=p-2N=2$，故该闭环系统稳定。

图 5-31（b）系统的 $G(j\omega)$ 曲线绕（-1，j0）点的圈数 $N=-1$，据奈氏判据，该闭环系统稳定。

图 5-31（c）系统的 $G(j\omega)$ 曲线绕（-1，j0）点的圈数 $N=-1/2$，则有 $z=p-2N=1-2\times(-1/2)=2$，据奈氏判据，该闭环系统不稳定。

5.4.4　应用伯德图判断闭环系统的稳定性

系统开环频率特性的奈氏图和伯德图之间存在着一定的对应关系，故利用伯德图判断系统的稳定性和利用奈氏图判定系统的稳定性在本质上是相同的。奈氏图上 $|G(j\omega)H(j\omega)|=1$ 的单位圆与伯德图对数幅频特性 0dB 线相对应，单位圆以外和以内的区域分别对应于伯德图 $L(\omega)>0$ 和 $L(\omega)<0$ 的区域。奈氏图上的负实轴对应于相频特性的 $-\pi$ 线。

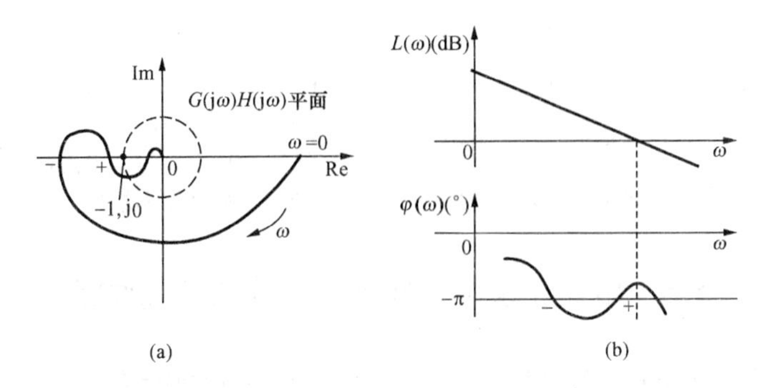

图 5－32　伯德图

(a) $G(j\omega)H(j\omega)$ 幅相频率特性；(b) $G(j\omega)H(j\omega)$ 对数幅、相频率特性

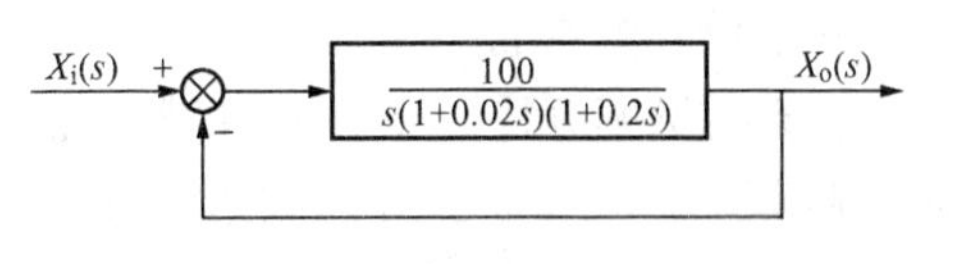

图 5－33　例 5－13 系统结构图

如奈氏曲线按顺时针方向包围（－1，j0）点一周，则 $G(j\omega)H(j\omega)(0\leqslant\omega\leqslant\infty)$ 必然从下而上穿越负实轴区间（$-\infty$，-1）一次。这种穿越伴随相角的减少，故称为负穿越，如图 5－32（a）示。图中正穿越以“N_+”表示，负穿越以“N_-”表示。

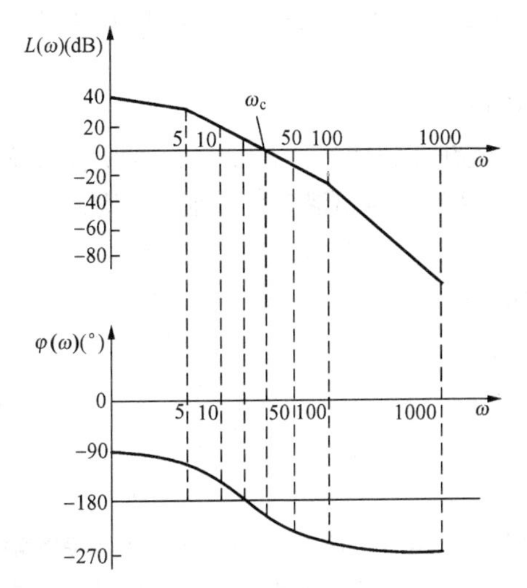

图 5－34　例 5－13 对数幅、相频率特性图

上述正、负穿越在伯德图上的反映为：在 $L(\omega)>0$ 的频段内，随着 ω 的增加，相频特性 $\varphi(\omega)$ 曲线由下而上穿过 $-\pi$ 线为正穿越，它意味着相角的增加（或滞后相角的减少）。反之 $\varphi(\omega)$ 由上而下穿过 $-\pi$ 线为负穿越，它表示滞后相角的增大，如图 5－32（b）示。

所以，采用对数频率时奈魁斯特判据可表述如下：

设 p 为 s 右半平面开环极点数，则闭环系统稳定的充要条件是，当 ω 由 $0\to\infty$ 变化时，在开环对数频率特性 $L(\omega)\geqslant 0$ 的频段内，相频率特性 $\varphi(\omega)$ 穿越 $-\pi$ 线的次数 $N(N=N_+-N_-)$ 为 $p/2$。对于不稳定的闭环系统，其 s 右半平面上的极点

数 $z=p-2N$ 确定。

【例 5-13】 利用伯德图判断图 5-33 所示系统在闭环时的稳定性。

解 该系统的开环传递函数为

$$G(s)=\frac{100}{s(1+0.02s)(1+0.2s)}$$

其对应的伯德图如图 5-34 所示。可以看出，在 $L(\omega)\geqslant 0$ 的频段内，$\varphi(\omega)$ 穿越 $-\pi$ 线的次数 $N=N_{+}-N_{-}=0-1=-1$。且从 $G(s)=\dfrac{100}{s(1+0.02s)(1+0.2s)}$ 可知 $p=0$，系统闭环特征根在 s 右半平面的个数 $z=p-2N=2$，故系统在闭环时不稳定。

5.5 用开环频率特性分析系统的动态性能

从频率域的角度去分析、综合控制系统时，常用开环对数频率特性，并通过特性曲线的某些特征量来表征系统过渡过程的性能。这些特征量，通常又称为开环频域性能指标。

5.5.1 开环频域性能指标

一、截止频率 ω_c

开环对数幅频特性等于 0dB 的频率值，称为开环截止频率又称幅值交接频率、剪切频率或穿越频率，常用 ω_c 表示。表达式为

$$L(\omega_c)(\text{dB})=20\lg L(\omega_c)=20\lg|G(j\omega)H(j\omega)|=0\text{dB}$$

截止频率 ω_c 表征系统响应的快速性能，ω_c 愈大，系统的快速性能愈好。

二、相角裕度 γ

相角裕度又称为相位裕量或相角裕度，它的定义是在对数频率特性中，相频特性曲线在 $\omega=\omega_c$ 时的相角值 $\varphi(\omega_c)$ 与 $-180°$ 之差，常用 γ 表示 [也有用 $\gamma(\omega_c)$ 或 PM 表示]。表达式为

$$\gamma=\varphi(\omega_c)+180°$$

相角裕度的物理意义是，为了保持系统稳定，系统开环频率特性在 $\omega=\omega_c$ 时所允许增加的最大相位滞后量。换句话说，如果系统对频率 ω_c 信号的相角滞后再增加 γ，则系统就处于临界稳定状态。

对于最小相位系统，相角裕度与系统稳定性有如下关系：

$\gamma(\omega_c)>0$ 系统是稳定的

$\gamma(\omega_c)=0$ 系统是临界稳定的

$\gamma(\omega_c)<0$ 系统是不稳定的

三、幅值裕量 K_g

幅值裕量又称为增益裕量或幅值裕度，它是指相角为 $-180°$ 这一频率值 ω_g 所对应的幅值倒数的分贝数，常用 K_g 表示（也有用 GM 表示）。ω_g 称为相角交接频率。幅值裕量表达式为

$$K_g = \frac{1}{|G(j\omega_g)H(j\omega_g)|}$$

以分贝（dB）表示为

$$K_g(\text{dB}) = 20\lg K_g = 20\lg\frac{1}{|G(j\omega_g)H(j\omega_g)|} = -20\lg G(j\omega_g)H(j\omega_g)$$
$$= 20\lg L(\omega_g)$$

幅值裕量的物理意义是，为了保持系统稳定，系统开环幅值所允许增加的最大分贝数。

对于最小相位系统，幅值裕量与系统稳定性有如下关系：

K_g（dB）>0dB 系统是稳定的

K_g（dB）$=0$dB 系统是临界稳定的

K_g（dB）<0dB 系统是不稳定的

四、中频宽度 *h*

开环对数幅频特性以斜率为 -20dB/dec 过横轴的线段宽度 h，称为中频宽度。表达式为

$$h = \frac{\omega_2}{\omega_1}$$

中频宽度 h 也是一个重要的特征参数。h 的长短反映了系统的稳定程度，h 愈大，系统的稳定性愈好。

截止频率 ω_c、相角裕度 γ、幅值裕量 K_g 和中频宽度 h，在对数频率特性图中的表示如图 5-35 所示。

上面四个指标中，三个是用于表征系统稳定程度的，它们是相角裕度 γ、幅值裕量 K_g 和中频宽度 h。一般来说，仅用相角裕度或幅值裕量其中一个来评价系统的稳定程度是不够充分的。因此，对要求较高的系统，这两个指标要同时使用，这样能较好地表征系统的稳定程度。但是，对只要求粗略估算或评价系统稳定性时，若是最小相位系统，通常只用相角裕度就够了。对于中频宽度 h，可单独用来评价系统的稳定程度。在综合系统时，四个指标中最常用的是 ω_c 和 γ。ω_c 用于反映系统的快速性能，γ 用于反映系统的稳定程度。通常，为了使系统具有满意平稳性，要求有 30°～70°的相角裕度和大于 6dB 的幅值裕量。

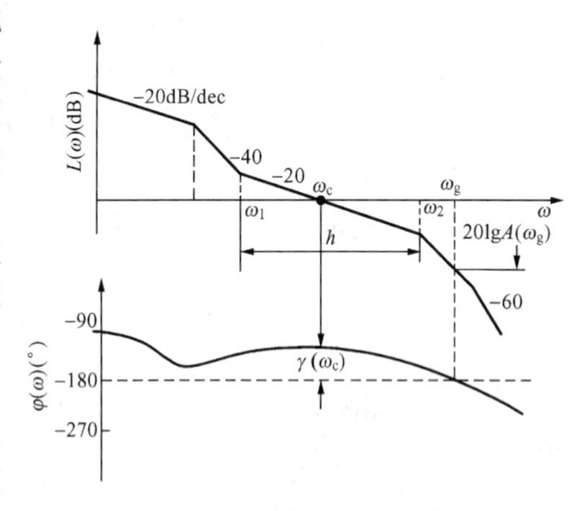

图 5-35　系统对数幅、相频率特性

【例 5-14】　已知系统的开环传递函数为

$$G(s) = \frac{150(0.1s+1)}{s(0.5s+1)(0.02s+1)}$$

求系统的相角裕度。

解 按照定义，计算相角裕度的值需先求出穿越频率 ω_c。其求法主要有图解法和解析法两种。这里应用图解法进行求解。

由于已知的系统是最小相位系统，因此只需画出其开环对数幅频特性图，如图 5-36 所示。系统的对数幅频特性曲线 $L(\omega)$ 与 0dB 线只有一个交点 ω_c。按照这近似的折线图可建立起求解穿越频率 ω_c 的方程为

$$20\lg150 = 20\lg\frac{2}{1} + 40\lg\frac{10}{2} + 20\lg\frac{\omega_c}{10}$$

从而解得 $\omega_c = 30$。所以，可以直接依据系统的相频特性 $\varphi(\omega)$ 计算出 $\varphi(\omega_c)$，即 $\varphi(\omega_c) = \tan^{-1}(0.1\times30) - 90° - \tan^{-1}(0.5\times30) - \tan^{-1}(0.02\times30) = -135.6°$，所以，相角裕度为 $\gamma = \varphi(\omega_c) + 180° = 44.4°$。

【例 5-15】 某闭环控制系统的结构如图 5-37 所示，试分别求开环增益 $K=2$ 和 $K=20$ 时的相角裕度和幅值裕量。

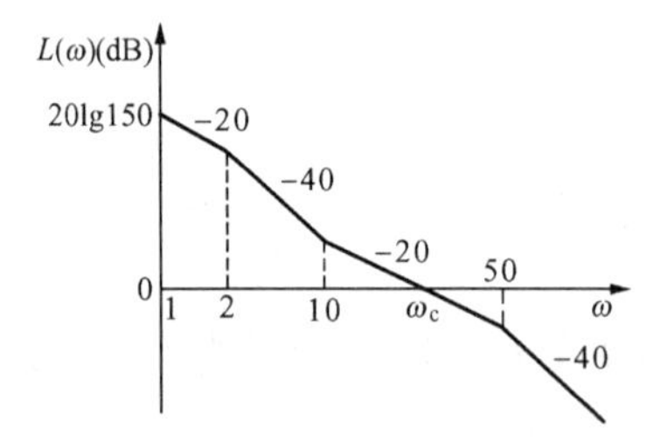

图 5-36 例 5-14 对数幅频特性

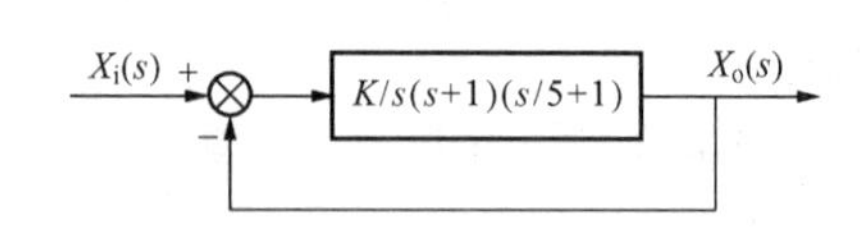

图 5-37 例 5-15 系统结构图

解 绘出图 5-37 所示系统开环对数幅频特性和相频特性，如图 5-38 所示。

当 $K=20$ 时，由图中曲线 1 和 3 可知，相角裕度 $\gamma = -24° < 0°$；幅值裕量 $K_g(\text{dB}) = -20\lg L(\omega_g) = -10\text{dB} < 0$，故对应的闭环系统不稳定。

当 $K=2$ 时，$L(\omega)$ 曲线下移，同时引起剪切频率 ω_c 左移。由曲线 2 和 3 可得，相角裕度 $\gamma = 24°$；幅值裕量 K_g（dB） $= 10\text{dB}$，故闭环系统稳定，但相角裕度 γ 较小。若要系统具有较好的相角裕度 γ，可使开环增益 K 值继续减小。但 K 值的减小，会造成较大的斜坡输入误差。

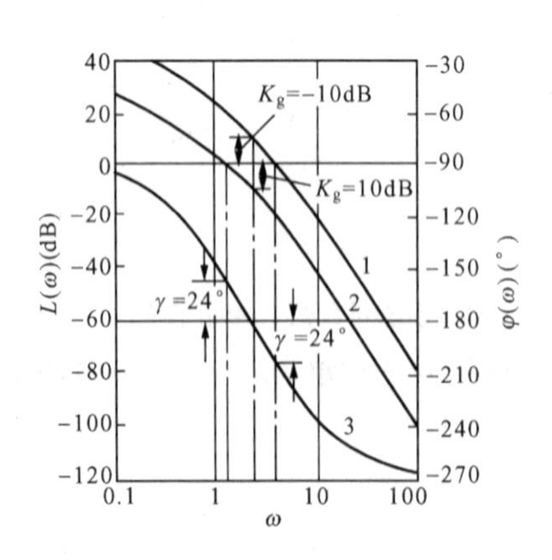

图 5-38 例 5-15 对数幅、相频率特性

5.5.2 开环频域性能指标与时域指标

用时域指标分析系统性能最为直观，而对于控制系统的分析和校正，采用频率特性法比较方便。用频率特性分析最小相位系统，通常只用截止频率 ω_c 和相角裕度 γ 就够了。

一、二阶系统

典型二阶系统的开环频率特性为

$$G(j\omega) = \frac{\omega_n^2}{j\omega(j\omega + 2\xi\omega_n)}$$

1. 相角裕度 γ 与超调量 $\sigma\%$ 关系

系统开环幅频和相频特性分别为

$$A(\omega) = \frac{\omega_n^2}{\omega\sqrt{\omega^2 + (2\xi\omega_n)^2}}$$

$$\varphi(\omega) = -90° - \tan^{-1}\frac{\omega}{2\xi\omega_n}$$

在 $\omega = \omega_c$ 时, $A(\omega_c) = 1$，即

$$A(\omega_c) = \frac{\omega_n^2}{\omega_c\sqrt{\omega_c^2 + (2\xi\omega_n)^2}} = 1$$

解之得

$$\omega_c = \sqrt{-2\xi^2 + \sqrt{4\xi^4 + 1}} \times \omega_n$$

此时，可求得 $\gamma = 180° + \varphi(\omega_c)90° - \tan^{-1}\frac{\omega_c}{2\xi\omega_n} = \tan^{-1}\frac{2\xi\omega_n}{\omega_c}$

将 $\omega_c = \sqrt{-2\xi^2 + \sqrt{4\xi^4 + 1}} \times \omega_n$ 代入上式得

$$\gamma = \tan^{-1}\frac{2\xi}{\sqrt{-2\xi^2 + \sqrt{4\xi^4 + 1}}}$$

从而得到相角裕度 γ 与系统阻尼比 ξ 的关系。

在时域分析中知道超调量 $\sigma\%$ 与阻尼比 ξ 的关系是

$$\sigma\% = e^{-\frac{\pi\xi}{\sqrt{1-\xi^2}}} \times 100\%$$

相角裕度 γ、超调量 $\sigma\%$ 和阻尼比 ξ 关系曲线见图 5－39。

由图 5－39 可以看出，γ 愈小，$\sigma\%$ 愈大；γ 愈大，$\sigma\%$ 愈小。为使二阶系统不致于振荡太厉害，以及调节时间太长，一般 $30° \leqslant \gamma \leqslant 70°$。

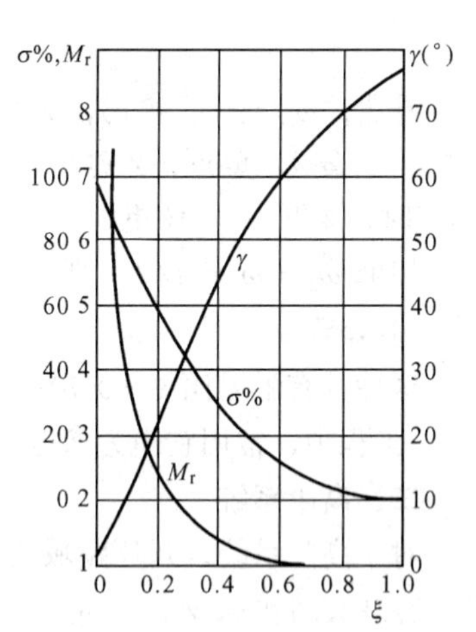

图 5－39　γ、$\sigma\%$ 和 ξ 关系曲线

2. 相角裕度 γ、截止频率 ω_c 与调节时间 t_s 之间关系

在时域分析中得知

$$t_s \approx \frac{3}{\xi\omega_n}$$

将 $\omega_c = \omega_n\sqrt{-2\xi^2 + \sqrt{4\xi^4 + 1}}$ 代入上式得

$$t_s\omega_c = \frac{3}{\xi}\sqrt{-2\xi^2 + \sqrt{4\xi^4 + 1}}$$

由 $\gamma = \tan^{-1}\frac{2\xi}{\sqrt{-2\xi^2 + \sqrt{4\xi^4 + 1}}}$ 可得

$$t_s\omega_c = \frac{6}{\tan\gamma}$$

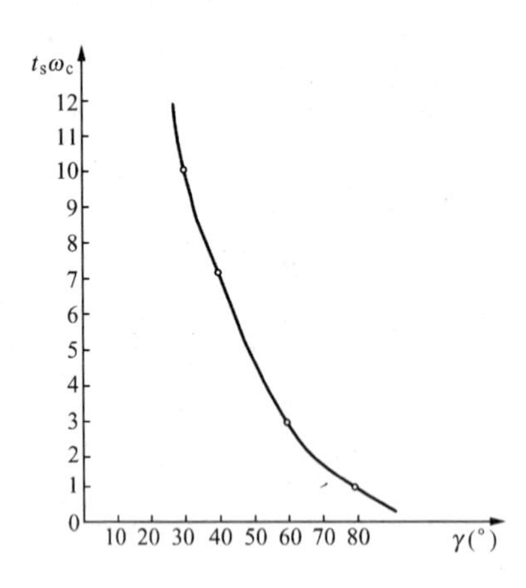

图 5-40 γ、ω_c、t_s 的关系曲线

相角裕量度 γ、截止频率 ω_c 与调节时间 t_s 之间关系曲线如图 5-40 所示。

【例 5-16】 某二阶系统的结构如图 5-41 所示，试分析其开环频率指标与时域指标关系。

解 系统开环传递函数为

$$G(s)=\frac{K_cK_sa}{T_is(T_as+1)}=\frac{K}{s(T_as+1)}$$

式中 $K=\dfrac{K_cK_sa}{T_i}$

惯性环节转折频率为 $\omega_2=1/T_a$。如果取定 $\omega_2=2\omega_c=2K$，则对数幅频特性如图 5-42 所示。对应的相角裕度 γ 为

$$\gamma=180°+\varphi(\omega_c)=180°+\left(-90°-\arctan\frac{\omega_c}{\omega_2}\right)$$

$$=\arctan\frac{\omega_2}{\omega_c}=\arctan 2=63.4°$$

依图 5-40 可得 $\xi=0.707$，$\sigma\%=4.3\%$ 。依图 5-40 "$t_s\omega_c$ 与 γ 关系" 曲线可得 $t_s\omega_c=3$，所以

$$t_s=\frac{3}{\omega_c}=\frac{6}{\omega_2}=6T_a$$

显然，ω_2 离 ω_c 愈远，γ 愈大，$\sigma\%$ 愈小。反之，ω_2 靠 ω_c 愈近，γ 愈小，$\sigma\%$ 愈大。当 $\omega_2<\omega_c$ 时，γ 更小，$\sigma\%$ 更大。

如果 $\omega_2=\omega_c=1/T_a$，则 $\gamma=45°$，$\xi=0.5$，$\sigma\%=16.3\%$ 。

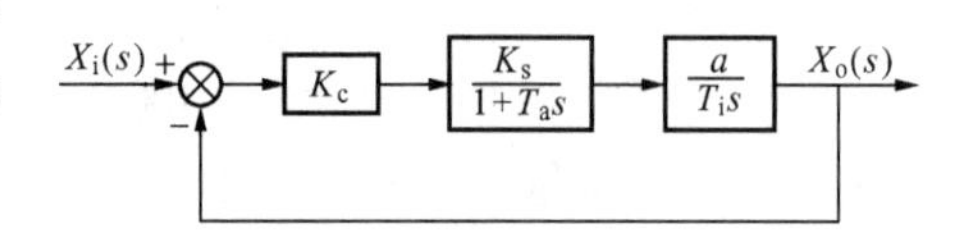

图 5-41 例 5-16 系统结构图

这种具有阻尼比 $\xi=0.707$，即转折频率是截止频率 2 倍的系统，称其为"二阶最佳系统"。工程中，常用它作为参考模型来绘制希望的对数幅频特性曲线。

二、高阶系统

对于高阶系统，开环频域指标与时域指标之间没有准确的关系式。但是大多数实际系统，开环频域指标 γ 和 ω_c 能反映系统动态基本性能。通过对大量系统的研究，开环频域指标与时域指标的近似关系有如下两个关系式

$$\sigma\%=0.16+0.4\left(\frac{1}{\sin\gamma}-1\right)\qquad(34°\leqslant\gamma\leqslant 90°)$$

$$t_s=\frac{K\pi}{\omega_c}$$

其中 $$K=2+1.5\left(\frac{1}{\sin\gamma}-1\right)+2.5\left(\frac{1}{\sin\gamma}-1\right)^2\qquad(34°\leqslant\gamma\leqslant 90°)$$

将上式表示的关系绘成曲线，如图 5-43 所示。

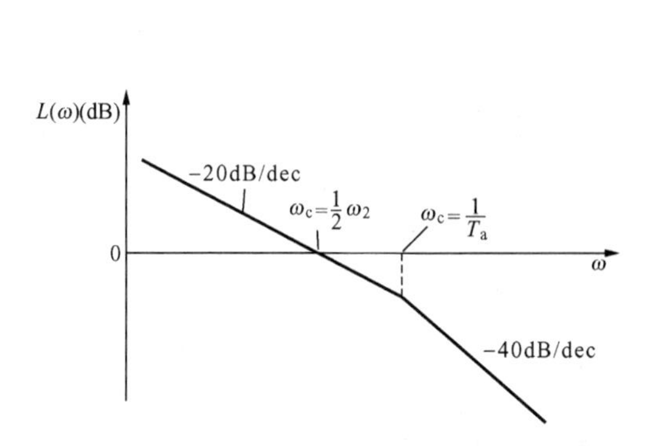

图 5-42 例 5-16 二阶系统对数幅频特性

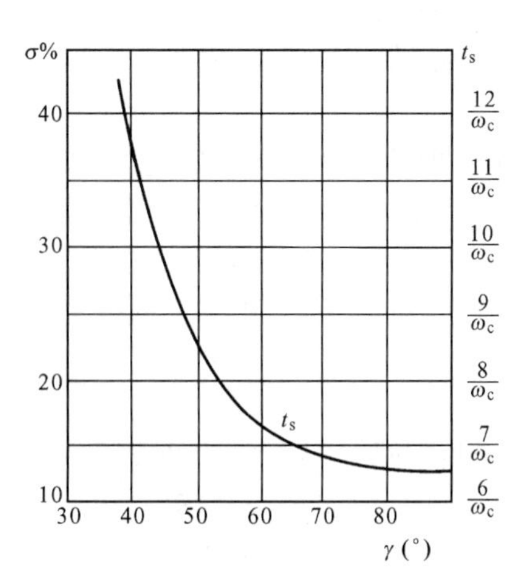

图 5-43 γ、ω_c 与 $\sigma\%$、t_s 关系曲线

可以看出，超调量 $\sigma\%$随相角裕度 γ 的减小而增大；调节时间 t_s 随 γ 的减小而增大，但随 ω_c 的增大而减小。

由上面对二阶系统和高阶系统的分析可知，系统的开环频率特性反映了系统的闭环响应特性。对于最小相位系统，由于开环幅频特性与相频特性有确定的关系，相角裕度 γ 取决于系统开环对数幅频特性的形状，其中开环对数幅频特性中频段（截止频率 ω_c 附近的区域）的形状，对相角裕度影响最大，因此闭环系统的动态性能主要取决于开环对数幅频特性的中频段。

5.5.3 开环频域性能指标与中频段特性

上面介绍的反映系统动态性能的频域指标，从它们的定义或图 5-35 均可看出，这些性能指标，都处于开环对数幅频特性截止频率 ω_c 附近的区域。通常工程上把这一区域称为频率特性的“中频区”。把中频区以前的区段，或第一个转折频率以前的区段称为“低频区”。中频区以后的区段称为“高频区”。因此，可以说中频区集中地反映了控制系统的动态性能。下面对最小相位系统的三种中频特性进行简单分析说明。

一、斜率为-20dB/dec 的中频段

当中频段的宽度 h 足够大，以至可认为低频段和高频段斜率对 ω_c 附近的相频特性影响可忽略。这种情况下的相频特性，在 ω_c 附近几乎为-90°。就动态性能而言，可近似认为系统的整个特性为一条斜率是-20dB/dec 的直线。其对应的传递函数为

$$G(s) \approx \frac{K}{s} = \frac{\omega_c}{s}$$

对于单位反馈系统，闭环传递函数为

$$\Phi(s) = \frac{G(s)H(s)}{1+G(s)H(s)} = \frac{G(s)}{1+G(s)} \approx \frac{\omega_c/s}{1+\omega_c/s} = \frac{1}{\dfrac{1}{\omega_c}s+1}$$

相当于一阶系统，在单位阶跃输入下，系统的输出没有超调，没有振荡，而调节时间 $t_s \approx 3/\omega_c$。因此截止频率 ω_c 愈高，t_s 愈小，系统的快速性愈好。

上面的分析表明，若中频段的斜率为 -20dB/dec，中频宽较大，截止频率较高，系统将具有较好的动态性能，超调量较小和过度过程的时间会较短。

二、斜率为 -40dB/dec 的中频段

当中频段的宽度 h 足够大，就动态性能而言，可近似认为系统的整个特性为一条斜率是 -40dB/dec 的直线。其对应的传递函数为

$$G(s) \approx \frac{K}{s^2} = \frac{\omega_c^2}{s^2}$$

对于单位反馈系统，闭环传递函数为

$$\Phi(s) = \frac{G(s)H(s)}{1 + G(s)H(s)} = \frac{G(s)}{1 + G(s)} \approx \frac{\omega_c^2/s^2}{1 + \omega_c^2/s^2} = \frac{\omega_c^2}{s^2 + \omega_c^2}$$

相当于阻尼系数 $\xi = 0$ 的二阶系统。系统处于临界稳定状态，动态过程呈现持续振荡。

上面分析表明，若中频段的斜率为 -40dB/dec，则中频段的宽度 h 不能过宽。否则，超调量会很大，过渡过程时间会很长。

三、斜率为 -60dB/dec（甚至更陡）的频段

相角裕度 γ 将会为负值。闭环系统会不稳定。

综合以上的分析，可以得出：要使控制系统获得良好的动态性能，系统的开环对数幅频特性中频区即截止频率 ω_c 附近的斜率必须为 -20dB/dec，而且要有一定的宽度（通常 h 取 5 ~ 10）；系统的开环截止频率 ω_c 的高低，反映了系统响应过程的快慢，故可以提高 ω_c 来保证系统的快速性。

频率特性的低频区特性，反映了控制系统的稳态性能，即系统的控制精度；其中频区特性反映了控制系统的相对稳定性，即系统的动态性能；对于高频区特性，对数幅频已完全处于横轴下方，且其下降斜率一般比较大，如 -60dB/dec　-80dB/dec，甚至更大，是一个负的分贝数。这就说明，高频区特性对于较高频率的信号表现出较强的衰减特性。可见，开环对数幅频特性的高频区反映了控制系统抗高频干扰的能力。

对于三个频段的划分并没有严格的确定准则。但是，三频段的概念，为直接利用开环对数频率特性来分析稳定的闭环系统的动、静态性能，指出了原则和方向。

5.6 用闭环频率特性分析系统的动态性能

利用系统开环频率特性分析和估算系统的性能，是比较简单一种方法。在工程实践中，为了进一步分析和设计系统，经常利用系统闭环频率特性。

5.6.1 闭环频率特性

对于单位反馈系统，开环频率特性与闭环频率特性的关系是

$$\Phi(j\omega) = \frac{G(j\omega)}{1 + G(j\omega)}$$

以指数形式表示 $$\Phi(\mathrm{j}\omega)=M(\omega)\mathrm{e}^{\mathrm{j}\alpha(\omega)}$$

式中 $M(\omega)$——系统闭环幅频特性，$M(\omega)=\dfrac{|G(\mathrm{j}\omega)|}{|1+G(\mathrm{j}\omega)|}$；

$\alpha(\omega)$——系统闭环相频特性，$\alpha(\omega)=\angle\dfrac{G(\mathrm{j}\omega)}{1+G(\mathrm{j}\omega)}$。

这样，在开环频率特性图上，测量出不同频率的向量 $G(\mathrm{j}\omega)$ 和 $1+G(\mathrm{j}\omega)$ 的大小和相角，就可以求出闭环频率特性。

对于非单位反馈系统，其闭环频率特性为

$$\Phi(\mathrm{j}\omega)=\frac{G(\mathrm{j}\omega)}{1+G(\mathrm{j}\omega)H(\mathrm{j}\omega)}=\frac{1}{H(\mathrm{j}\omega)}\left[\frac{G(\mathrm{j}\omega)H(\mathrm{j}\omega)}{1+G(\mathrm{j}\omega)H(\mathrm{j}\omega)}\right]$$

因此，对于非单位反馈系统，可以先按照上述方法求 $\dfrac{G(\mathrm{j}\omega)H(\mathrm{j}\omega)}{1+G(\mathrm{j}\omega)H(\mathrm{j}\omega)}$，然后，再根据上式求得闭环频率特性。

5.6.2 闭环频域指标

闭环幅频特性典型的形状见图5-44。

由图5-44可见，闭环幅频特性的低频部分变化缓慢，较为平滑，随着 ω 的不断增大，幅频特性出现极大值，继而以较大的陡度衰减至零。这种典型的闭环幅频特性可用以下特征量来描述：

1. 零频幅值 M_0

零频幅值 M_0 是当 $\omega=0$ 时的闭环幅频特性值。

2. 谐振峰值 M_r

谐振峰值 M_r 是幅频特性极大值与零频幅值之比，即 $M_r=\dfrac{M_m}{M_0}$。对于单位反馈系统，当 $v=0$ 时，$M_0=\dfrac{K}{1+K}$（v 是开环系统串联积分环节的数目，K 是开环增益）；当 $v\geqslant 1$ 时，$M_0=1$，则谐振峰值 M_r 就是闭环幅频特性 $M(\omega)$ 的最大值。谐振峰值 M_r 表征了系统的相对稳定性。

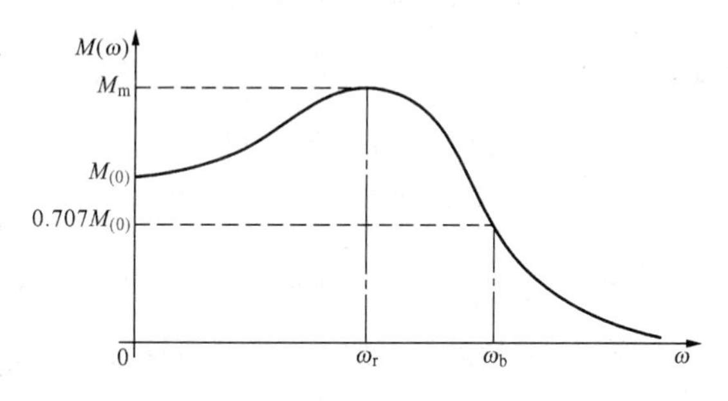

图5-44 闭环幅频特性典型的形状

3. 谐振频率 ω_r

谐振频率 ω_r 出现谐振峰值时的频率。它在一定程度上反映了系统暂态响应的速度。

4. 系统带宽 ω_b

闭环频率特性的幅值 $M(\omega)$ 减小到 $0.707M_0$ 时的频率，称为截止频率，用 ω_b 表示。频率范围 $0\leqslant\omega\leqslant\omega_b$ 称为系统带宽。带宽大，表明系统能通过较高频率的输入信号；带宽小，系统只能通过较低频率的输入信号。因此带宽大的系统，一方面重现输入信号的能力强；另一方面，抑制输入端高频噪声的能力弱。

用闭环频率特性分析系统的动态性能时，一般用谐振峰值 M_r 和截止频率 ω_b（或谐振频率 ω_r）作为闭环频域指标。

5.6.3 闭环频域性能指标与时域指标

一、二阶系统

闭环传递函数为

$$\Phi(s) = \frac{\omega_n^2}{s^2 + 2\xi\omega_n + \omega_n^2} \qquad (0 < \xi < 1)$$

对应上式写出典型二阶系统的闭环频率特性为

$$\Phi(j\omega) = \frac{\omega_n^2}{(j\omega)^2 + 2\xi\omega_n(j\omega) + \omega_n^2} = \frac{\omega_n^2}{(\omega_n^2 - \omega^2) + j2\xi\omega_n\omega}$$

1. M_r 与 $\sigma\%$ 的关系

典型二阶系统的闭环幅频特性为

$$M(\omega) = \frac{\omega_n^2}{\sqrt{(\omega_n^2 - \omega^2)^2 + (2\xi\omega_n\omega)^2}}$$

谐振频率为

$$\omega_r = \omega_n\sqrt{1 - 2\xi^2} \qquad (0 \leqslant \xi \leqslant 0.707)$$

幅频特性峰值即是谐振峰值 M_r 为

$$M_r = \frac{1}{2\xi\sqrt{1 - \xi^2}} \quad (0 \leqslant \xi \leqslant 0.707)$$

当 $\xi > 0.707$ 时，ω_r 为虚数，说明不存在谐振峰值，幅频特性单调衰减。$\xi = 0.707$ 时，$\omega_r = 0$，$M_r = 1$。$\xi < 0.707$ 时，$\omega_r > 0$，$M_r > 1$。$\xi \to 0$ 时，$\omega_r \to \omega_n$，$M_r \to \infty$。

将 $M_r = \dfrac{1}{2\xi\sqrt{1-\xi^2}}$ 所表示的 M_r 与 ξ 的关系绘出，可见图 5-39。由图明显看出，M_r 越小，系统阻尼性能越好。如果谐振峰值较高，系统动态过程超调大，收敛慢，平稳性及快速性都差。

2. M_r、ω_b 与 t_s 的关系

在带宽频率 ω_b 处，典型二阶系统闭环频率特性的幅值为

$$M(\omega_b) = \frac{\omega_n^2}{\sqrt{(\omega_n^2 - \omega_b^2)^2 + (2\xi\omega_n\omega_b)^2}} = 0.707$$

解出 ω_b 与 ω_n、ξ 的关系为

$$\omega_b = \omega_n\sqrt{1 - 2\xi^2 + \sqrt{2 - 4\xi^2 + 4\xi^4}}$$

$$t_s \approx \frac{3}{\xi\omega_b}\sqrt{1 - 2\xi^2 + \sqrt{2 - 4\xi^2 + 4\xi^4}}$$

二、高阶系统

对于高阶系统难以找出闭环频域指标和时域指标之间的确切关系。但如果高阶系统存在

一对共扼复数闭环主导极点，可针对二阶系统建立的关系近似采用。通过对大量系统的研究，归纳出以下两个近似的数学关系式，即

$$\sigma\% = 0.16 + 0.4(M_r - 1) \quad (1 \leqslant M_r \leqslant 1.8)$$

和
$$t_s = \frac{K\pi}{\omega_c}$$

式中
$$K = 2 + 1.5(M_r - 1) + 2.5(M_r - 1)^2 \quad (1 \leqslant M_r \leqslant 1.8)$$

$\sigma\% = 0.16 + 0.4\ (M_r - 1)$ 表明，高阶系统的 $\sigma\%$ 随着 M_r 增大而增大；

$t_s = \dfrac{K\pi}{\omega_c}$ 表明，调节时间 t_s 随着 M_r 增大而增大，而随着 ω_c 增大而减小。

5.6.4 开环频域指标和闭环频域指标的关系

1. 相角裕度 γ 与谐振峰值 M_r 的关系

相角裕度 γ 和谐振峰值 M_r 都可以反映系统超调量的大小，表征系统的平稳性。

(1) 对于二阶系统，通过图5-39中的曲线可以看到 γ 与 M_r 之间的关系。

(2) 对于高阶系统，可通过图5-45找出它们之间的近似关系。

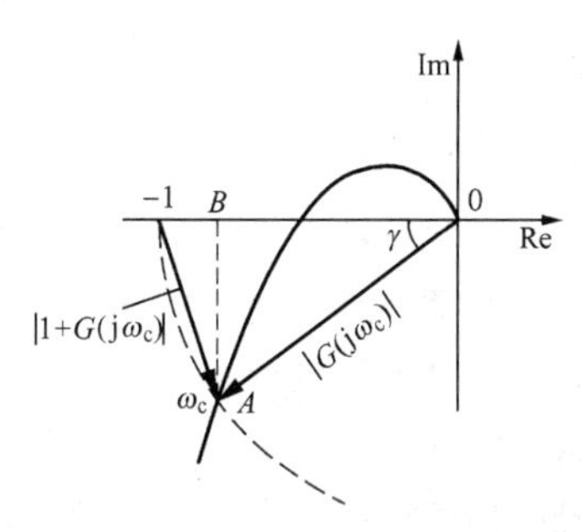

图5-45　γ 与 M_r 的关系

假设 M_r 出现在 ω_c 附近（即 ω_r 接近 ω_c），就是说可以用 ω_c 代替 ω_r 来计算谐振峰值 M_r，并且在 γ 较小时，可近似认为 $AB = |1 + G(j\omega_c)|$，于是有：

$$M_r \approx \frac{|G(j\omega_c)|}{|1 + G(j\omega_c)|} \approx \frac{|G(j\omega_c)|}{AB} = \frac{|G(j\omega_c)|}{|G(j\omega_c)|\sin\gamma} = \frac{1}{\sin\gamma}$$

故在 γ 较小时，上式准确度较高。

2. 谐振频率 ω_c 与截止频率 ω_b 的关系

对于二阶系统，ω_c 和 ω_b 的关系可表示为

$$\frac{\omega_b}{\omega_c} = \sqrt{\frac{1 - 2\xi^2 + \sqrt{2 - 4\xi^2 + 4\xi^4}}{-2\xi^2 + \sqrt{4\xi^4 + 1}}}$$

可见 ω_b 与 ω_c 的比值是 ξ 的函数。

小　　结

本章涉及的主要概念和问题如下：

1. 频率特性反映线性系统在三角函数信号的作用下，其稳态输出与输入之比对频率的关系特性。它反映了系统动态过程的性能。系统的频率特性与传递函数具有下面简单的关系：

$$G(j\omega) = G(s)|_{s=j\omega}$$

许多系统或元器件的频率特性可用实验方法测定，在难以用解析的方法确定系统特性的情况下，这一点具有特别重要的意义。

2. 系统是由若干典型环节所组成。熟悉了典型环节的频率特性以后，不难绘制系统开环频率特性。

系统的频率特性一般分为幅频特性和相频特性。幅频特性表示系统稳态输出的幅值与输入信号的幅值之比随输入信号频率变化的关系特性；相频特性表示系统稳态输出信号的相位与输入信号的相位之差随输入信号频率变化的关系特性。即对于频率特性为

$$G(j\omega)=\frac{X_o(j\omega)}{X_i(j\omega)}=\frac{|X_o(j\omega)|e^{j\varphi_o(\omega)}}{|X_i(j\omega)|e^{j\varphi_i(\omega)}}=|G(j\omega)|e^{j\varphi(\omega)}$$

其幅频特性为 $$|G(j\omega)|=A(\omega)=\frac{|X_o(j\omega)|}{|X_i(j\omega)|}$$

其相频特性为 $$\varphi(\omega)=\varphi_o(\omega)-\varphi_i(\omega)$$

3. 系统频率特性的图形表示方法主要有两种：极坐标图法和对数频率特性图法。系统频率特性的极坐标图又称为 Nyquist 图，它是变量 s 沿复平面上的虚轴变化时在 $G(s)$ 平面上得到的映射。系统的对数频率特性图又称为 Bode 图，它是将系统的幅频特性和相频特性分别画出的一种图形表示，分别称为对数幅频特性图和（对数）相频特性图。Nyquist 图和 Bode 图在本质上是一回事，都是描述系统的开环特性。由于采用的坐标系不同，使 Nyquist 图便于对系统进行理论分析，Bode 图便于工程实际应用。

4. 若系统传递函数的极点和零点都位于 s 左平面，这种系统称为最小相位系统，反之，若有位于 s 右平面的极点和零点，称为非最小相位系统。对于最小相位系统，其对数幅频特性图与相频特性图具有确定的对应关系。

5. 频率特性法是一种图解分析法。依据系统开环频率特性可以定性地判断比环系统的稳定性，而且能够定量地反映系统的相对稳定性，即稳定程度。其物理意义是明确的，依此提出了相对稳定性的概念，给出了衡量系统相对稳定性的参数：幅值裕量 K_g 和相角裕度 γ。

6. 将频率特性的曲线分成低、中、高三个频段，不仅便于图形的绘制，而且对分析系统的参量对时域响应的影响，进而指出改善系统性能的途径具有重要的意义。频率特性的低频区特性反映了控制系统的稳态性能，即系统的控制精度；中频区特性反映了控制系统的相对稳定性和快速性，即系统的动态性能；对于高频区特性反映了控制系统抑制高频干扰的能力。

7. 系统的频域响应特性与时域响应特性有着密切的关系，这种关系可归结为反映系统性能的频域指标与时域指标的关系。它对于一阶和二阶系统是确定的，而时于高阶系统，由于其复杂性很难建立起确切的关系。

频域分析法是分析系统性能的间接方法，它以图解法为主要的分析手段。因此，它是一种近似的分析方法，也是控制系统分析最常用的方法。它可以根据开环频率的相角裕度 γ、截止频率 ω_c 和闭环频率特性的谐振峰值 M_r、谐振频率 ω_r 和带宽频率 ω_b 的数值，来估算系统时域响应的性能指标。

习　　题

5-1　已知单位反馈控制系统的开环传递函数为 $G(s)=\dfrac{10}{1+s}$，当输入下列正弦信号时，求系统的稳态输出 $C(t)$。

(1) $r(t)=3\sin(t+30°)$；

(2) $r(t)=2\cos(2t-45°)$；

(3) $r(t)=\sin(t+30°)-2\cos(2t-45°)$。

5-2　已知系统的开环传递函数如下，试绘制出系统频率特性的极坐标图。

(1) $G(s)=\dfrac{K}{s^2}$；

(2) $G(s)=\dfrac{1}{(s+1)(2s+1)}$；

(3) $G(s)=\dfrac{250}{s(s+5)(s+15)}$。

5-3　已知系统的开环传递函数如下，试绘出系统的 Bode 图。

(1) $G(s)=\dfrac{10}{2s+1}$；

(2) $G(s)=\dfrac{2}{(2s+1)(8s+1)}$；

(3) $G(s)=\dfrac{200}{s(s+1)(10s+1)}$；

(4) $G(s)=\dfrac{2083(s+3)}{s(s^2+20s+625)}$。

5-4　设系统的开环对数幅频特性分段直线近似表示如图 5-46 所示（设为最小相位系统），试写出系统的开环传递函数。

5-5　已知系统的开环幅相频率特性曲线如图 5-47 所示，试判别各闭环系统的稳定性。图中 p 表示系统开环极点在右半 s 平面上的数目。若闭环系统不稳定性，试计算在右半 s 平面上的闭环极点数。

5-6　已知系统的开环传递函数如下：

(1) $G(s)=\dfrac{6}{s(0.25s+1)(0.06s+1)}$；

(2) $G(s)=\dfrac{75(0.2s+1)}{s^2(0.025s+1)(0.006s+1)}$。

试绘出系统的 Bode 图，求系统的相角裕度 γ 和幅值裕量 K_g，并判别其闭环系统的稳定性。

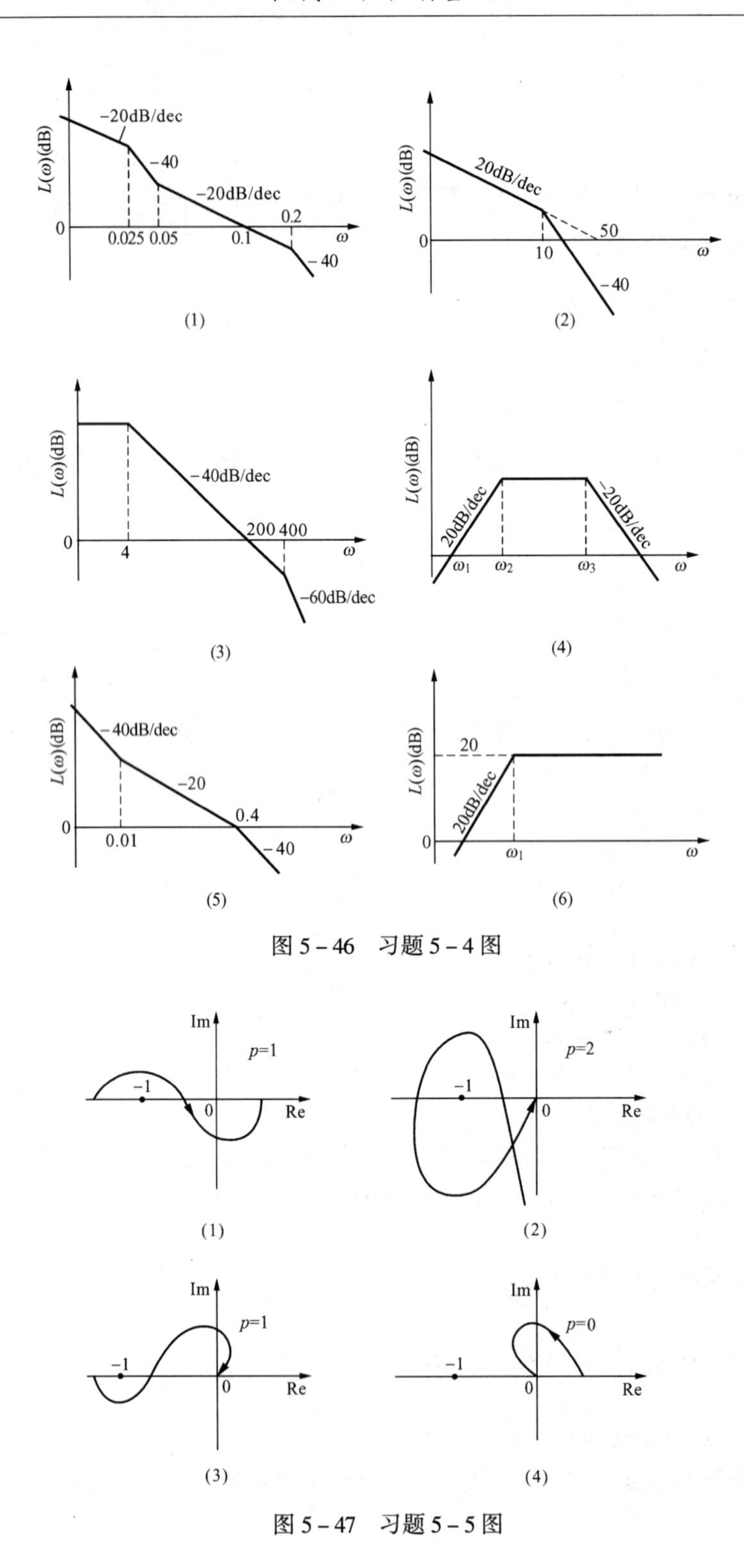

图 5-46 习题 5-4 图

图 5-47 习题 5-5 图

5－7　已知系统的开环传递函数如下：

(1) $G(s)=\dfrac{10}{s(1+0.5s)(1+0.1s)}$；

(2) $G(s)=\dfrac{75(0.2s+1)}{s(s^2+16s+100)}$。

试绘出系统的 Bode 图，并确定幅值穿越频率 ω_c 的值。

5－8　系统如图 5－48 所示：

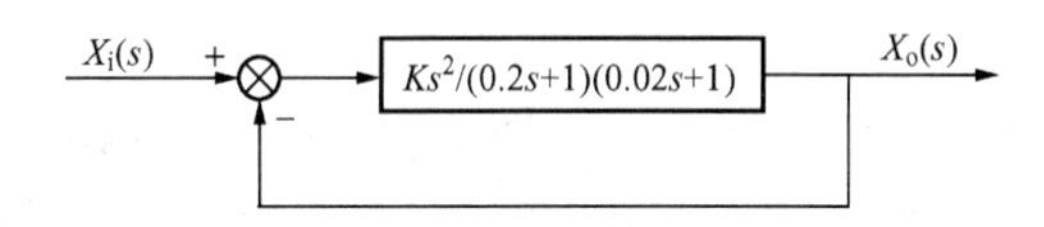

图 5－48　习题 5－8 图

试绘出系统的 Bode 图，并确定幅值穿越频率 $\omega_c=5\text{rad/s}$ 时的 K 值。

5－9　已知单位反馈系统的开环传递函数为 $G(s)=\dfrac{16}{s(s+2)}$，试绘制出系统闭环频率特性并计算出系统的谐振频率 ω_r 和谐振峰值 M_r。

5－10　单位反馈控制系统的开环传递函数为 $G(s)=\dfrac{7}{s(0.087s+1)}$，试用频域与时域关系超调量 $\sigma\%$ 及调节时间 t_s。

第 6 章

控制系统的校正

前几章我们学习了控制系统的分析问题，即如果一个系统的结构及参数已经给定，我们就可以建立起系统的数学模型，并用时域法、频率法或根轨迹法对系统的响应特性和性能指标进行分析和计算，这就是系统分析。在工程实践中，若给定系统不能满足所要求的性能指标，则必须对系统进行修正设计，在原系统中加入某种机械或电子装置，使系统整个特性发生变化，以满足所要求的各项性能指标。这样的工程方法，就是系统的校正。

在这一章中，将介绍校正的一般概念、常用的校正装置及其特性。介绍串联校正及并联校正的作用，并通过典型实例了解控制系统校正参数的设计。

6.1 控制系统校正的一般概念

6.1.1 系统校正和校正装置

自动控制系统是为了完成实际工程中的某种功能而设计的。当针对实际工程中的被控制对象制订出相应的性能指标后，即可着手控制系统的初步设计工作，并由此确定组成控制系统的执行机构部件、测量元件及放大器。选择或设计的这些元部件构成了系统的“原有部分”，除放大器增益外，其结构和参数不能任意改变。但是，由“原有部分”组成的系统，一般不能同时满足各项性能指标要求，甚至控制系统可能不稳定。为此，必须在系统中加入一些特性易于改变的装置，用以局部修改系统的数学模型，达到改善系统性能的目的，并使最后的系统满足要求。这一改善系统性能的措施称为系统校正。把为此目的而增加的附加装置叫做校正装置或校正环节。由于系统的“原有部分”不可随意改变，因此，从某种意义上说，控制系统的初步设计问题主要归结为校正装置的设计。

6.1.2 性能指标

对控制系统的一般要求，体现在对系统稳态和动态相应的各项性能指标中，性能指标是系统校正的依据。

通常情况下，在没有外作用时，系统处于平衡状态，系统的输出保持原来状态。当系统受到外作用时，其输出量必将发生相应变化。由于系统中包含有惯性或贮能特性的元件，因此输出量的变化不可能立即发生，而是有一个过渡过程。过渡过程的性能是衡量自动控制系统质量的重要标志，它反映了对系统性能的动态要求。

对一个控制系统来说，首先要求它必须是稳定的。图6－1表示的是控制系统受到突变的常值外作用时，输出量的三种过渡过程情况。要求系统稳定，是保证控制系统能正常工作的必要条件。其次，要求控制系统的过渡过程有较好的快速性和适当的衰减振荡特性。最后，当控制系统输出量的过渡过程结束后，要求输出量最终应准确地达到希望值，否则将产生稳态误差。系统的稳态误差应满足给定数值的要求，这是衡量控制系统准确度的标志。

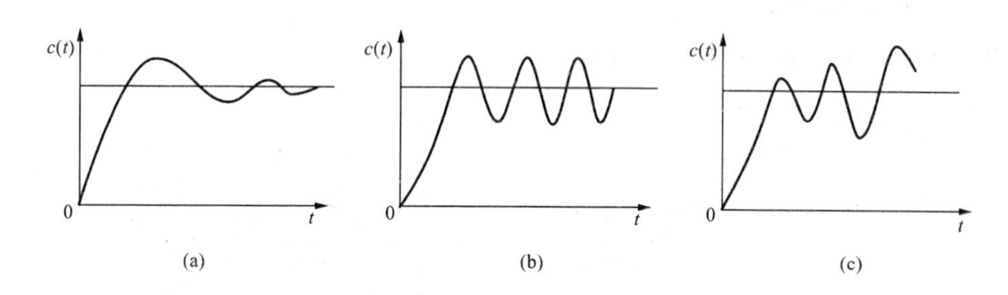

图6－1 控制系统输出量的三种过渡过程

(a) 收敛；(b) 等幅振荡；(c) 发散

按照给定的控制任务，设计一个既满足稳定性要求同时又满足稳态误差和过渡过程性能指标要求的控制系统，是工程设计人员必须解决的课题。

系统的性能指标分为稳态性能指标与动态性能指标。

一、稳态性能指标

e_{ss}——稳态误差，它是系统对于跟踪给定信号准确性的定量描述，其定义式为 $e_{ss}=\lim\limits_{t\to\infty} e(t)$；

K_p——位置误差系数；

K_v——速度误差系数；

K_a——加速度误差系数。

二、动态性能指标

动态性能指标又分为时域指标和频域指标。

1. 时域动态性能指标

t_s——调整时间；

t_r——上升时间；

t_p——峰值时间；

t_d——延迟时间；

$\sigma_p\%$——超调量。

2. 频域动态性能指标

频域动态指标又有开环频域指标和闭环频域指标。

开环频域指标有：

ω_c——开环截止频率；

γ——相角稳定裕量；

h——幅值稳定裕量。

闭环频域指标有：

ω_b——闭环截止频率；

ω_r——闭环谐振频率；

M_r——闭环谐振幅值。

频域指标的各个参量见图 6-2 所示。

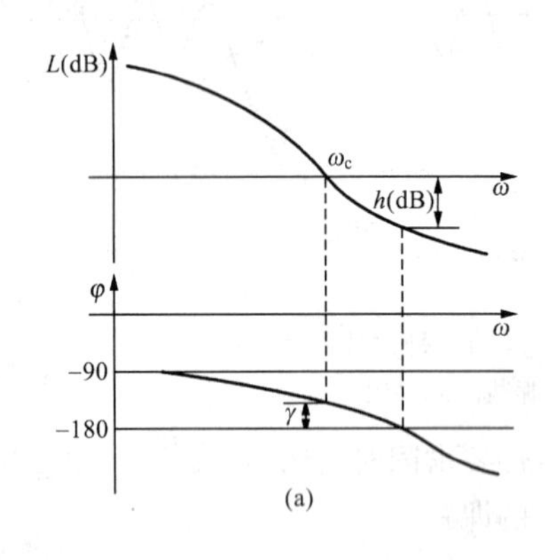

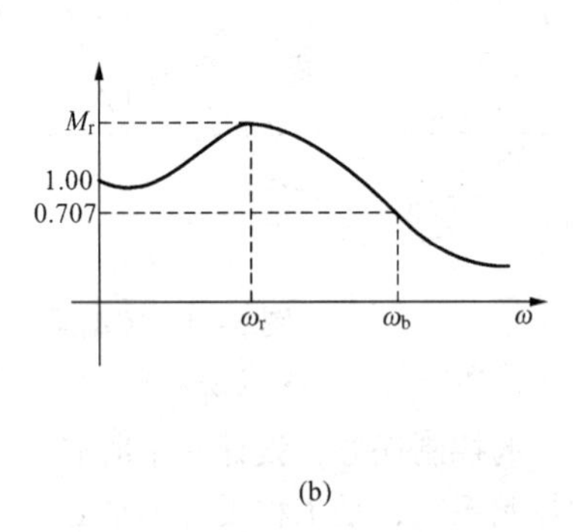

图 6-2　频率指标

(a) 开环对数频率特性；(b) 闭环幅频特性曲线

上述时域性能指标和频域性能指标是从不同的角度提出的，但都是对系统动态性能的评价尺度。如 t_s、ω_c、ω_b 直接或间接反映了系统动态响应的快慢，σ_p、γ、M_r 直接或间接反映了系统动态响应的振荡程度。因此它们之间必然存在着内在联系，性能指标之间可以进行换算。对于二阶系统，指标之间的换算，可以通过 ξ 和 ω_n 二个特征参数，用准确的数学式表示出来。

时域指标

$$t_s = \frac{4}{\xi\omega_n} \tag{6-1}$$

$$\sigma_p\% = e^{-\xi\pi}/\sqrt{1-\xi^2} \times 100\% \tag{6-2}$$

开环频域指标

$$\omega_c = \omega_n\sqrt{\sqrt{1+4\xi^4}-2\xi^2} \tag{6-3}$$

$$\gamma = \tan^{-1}\frac{2\xi}{\sqrt{\sqrt{1+4\xi^4}-2\xi^2}} \tag{6-4}$$

闭环频域指标

$$\omega_b = \omega_n\sqrt{(1-2\xi^2)+\sqrt{2-4\xi^2+4\xi^4}} \tag{6-5}$$

$$M_r = \frac{1}{2\xi\sqrt{1-\xi^2}} \tag{6-6}$$

对于三阶及以上的高阶系统没有简单的换算公式，一般用经验公式进行估算，但有局限性。另外，性能指标不应当比完成给定任务所需要的指标更高，因为对于过高的性能指标，需要采用昂贵的元器件。

6.1.3　校正方式

校正装置接入系统的方法叫校正方式。常用的校正方式有串联校正、并联校正和复合控制校正三种。

一、串联校正

如果校正装置 $G_c(s)$ 与前向通道部分 $G(s)$ 串联连接，则这种校正方式称为串联校正，如图 6－3（a）所示。

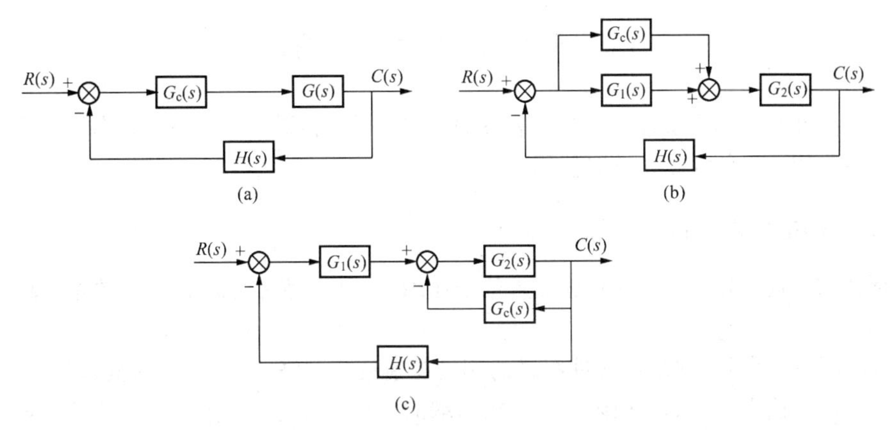

图 6－3　控制系统的校正方式

二、并联校正

并联校正又包括前馈校正和反馈校正。

1. 前馈校正

如果校正装置 $G_c(s)$ 与前向通道中某一个或几个环节并联，则称为前馈校正，如图 6－3（b）所示。

2. 反馈校正

如果校正装置 $G_c(s)$ 接在系统的局部反馈通路之中，则称为反馈校正，如图 6－3（c）所示。

三、复合控制校正

除了上述几种校正方式外，目前在工程实践中，广泛采用一种复合控制的校正方式，如图 6－4 所示。

这种校正方式是在系统存在强干扰 $N(s)$，或系统的稳态精度和响应速度要求很高，一般的系统校正方法无法满足要求的情况下采用的。它是一种把开环控制和闭环控制有机结合

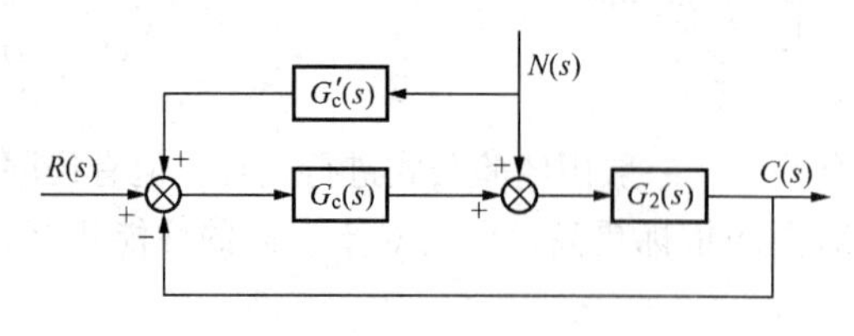

图 6-4 复合控制系统

起来的校正方法。

对于一个特定的系统来说，究竟采用哪种校正装置，取决于系统中的信号性质、设计者的经验、可供选用的元器件及经济性等。一般来说，串联校正易于实现，比较经济。串联校正装置又分无源和有源两类，无源串联校正装置比较简单，本身没有增益，且输入阻抗低输出阻抗高，因此需要附加放大器，以补偿其增益衰减，并进行前后级隔离。有源串联校正装置由运算放大器和 RC 网络组成，其参数可以随意调整，因此能比较灵活地获得各种传递函数，所以应用较为广泛。反馈校正时，信号从高能量级向低能量级传递，一般不必再进行放大，可以采用无源网络实现，这是反馈校正的优点。在校正性能指标较高的复杂控制系统时，常常同时采用串联校正和反馈校正两种方式。

6.2 常用校正装置及其特性

本节主要介绍常用无源及有源校正装置的电路形式、传递函数、对数频率特性及其在系统中所起的作用，以便校正系统时使用。

6.2.1 超前校正装置

所谓超前校正，是指系统在正弦输入信号作用下，其正弦稳态输出信号的相位超前于输入信号。

图 6-5 是一个用无源阻容元件组成的相位超前校正网络。图中 U_1 为输入信号，U_2 为输出信号。如果输入信号源的内阻为零，输出端的负载阻抗为无穷大，即不计负载效应，则此超前网络的传递函数可写为

$$G_c(s) = \frac{1}{\alpha}\frac{1+\alpha Ts}{1+Ts} \tag{6-7}$$

式中

$$\alpha = \frac{R_1+R_2}{R_2} > 1 \tag{6-8}$$

$$T = \frac{R_1R_2}{R_1+R_2}C \tag{6-9}$$

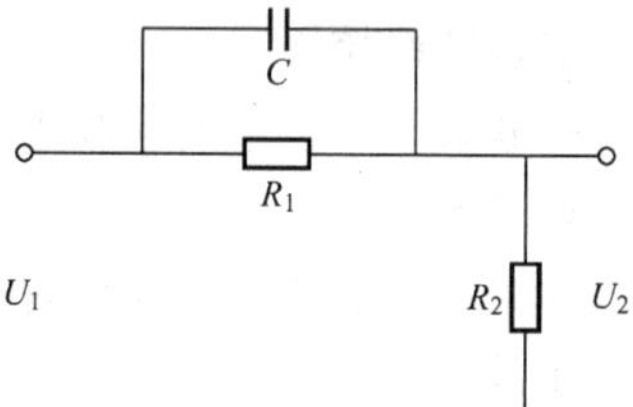

图 6-5 无源超前网络

式 (6-7) 表明，采用无源超前校正装置时，整个系统开环增益要下降 α 倍。因此为不影响系统的稳态精度，可在采用这个校正装置的同时，串联一个比例系数为 α 的放大器，以补偿这个衰减。现设该超前校正装置对开环增益的衰减已由提高放大器增益所补偿，则无源超前网络的传递函数可写为

$$\alpha G_c(s) = \frac{1+\alpha Ts}{1+Ts} \tag{6-10}$$

由此对应的频率特性为

$$\alpha G_c(j\omega) = \frac{1 + j\alpha T\omega}{1 + jT\omega} \tag{6-11}$$

其对数频率特性曲线如图6-6所示。显然，超前网络对频率在$\frac{1}{\alpha T}$至$\frac{1}{T}$之间的正弦输入信号有明显的微分作用，在该频率范围内，输出信号相位比输入信号相位超前。该超前校正装置的相频特性为

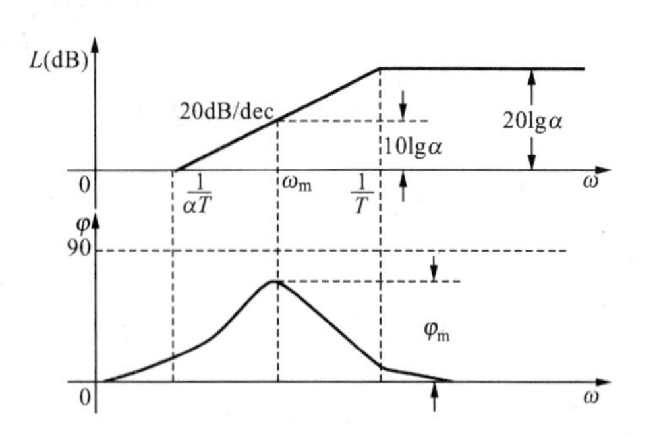

图6-6　无源超前网络$\frac{1+\alpha Ts}{1+Ts}$的对数频率特性

$$\varphi_c(\omega) = \tan^{-1}\alpha T\omega - \tan^{-1}T\omega = \tan^{-1}\frac{(\alpha - 1)T\omega}{1 + \alpha T^2\omega^2} \tag{6-12}$$

令 $d\varphi_c(\omega)/d\omega = 0$，可以求出最大超前角频率$\omega_m$为

$$\omega_m = \frac{1}{\sqrt{\alpha}T} \tag{6-13}$$

而ω_m正好是两个转折频率$\frac{1}{\alpha T}$和$\frac{1}{T}$的几何中心，这是因为$\frac{1}{\alpha T}$和$\frac{1}{T}$的几何中心为

$$\lg\omega = \frac{1}{2}\left(\lg\frac{1}{\alpha T} + \lg\frac{1}{T}\right) = \lg\frac{1}{\sqrt{\alpha}T} = \lg\omega_m$$

将式（6-13）代入式（6-12），得最大超前相角

$$\varphi_m = \arcsin\frac{\alpha - 1}{\alpha + 1} \tag{6-14}$$

式（6-14）表明，最大超前相角仅与α有关，它反映了超前校正的强度。α值选得越大，则超前网络的微分效应越强，通过网络后信号幅度衰减也愈严重，同时对抑制系统噪声也不利。为了保持较高的系统信噪比，实际选用的α值一般不大于20。

ω_m处的对数幅频值为

$$L_c(\omega_m) = 10\lg\alpha \tag{6-15}$$

图6-7是由运算放大器与无源网络组合的有源超前校正网络。由于运算放大器本身的放大系数K很大，于是网络的传递函数可以近似表示为输出电压U_c与反馈电压U_f之比，即

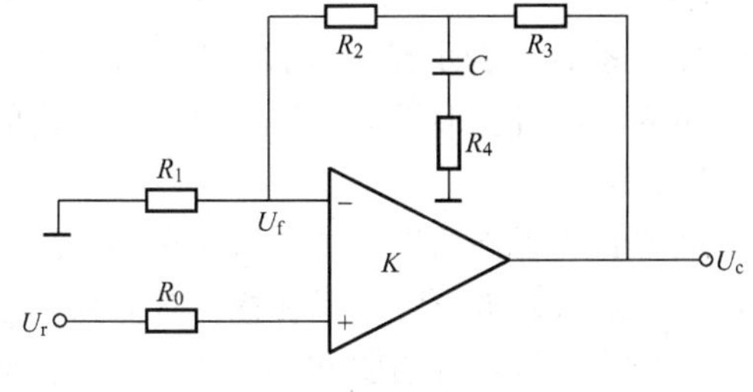

图6-7　有源超前网络

$$G_c(s) = \frac{U_c(s)}{U_r(s)} = \frac{U_c(s)}{U_f(s)}$$

根据图6-7可求出网络的传递函数为

$$G_c(s) = G_0\frac{1 + T_1 s}{1 + Ts} \tag{6-16}$$

式中
$$G_0 = \frac{R_1 + R_2 + R_3}{R_1} > 1$$

$$T_1 = \frac{(R_1 + R_2 + R_4)R_3 + (R_1 + R_2)R_4}{R_1 + R_2 + R_4}C \tag{6-17}$$

$$T = R_4 C$$

若满足条件
$$R_2 \gg R_3 > R_4$$
则
$$T_1 \approx (R_3 + R_4)C$$

设
$$\alpha = \frac{T_1}{T} = \frac{R_3 + R_4}{R_4} = 1 + \frac{R_3}{R_4} > 1$$
则
$$T_1 = \alpha T \tag{6-18}$$
将式（6-18）代入式（6-16），得
$$G_c(s) = G_0 \frac{1 + \alpha Ts}{1 + Ts} \tag{6-19}$$
同样，在调整系统开环增益以满足系统稳态精度的要求后，式（6-19）可写为
$$\frac{1}{G_0}G_c(s) = \frac{1 + \alpha Ts}{1 + Ts} \tag{6-20}$$
比较式（6-20）与式（6-10），二者形式完全相同。所以图 6-7 所示的有源超前网络的对数频率特性曲线与图 6-6 完全一样。

6.2.2 滞后校正装置

图 6-8 是一个无源滞后校正网络的电路图。如果输入信号源的内阻为零，负载阻抗为无穷大，可求得滞后网络的传递函数为
$$G_c(s) = \frac{U_2(s)}{U_1(s)} = \frac{1 + \beta Ts}{1 + Ts} \tag{6-21}$$

式中
$$\beta = \frac{R_2}{R_1 + R_2} < 1 \tag{6-22}$$
$$T = (R_1 + R_2)C \tag{6-23}$$

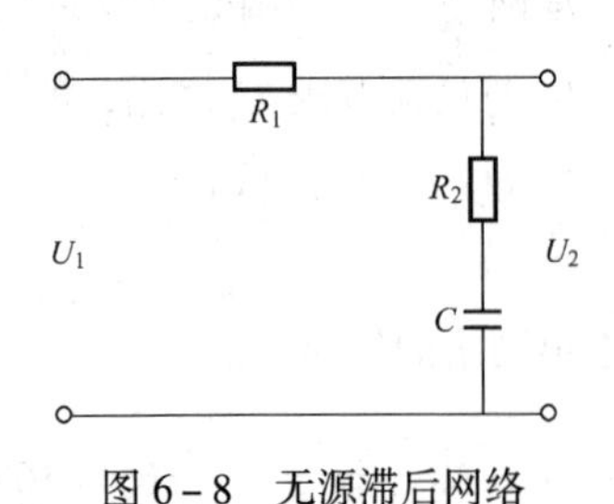

图 6-8 无源滞后网络

β 称为滞后网络的分度系数，表示滞后深度。比较式（6-10）和式（6-21）可知，两者在形式上一样，但滞后网络的 $\beta<1$，而超前网络的 $\alpha>1$。

由式（6-21）可画出无源滞后网络的对数频率特性如图 6-9 所示。由图可见，采用无源滞后校正装置，对低频信号不产生衰减，而对高频噪声信号有削弱作用，β 值越小，抑

制高频噪声的能力越强。校正网络输出信号的相位滞后于输入信号，呈滞后特性。与超前网络类似，滞后网络的最大滞后相位角 φ_m 位于$\frac{1}{T}$与$\frac{1}{\beta T}$的几何中心 ω_m 处，计算 ω_m 和 φ_m 的公式同前。

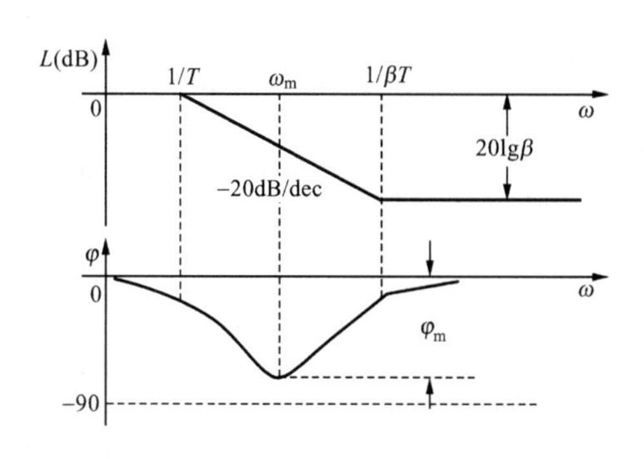

图 6－9 无源滞后网络的对数频率特性

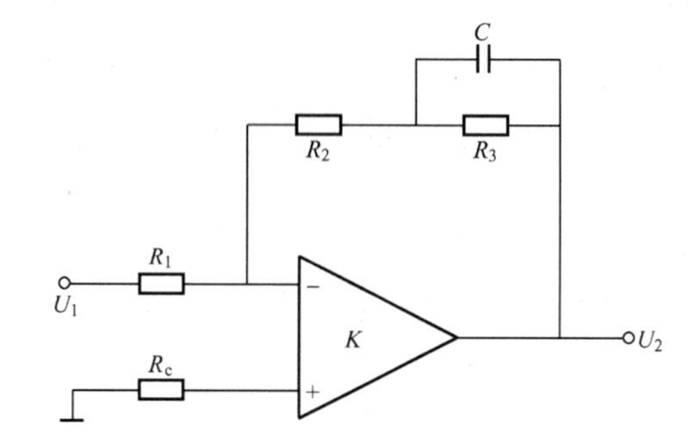

图 6－10 有源滞后网络

滞后网络的低通滤波特性，使得低频段的开环增益不受影响，但却降低了高频段的开环增益。为了较好的利用这一特性，对系统进行校正时应避免它的最大滞后角出现在已校正系统开环截止频率 ω_c'附近，以防对暂态响应产生不良影响。因此选择滞后网络参数时，总是使网络的第二个交接频率$\frac{1}{\beta T}$远小于 ω_c'。一般取

$$\frac{1}{\beta T} = \frac{\omega_c'}{10} \tag{6-24}$$

这时滞后校正装置在 ω_c'处产生的滞后相角为

$$\varphi(\omega_c') = \tan^{-1}(\beta T\omega_c') - \tan^{-1}(T\omega_c') \tag{6-25}$$

当 $\beta = 0.1$，$T\omega_c' = 10$ 时

$$\varphi(\omega_c') \approx -5.14°$$

可见对系统的相位稳定裕量不会产生大的影响。

图 6－10 示出了一个有源相位滞后网络。它的传递函数为

$$G_c(s) = G_0 \frac{1 + \beta Ts}{1 + Ts} \tag{6-26}$$

或

$$\frac{1}{G_0} G_c(s) = \frac{1 + \beta Ts}{1 + Ts} \tag{6-27}$$

式中

$$G_0 = \frac{R_2 + R_3}{R_1} \tag{6-28}$$

$$T = R_3 C \tag{6-29}$$

$$\beta = \frac{R_2}{R_2 + R_3} < 1 \tag{6-30}$$

可见与无源滞后网络的形式完全相同。

6.2.3 滞后—超前校正装置

当对校正后的系统的动态和稳态性能指标有较高要求时，单纯采用超前校正或滞后校正就难以满足，这时应考虑采用滞后—超前校正装置。

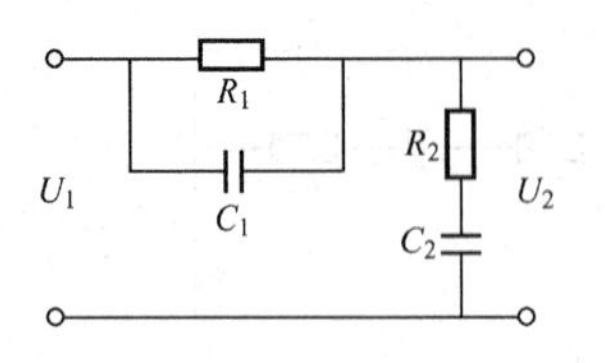

图 6-11 无源滞后—超前网络

图 6-11 是无源滞后—超前网络的电路图。其传递函数为

$$G_c(s) = \frac{(1+T_a s)(1+T_b s)}{T_a T_b s^2 + (T_a + T_b + T_{ab})s + 1} \tag{6-31}$$

式中

$$T_a = R_1 C_1 \tag{6-32}$$

$$T_b = R_2 C_2 \tag{6-33}$$

$$T_{ab} = R_1 C_2 \tag{6-34}$$

如果式（6-31）的分母具有两个不相等的负实根，则式（6-31）可改写为

$$G_c(s) = \frac{(1+T_a s)(1+T_b s)}{(1+T_1 s)(1+T_2 s)} \tag{6-35}$$

所以

$$T_1 T_2 = T_a T_b \tag{6-36}$$

$$T_1 + T_2 = T_a + T_b + T_{ab} \tag{6-37}$$

如果参数选择合适，可以使

$$T_1 > T_a > T_b > T_2$$

由式（6-36）可得

$$\frac{T_1}{T_a} = \frac{T_b}{T_2} = \alpha > 1 \tag{6-38}$$

于是无源滞后—超前网络的传递函数可写为

$$G_c(s) = \frac{(1+T_a s)}{(1+\alpha T_a s)} \cdot \frac{(1+T_b s)}{\left(1+\frac{T_b}{\alpha}s\right)} \tag{6-39}$$

它相当于一个滞后校正装置与一个超前校正装置串联。其对数频率特性曲线如图 6-12 所示。

由图可见，在 $\omega < \omega_1$ 的频率范围内，校正装置具有滞后的相角特性；在 $\omega > \omega_1$ 的频率范围内，校正装置具有超前的相角特性。相角过零处的频率为

$$\omega_1 = \frac{1}{\sqrt{T_a T_b}} \tag{6-40}$$

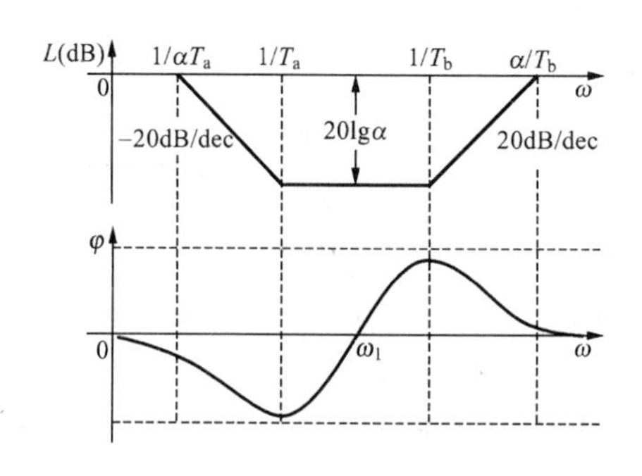

图 6－12　滞后－超前网络的对数频率特性曲线

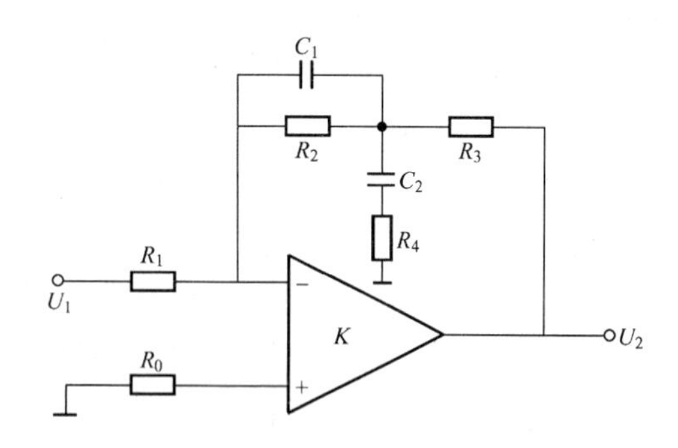

图 6－13　有源滞后—超前网络

图 6－13 是有源滞后—超前网络的电路图。感兴趣的读者可以自己推导其传递函数及画出对数频率特性曲线，并与无源滞后—超前网络的形式进行一下比较。

表 6－1 列出了一些常用的无源和有源校正网络及其特性。

表 6－1　　无源和有源校正网络的线路及特性

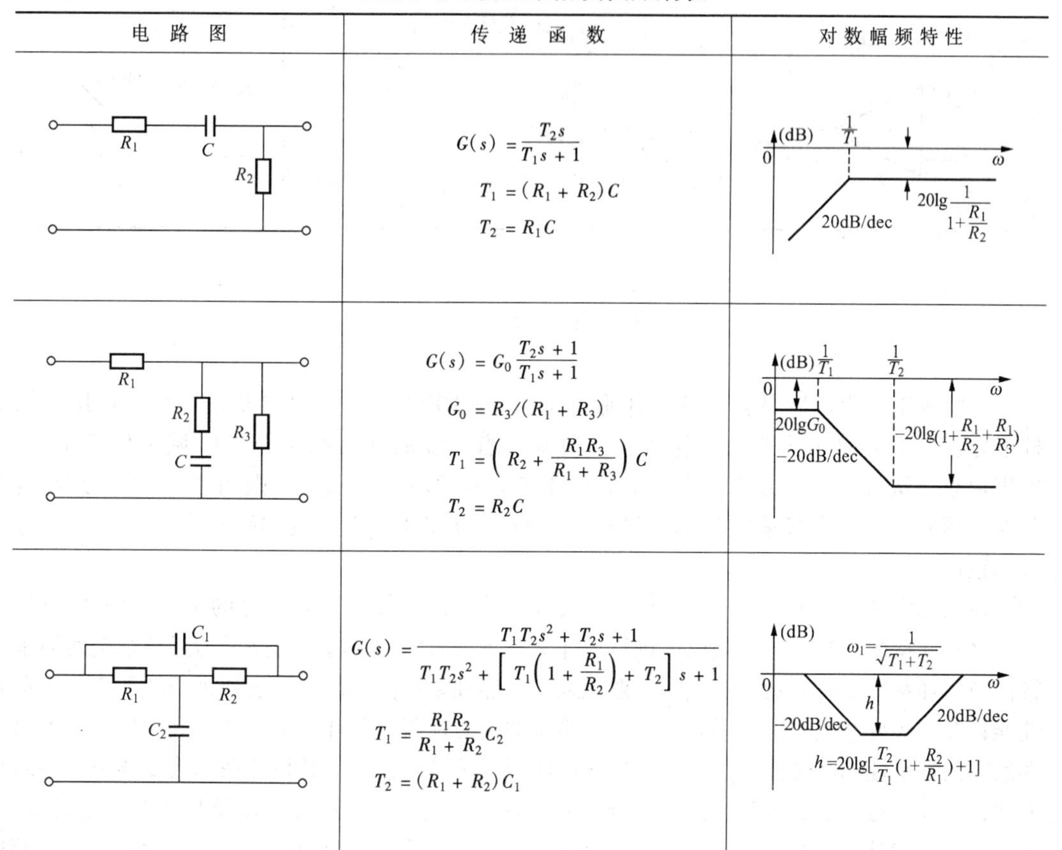

电路图	传递函数	对数幅频特性
R_1, C, R_2	$G(s)=\dfrac{T_2 s}{T_1 s+1}$ $T_1=(R_1+R_2)C$ $T_2=R_1 C$	(dB), $\frac{1}{T_1}$, 0, ω, 20dB/dec, $20\lg\dfrac{1}{1+\dfrac{R_1}{R_2}}$
R_1, R_2, C, R_3	$G(s)=G_0\dfrac{T_2 s+1}{T_1 s+1}$ $G_0=R_3/(R_1+R_3)$ $T_1=\left(R_2+\dfrac{R_1R_3}{R_1+R_3}\right)C$ $T_2=R_2C$	(dB), $\frac{1}{T_1}$, $\frac{1}{T_2}$, 0, ω, $20\lg G_0$, −20dB/dec, $-20\lg(1+\frac{R_1}{R_2}+\frac{R_1}{R_3})$
C_1, R_1, R_2, C_2	$G(s)=\dfrac{T_1T_2s^2+T_2s+1}{T_1T_2s^2+\left[T_1\left(1+\dfrac{R_1}{R_2}\right)+T_2\right]s+1}$ $T_1=\dfrac{R_1R_2}{R_1+R_2}C_2$ $T_2=(R_1+R_2)C_1$	(dB), $\omega_1=\dfrac{1}{\sqrt{T_1+T_2}}$, 0, ω, h, −20dB/dec, 20dB/dec, $h=20\lg[\frac{T_2}{T_1}(1+\frac{R_2}{R_1})+1]$

续表

电路图	传递函数	对数幅频特性
R_1, R_2, R_3, R_4, C, K	$G(s) = G_0 \frac{1 + T_1 s}{1 + T_2 s}$ $G_0 = \frac{R_2 + R_3}{R_1}$ $T_1 = \left(\frac{R_2 R_3}{R_2 + R_3} + R_4 \right) C$ $T_2 = R_4 C$	(dB); 20dB/dec; $20\lg G_0$; 0; $\frac{1}{T_1}$; $\frac{1}{T_2}$; ω
R_1, R_2, C, K	$G(s) = G_0 \frac{1 + Ts}{Ts}$ $G_0 = \frac{R_2}{R_1}$ $T = R_2 C$	(dB); −20dB/dec; 0; $\frac{1}{T}$; ω
C_1, R_2, C_2, R_1, K	$G(s) = G_0 \frac{(1 + T_1 s)(1 + T_2 s)}{T_1 s}$ $G_0 = \frac{R_2}{R_1}$ $T_1 = R_2 C_2$ $T_2 = R_1 C_1$	(dB); −20dB/dec; 20dB/dec; 0; $\frac{1}{T_1}$; $\frac{1}{T_2}$; ω

6.3 串联校正

串联校正分为串联超前校正、串联滞后校正和串联滞后—超前校正三种。可用频域校正方法，也可用根轨迹法进行校正。通常，当系统的性能指标是以时域指标表示时，采用根轨迹法校正比较方便；当要求的性能指标属频域特征量时，则用频率法进行校正。但在工程实践中，大多采用频率法进行系统分析与设计，所以我们重点介绍用频率法进行校正的设计。

在频域内进行系统设计，是一种间接设计方法，因为设计结果满足的是一些频域指标，而不是时域指标。然而，在频域内进行设计又是一种简便的方法，这是因为开环系统的频率特性与闭环系统的时间响应有关。一般说来，开环频率特性的低频段表征了闭环系统的稳态性能；开环频率特性的中频段表征了闭环系统的动态性能；开环频率特性的高频段表征了闭环系统的复杂性和滤波性能。因此，用频率法对系统进行校正，其目的在于改变频率特性的形状，使校正后系统的频率特性具有合适的低频、中频和高频特性，以及足够的稳定裕量。具体来说，就是低频段的增益足够大，以保证稳态误差要求；中频段对数幅频特性斜率一般应等于-20dB/dec，并占据充分宽的频带，以保证系统具备适当的相角裕度；高频段增益应尽快减小，以便使噪声影响减到最小程度。

6.3.1　串联超前校正

串联超前校正的基本原理是利用超前网络的相角超前特性去增大系统的相角裕度，只要正确地将超前网络的交接频率 $1/\alpha T$ 和 $1/T$ 选在待校正系统截止频率 ω'_c 的两边，就可以改善闭环系统的动态性能。其稳态性能可以通过选择已校正系统的开环增益来保证。

用频率法设计串联超前校正的步骤如下：

(1) 根据给定的系统稳态误差要求，确定开环增益 K。

(2) 利用已知 K 值，绘出未校正系统的伯德图，并确定未校正系统的相角裕度 γ。

(3) 根据截止频率 ω'_c 要求，计算超前网络参数 α 和 T。

如果选择超前网络的最大超前角频率 ω_m 等于要求的系统截止频率 ω'_c，即 $\omega_m=\omega'_c$，则未校正系统在 ω'_c 处的对数幅频值 $L(\omega'_c)$（负值）与超前网络在 ω_m 处的对数幅频值 $L_c(\omega_m)$（正值）之和为零，即

$$-L(\omega'_c)=L_c(\omega_m)=10\lg\alpha$$

或

$$L(\omega'_c)+10\lg\alpha=0$$

从而求得超前网络的 α。有了 ω_m 和 α 以后，超前网络的另一参数可由式（6-13）求出

$$T=\frac{1}{\omega_m\sqrt{\alpha}}$$

因此可以写出校正网络的传递函数为

$$\alpha G_c(s)=\frac{1+\alpha Ts}{1+Ts}$$

(4) 画出校正后系统的伯德图，验算相角裕度，如不满足要求，需重选 ω_m 值，一般是使 $\omega_m=\omega'_c$ 值增大，然后重复以上计算步骤，直到满足要求。

【例6-1】　某单位反馈系统的开环传递函数为

$$G(s)=\frac{K}{s(s+1)}$$

试设计一超前校正网络，以满足下列性能指标：①系统在单位斜坡输入信号时，位置输出稳态误差 $e_{ss}\leqslant0.1$；②开环截止频率 $\omega'_c\geqslant4.4$ rad/s，相角裕度 $\gamma'_c\geqslant45°$。

解　(1) 根据稳态误差要求，确定开环增益 K 值。因

$$e_{ss}=1/K_v=1/K\leqslant0.1$$

所以开环增益应为

$$K\geqslant10$$

取 $K=10$，则未校正系统的传递函数为

$$G(s)=\frac{10}{s(s+1)}$$

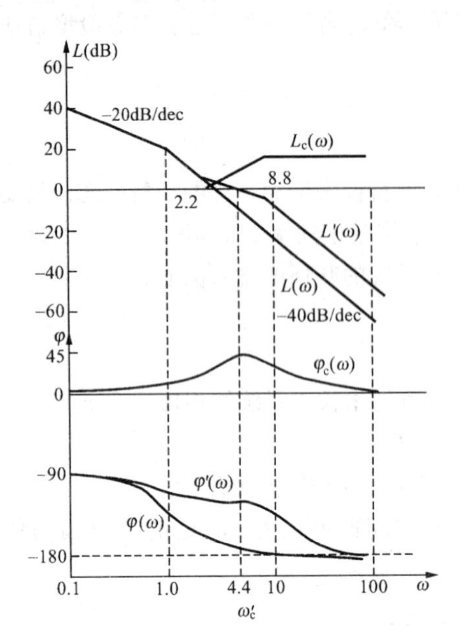

图 6-14 例 6-1 系统对数频率特性

(2) 画出未校正系统的开环对数频率特性曲线，如图 6-14 中的 $L(\omega)$ 和 $\varphi(\omega)$。由图得未校正系统截止频率 $\omega_c=3.16$ rad/s，相角裕度 $\gamma=180°-90°-\tan^{-1}\omega_c=17.6°$，均低于指标要求，所以应采用串联超前校正。

(3) 计算串联超前网络参数。根据指标要求，选 $\omega_m=\omega_c'=4.4$ rad/s，由图 6-14 查得，在此频率处 $L(\omega_c')=-6$dB，由于超前网络在此频率处的幅值为 $10\lg\alpha$，所以有

$$10\lg\alpha=6$$

求得

$$\alpha=4$$

同时参数 T 求得为

$$T=\frac{1}{\omega_m\sqrt{\alpha}}=\frac{1}{4.4\sqrt{4}}=0.114$$

所以校正网络的传递函数可确定为

$$4G_c(s)=\frac{1+0.456s}{1+0.114s}$$

(4) 校正后系统的开环传递函数为

$$G'(s)=4G_c(s)\cdot G(s)=\frac{10(1+0.456s)}{s(s+1)(1+0.114s)}$$

为了抵消超前网络引起的开环增益的衰减，系统中附加了放大器，其放大倍数为 4。

校正后系统的开环对数频率特性为 $L'(\omega)$ 和 $\varphi'(\omega)$，如图 6-14 所示。

显然，校正后系统的截止频率 $\omega_c'=4.4$ rad/s，未校正系统在 ω_c' 处的相角裕度 $\gamma(\omega_c')=90°-\tan^{-1}\omega_c'=12.8°$，而 $\alpha=4$ 时，校正装置在 ω_c' 处出现的最大超前角 φ_m 可根据式（6-14）求出为

$$\varphi_m=\arcsin\frac{\alpha-1}{\alpha+1}=37°$$

φ_m 也可通过查图获得。所以已校正系统的相角裕度

$$\gamma'=\varphi_m+\gamma(\omega_c')=49.8°>45°$$

满足性能指标要求。

6.3.2 串联滞后校正

串联滞后校正的基本思想是：利用滞后网络的高频幅值衰减特性，使截止频率下降，并获得一个新的穿越频率点 ω_c'，从而使系统在 ω_c' 处获得足够的相角裕度。因此，在系统响应速度要求不高而滤除噪声性能要求较高的情况下，或系统具有满意的动态性能，但其稳态性能不满足指标要求时，可考虑采用串联滞后校正，以提高其稳态精度，同时保持其动态性能

基本不变。

利用频率法设计串联滞后校正的步骤如下：

(1) 根据给定的稳态误差要求，确定系统开环增益 K。

(2) 绘制未校正系统在已确定的 K 值下的频率特性曲线，求出其截止频率 ω_c、相角裕度 γ 和幅值裕度 h (20lg$h$)。

(3) 根据相角裕度 γ' 要求，确定校正后系统的截止频率 ω'_c。

根据相角裕度的概念，同时考虑到滞后网络在 ω'_c 处产生一定的相角滞后，则未校正系统在 ω'_c 处的相角裕度 $\gamma(\omega'_c)$ 与它们存在如下关系式：

$$\gamma' = \gamma(\omega'_c) + \varphi_c(\omega'_c) \tag{6-41}$$

式中，γ' 是指标要求值，$\varphi_c(\omega'_c)$ 是滞后网络在 ω'_c 处的滞后相角，在确定 ω'_c 前，一般取 $\varphi_c(\omega'_c) = -5° \sim -10°$。

由式 (6-41) 可求出 $\gamma(\omega'_c)$，这样我们可以在未校正系统的频率特性曲线上查出对应 $\gamma(\omega'_c)$ 的频率，既是校正后系统的截止频率 ω'_c。

(4) 计算串联滞后网络参数 β 和 T。要保证已校正系统的截止频率为 ω'_c，必须使滞后网络的衰减量 20lgβ 在数值上等于未校正系统在 ω'_c 处的对数幅频值 $L(\omega'_c)$，即

$$20\lg\beta + L(\omega'_c) = 0 \tag{6-42}$$

由式 (6-42) 可求出 β 值。

同时，利用选择滞后网络的第二个转折频率 $1/\beta T$ 的机会，根据式 (6-24)，有

$$\frac{1}{\beta T} = \frac{\omega'_c}{10}$$

求出另一参数 T。由此可写出校正网络的传递函数为

$$G_c(s) = \frac{1 + \beta Ts}{1 + Ts}$$

(5) 画出校正后系统的频率特性曲线，校验其性能指标。看是否满足要求，如不满足，则把 $\varphi_c(\omega'_c)$ 在 $-5° \sim -10°$ 范围内重新选取，同时将式 (6-24) 中的系数 0.1 加大，一般在 0.1～0.25 范围内选取，重新确定 T 值。

【例 6-2】　设有Ⅰ型系统，其固有部分的开环传递函数为

$$G(s) = \frac{K}{s(0.1s + 1)(0.2s + 1)}$$

试设计串联校正装置，要求校正后系统满足下列性能指标：

$$K = 30,\ \gamma' \geqslant 40°,\ h \geqslant 10\ \text{dB},\ \omega'_c \geqslant 2.3\ (\text{rad/s})$$

解

(1) 根据性能指标，取 $K = 30$，则未校正系统的开环传递函数为

$$G(s) = \frac{30}{s(0.1s + 1)(0.2s + 1)}$$

(2) 绘出未校正系统开环对数频率特性曲线，如图 6-15 所示。

由图得

$$\omega_c = 12\ (\text{rad/s})$$

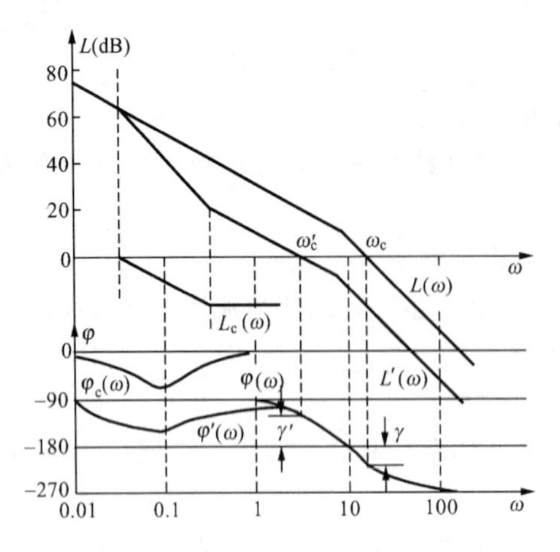

图 6-15 例 6-2 系统对数频率特性

$$\gamma = 90° - \arctan(0.1\omega_c) - \arctan(0.2\omega_c)$$

$$= -27.6°$$

故系统不稳定，且截止频率远大于要求值。在这种情况下，采用超前校正是无效的，所以选用串联滞后校正以满足需要的性能指标。

(3) 根据已知条件 $\gamma' \geqslant 40°$，并且选取 $\varphi_c(\omega_c') = -6°$，则按式（6-41）求得

$$\gamma(\omega_c') = \gamma' - \varphi_c(\omega_c') = 46°$$

于是在特性曲线上查出对应 $\gamma(\omega_c') = 46°$的 $\omega_c' = 2.7$ rad/s。由于指标要求 $\omega_c' \geqslant 2.3$ rad/s，故 ω_c'可在 2.3 ~ 2.7 范围内任取，现选定 $\omega_c' = 2.7$ rad/s。

(4) 在特性曲线上查出对应 $\omega_c' = 2.7$ 时的 $L(\omega_c') = 21$dB，由式（6-42）

$$20\lg\beta + L(\omega_c') = 0$$

求得

$$\beta = 0.09$$

滞后网络的另一个参数 T 可由式（6-24）

$$1/\beta T = 0.1\omega'_c$$

求得

$$T = 1/(0.1\beta\omega'_c) = 1/(0.1 \times 0.09 \times 2.7) = 41$$

所以滞后校正网络的传递函数为

$$G_c(s) = \frac{1 + \beta Ts}{1 + Ts} = \frac{1 + 3.7s}{1 + 41s}$$

其对应的对数频率特性曲线 $L_c(\omega)$、$\varphi_c(\omega)$ 示于图 6-15。

(5) 校正后系统开环传递函数为

$$G'(s) = G_c(s)G(s) = \frac{30(1 + 3.7s)}{s(1 + 41s)(1 + 0.1s)(1 + 0.2s)}$$

相对应的频率特性曲线 $L'(\omega)$和 $\varphi'(\omega)$也示于图 6-15，由图得校正后系统的相角裕度 $\gamma' = 41.3°$，幅值裕度 $h = 10.5$ dB，满足性能指标要求。

以上我们介绍了串联超前校正和串联滞后校正两种方法，它们在完成系统校正任务方面是相同的，但也有一定的差别：

(1) 超前校正是利用超前网络的相角超前特性，而滞后校正是利用滞后网络的高频幅值衰减特性。

(2) 采用无源校正网络时，超前校正要求一定的附加增益，而滞后校正一般不需要附加增益。

(3) 超前校正的系统带宽大于滞后校正的系统带宽，带宽越大系统响应速度越高，但同时系统越易受噪声干扰的影响。因此，如果对系统的快速性要求不高而抗高频干扰要求较高

的情况下，一般不宜选用超前校正，可考虑采用滞后校正。

综上所述，单纯采用超前校正或滞后校正均只能改善系统动态或稳态一个方面的性能。如果对校正后系统的稳态和动态性能都有较高要求时，最好是采用串联滞后—超前校正。

6.3.3　串联滞后—超前校正

这种校正的优点是：响应速度快，超调量较小，抑制高频噪声性能好。它的基本原理是：利用滞后—超前网络的超前部分以提高系统的相角裕度，而利用滞后部分以改善系统的稳态性能。下面将通过例题来说明其设计步骤。

【例 6－3】　设单位反馈系统的开环传递函数为

$$G(s)=\frac{K}{s(s+1)(0.5s+1)}$$

试设计串联滞后—超前校正装置，使系统满足下列性能指标：

$$K_v \geqslant 10, \gamma' \geqslant 50°,\ h(\mathrm{dB}) \geqslant 10\ \mathrm{dB}$$

解

(1) 根据系统稳态速度误差的要求，可得

$$K_v=\lim_{s\to 0} sG(s)=\lim_{s\to 0}\frac{sK}{s(s+1)(0.5s+1)}=K=10$$

所以未校正系统的开环传递函数为

$$G(s)=\frac{10}{s(s+1)(0.5s+1)}$$

(2) 绘出未校正系统开环对数频率特性曲线，如图 6－16 所示。

由图 6－16 得

$$\omega_c=2.7\ (\mathrm{rad/s})$$

$$\gamma=-33°$$

$$h=-13\ \mathrm{dB}$$

表明未校正系统不稳定。

(3) 确定校正后系统的截止频率 ω'_c。从未校正系统的 $\varphi(\omega)$ 曲线可以看出，当 $\omega=1.5$ rad/s 时，相位移为 －180°。因此，选择 $\omega'_c=1.5$ rad/s，所需的 γ 约为 50°，采用滞后－超前校正网络易于实现。

(4) 确定滞后－超前校正装置滞后部分的传递函数。设滞后部分的第二个转折频率 $\omega_1=1/T_1=0.1\omega'_c=0.15\mathrm{rad/s}$，选择 $\alpha=10$，则有

$$\omega_0=1/(\alpha T_1)=0.015(\mathrm{rad/s})$$

所以滞后部分的传递函数可写为

$$G_{c1}(s)=\frac{s+0.15}{s+0.015}=10\frac{6.67s+1}{66.7s+1}$$

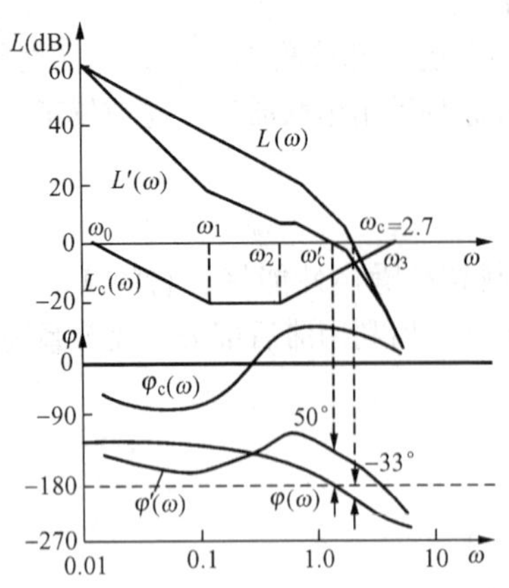

图 6-16 例 6-3 系统对数频率特性

(5) 确定超前部分的传递函数。从图 6-16 可见，在 $\omega'_c = 1.5\text{rad/s}$ 处，$L(\omega'_c) = 13\text{dB}$。因此，若滞后—超前校正装置的 $L_c(\omega)$ 在 $\omega = 1.5\text{rad/s}$ 处具有 -13dB 增益，则 ω'_c 即为所求。根据这一要求，通过点 (1.5rad/s，-13dB) 作斜率为 20dB/dec 的直线，该直线与 0dB 线及 -20dB 线的交点，就确定了所求的转折频率。由图可得 $\omega_2 = 1/T_2 = 0.7\text{rad/s}$，$\omega_3 = \alpha/T_2 = 7\text{rad/s}$。所以超前部分的传递函数为

$$G_{c2}(s) = \frac{s+0.7}{s+7} = \frac{1}{10}\left(\frac{1.43s+1}{0.143s+1}\right)$$

(6) 串联相位滞后—超前校正装置的传递函数为

$$G_c(s) = G_{c1}(s)G_{c2}(s) = \left(\frac{6.67s+1}{66.7s+1}\right)\left(\frac{1.43s+1}{0.143s+1}\right)$$

其对应的对数频率特性 $L_c(\omega)$、$\varphi_c(\omega)$ 曲线示于图 6-16 中。

(7) 校正后系统的开环传递函数为

$$G'(s) = G_c(s)G(s) = \frac{10(6.67s+1)(1.43s+1)}{s(66.7s+1)(0.143s+1)(s+1)(0.5s+1)}$$

校正后系统的开环对数频率特性 $L'(\omega)$ 和 $\varphi'(\omega)$ 也示于图 6-16。由图得校正后系统的 $\gamma' = 50°$，$h = 16\text{dB}$，$K_v = 10$，满足性能指标要求。

6.4 并 联 校 正

前面讨论的校正方法由于校正装置与固有特性是串联关系，故而称作串联校正。校正装置与固有特性为并联关系的校正方法为并联校正。并联校正又包含有反馈校正和前馈校正。

6.4.1 反馈校正

一、反馈校正的基本原理

反馈校正是采用局部反馈包围系统前向通道中的一部分环节来修改等效开环特性以实现校正作用。其系统结构如图 6-17 所示。

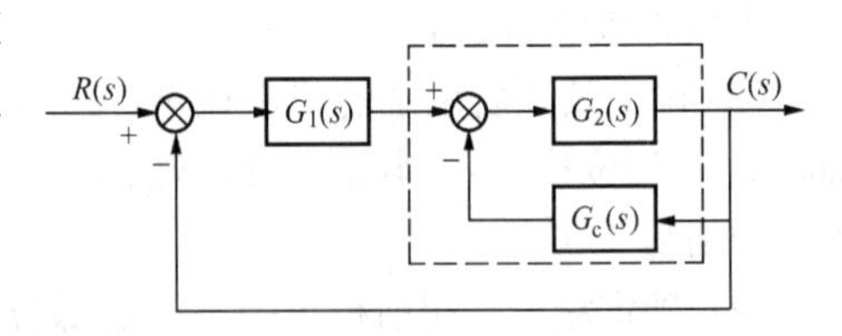

图 6-17 反馈校正系统的结构图

图中被局部反馈包围部分（虚线框内）小闭环的传递函数是

$$G'_2(s) = \frac{G_2(s)}{1+G_2(s)G_c(s)} \quad (6-43)$$

其频率特性为

$$G'_2(j\omega) = \frac{G_2(j\omega)}{1+G_2(j\omega)G_c(j\omega)} \quad (6-44)$$

当反馈作用很小时，即在 $|G_2(j\omega)G_c(j\omega)| \ll 1$ 的频率范围内，有

$$G'_2(j\omega) \approx G_2(j\omega) \tag{6-45}$$

表明系统的性能与反馈无关，反馈校正不起作用。

当反馈作用很大时，即在 $|G_2(j\omega)G_c(j\omega)| \gg 1$ 的频率范围内，有

$$G'_2(j\omega) \approx \frac{1}{G_c(j\omega)} \tag{6-46}$$

表明系统的性能几乎与被反馈包围的环节 $G_2(s)$ 无关。但取决于反馈环节 $G_c(s)$ 的倒数。

二、反馈校正与串联校正的等效及设计

用频率特性法设计反馈校正装置时，首先应使小闭环稳定，因为小闭环的不稳定通常会加大整个系统稳定性的负担。所以，为便于整个系统的开环调试，总是希望被反馈校正所包围部分的阶次最好不超过二阶，以免小闭环产生不稳定。其次，基于反馈校正的基本原理，我们可以把图 6-17 所示系统校正后的开环传递函数近似为

当 $|G_2(j\omega)G_c(j\omega)| \ll 1$ 或 $20\lg|G_2(j\omega)G_c(j\omega)| \ll 0$ 时

$$G(s) = \frac{C(s)}{R(s)} \approx G_1(s)G_2(s) \tag{6-47}$$

当 $|G_2(j\omega)G_c(j\omega)| \gg 1$ 或 $20\lg|G_2(j\omega)G_c(j\omega)| \gg 0$ 时

$$G(s) = \frac{C(s)}{R(s)} \approx \frac{G_1(s)}{G_c(s)} \tag{6-48}$$

式 (6-48) 说明，反馈校正与传递函数为 $1/G_c(s)$ 的串联校正是近似等效的。因此，可以用串联校正的方法对反馈校正做近似设计，这样可使设计过程大为简化。下面用一个例子来说明。

图 6-18 为直流电机的加速度反馈校正，是由测速发电机与一个 RC 网络实现的，其目的在于保证稳态转速的同时改善瞬态特性。试对反馈校正进行分析和设计。

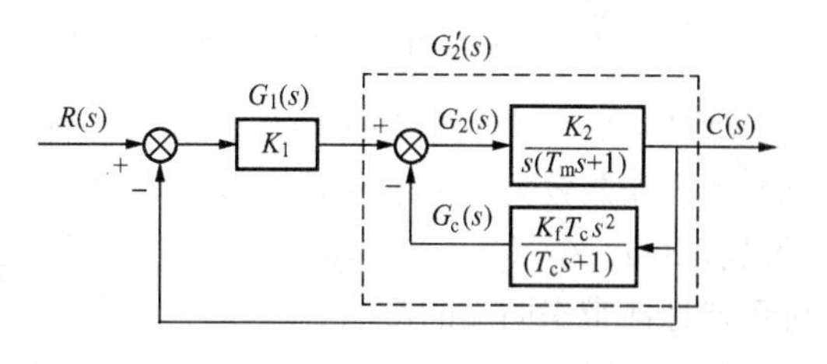

图 6-18　反馈校正系统

图中，由反馈校正形成的小闭环的传递函数为

$$G'_2(s) = \frac{G_2(s)}{1 + G_2(s)G_c(s)}$$

为了得到 $G'_2(s)$，我们先画出 $G_2(s)$ 和 $G_c(s)$ 的对数频率特性曲线，如图 6-19 中 G_2 线和 G_c 线，叠加 G_2 线和 G_c 线便得到 $G_2(s)G_c(s)$ 的对数频率曲线，如图 6-19 中的 G_2G_c 线。根据前面的叙述，在 $|G_2(s)G_c(s)| \gg 1$时，

$$G'_2(s) \approx \frac{1}{G_c(s)}$$

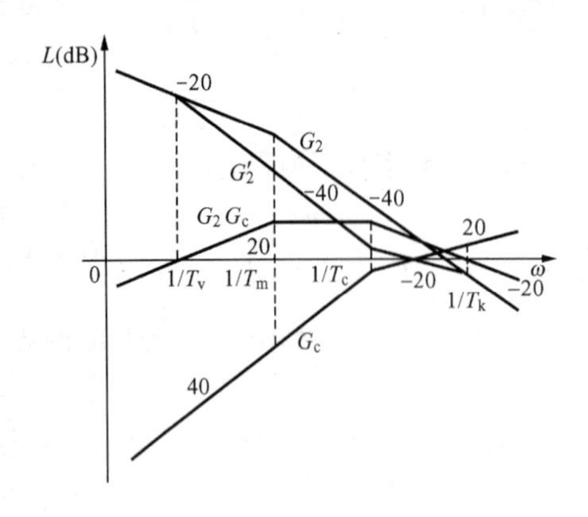

图 6-19　图 6-18 中小闭环的频率曲线

即在图 6-19 中，在 0dB 线上方的 G_2G_c 线的频率范围（$1/T_v<\omega<1/T_k$），G_2'线近似为 G_c 线的倒线（以 0dB 线为对称）。

在 $|G_2(s)G_c(s)|\ll 1$ 时，$G_2'(s)\approx G_2(s)$，即在 0dB 线下方的 G_2G_c 线的频率范围（$\omega<1/T_v$ 及 $\omega>1/T_k$），G_2'线与 G_2 线重合。如图 6-19 中的 G_2'线。

由图解可得到 G_2'线的传递函数为

$$G_2'(s)=\frac{K_2(T_cs+1)}{s(T_vs+1)(T_ks+1)}$$

如果用一个等效串联校正环节 $G_c'(s)$ 来实现 $G_2'(s)$，即 $G_2'(s)=G_c'(s)\times G_2(s)$，则

$$G_c'(s)=\frac{(T_ms+1)(T_cs+1)}{(T_vs+1)(T_ks+1)}$$

这表明图 6-18 所示的反馈校正可用图 6-20 所示的串联校正来代替。而 $G_c'(s)$ 是一个滞后—超前校正网络，如图 6-21 所示，可以用上节介绍的方法进行设计，确定出校正参数 T_v、T_c、T_k 值，从而得到 $G_2'(s)$。

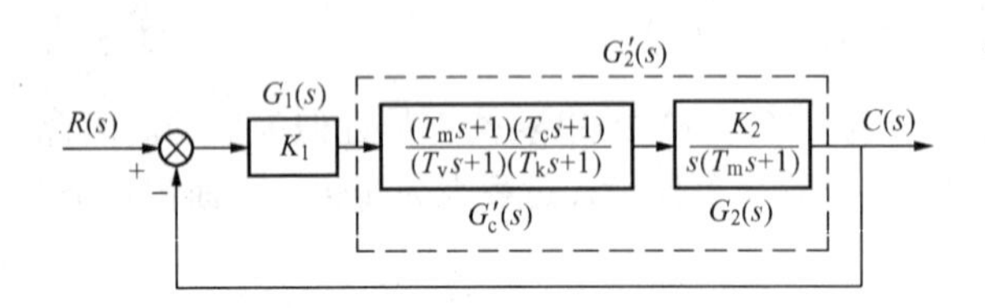

图 6-20　图 6-18 的等效系统

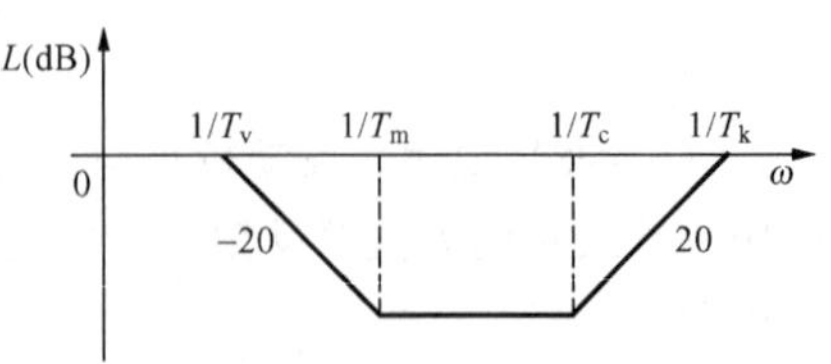

图 6-21　滞后-超前网络频率曲线

上述近似方法，在 $20\lg|G_2(j\omega)G_c(j\omega)|=0$，即在 $\omega=1/T_v$ 和 $\omega=1/T_k$ 的频率附近产生的误差较大。由于在系统截止频率 ω_c 附近的频率特性对系统的动态性能影响最大，所以若 $20\lg|G_2(j\omega)G_c(j\omega)|=0$ 的频率与系统的截止频率 ω_c 相距较远，此误差也不会对系统性能带来明显的影响。

比较串联校正和反馈校正，一般说来，串联校正比反馈校正简单，易于实现，而且在频率特性曲线上便于分析校正装置对系统性能的影响。反馈校正的最大特点是能抑制被反馈校正回路所包围部分的内部参量变化（包括非线性因素）和外部干扰（如高频噪声）对系统性能的影响，因此对被包围部分元件的要求可以低一些，而对反馈校正装置本身的精度要求则较高。在大、中型系统或性能要求较高的情况下，为使系统性能满足要求，多采用反馈校正。

6.4.2　前馈校正

前馈校正用来消除稳态误差，在校正之前，系统已满足瞬态性能要求。

图6-22所示为一前馈校正系统，校正装置 $G_c(s)$ 沿着信号的流向与系统的某个环节并联。校正后系统的传递函数为

$$G(s)=\frac{C(s)}{R(s)}=\frac{G_1(s)G_2(s)+G_c(s)G_2(s)}{1+G_1(s)G_2(s)H(s)} \tag{6-49}$$

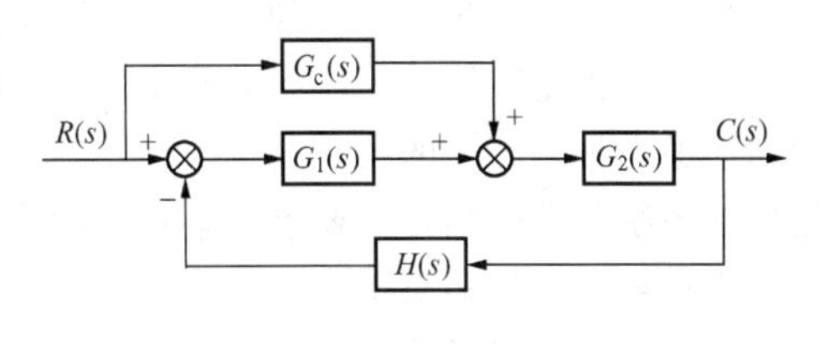

图6-22 前馈校正系统

系统在输入作用下的误差为

$$E(s)=R(s)-C(s)H(s) \tag{6-50}$$

由式（6-49）可求得输出 $C(s)$ 为

$$C(s)=\frac{[G_1(s)+G_c(s)]G_2(s)}{1+G_1(s)G_2(s)H(s)}R(s) \tag{6-51}$$

代入式（6-50）中得

$$E(s)=\frac{1-G_c(s)G_2(s)H(s)}{1+G_1(s)G_2(s)H(s)}R(s) \tag{6-52}$$

欲使 $E(s)=0$，应保证 $1-G_c(s)G_2(s)H(s)=0$，即

$$G_c(s)=\frac{1}{G_2(s)H(s)} \tag{6-53}$$

上式表明，如果按式（6-53）选择前馈校正环节，系统就是无差的。这是由于 $G_c(s)$ 的存在，相当于对系统另外输入了一个 $R(s)/G_2(s)H(s)$ 信号，这个信号产生的动态误差正好与原系统输入作用下产生的动态误差相抵消，从而达到消除误差的目的。与其它校正方式相比，前馈校正是一种主动的而不是被动的补偿，它是在闭环产生误差之前就以开环方式进行补偿的。

顺便说明一点，实际上 $G_c(s)$ 在物理上往往不能完全满足式（6-53），所以无法实现彻底消除误差的完全补偿，但只要合理设计 $G_c(s)$ 的结构和选择恰当的参数，它仍能很好地达到消除误差的校正目的。

最后强调指出，实际使用中常常采用各种串联及并联的复合校正方式，以便综合它们的校正作用。

小　　结

1. 为了改善控制系统的性能，常需在系统中加入适当的附加装置来校正系统的性能，使其满足给定的性能指标要求，这些为校正系统性能而引入的装置称为校正装置。控制系统的校正，就是指按给定的性能指标和系统固有部分的特性，来设计校正装置。

2. 根据校正装置在系统中的联接方式划分，有串联校正和并联校正，并联校正又分为反馈校正和前馈校正；根据校正装置的构成元件划分，有无源校正和有源校正；根据校正装

置的特性划分，有超前校正和滞后校正以及滞后-超前校正。

串联校正是应用最为广泛的校正方法，它设计简单，易于实现。它是利用在闭环系统的前向通道上加入合适的校正装置，并按频域指标改善系统频率特性曲线的形状，来达到并满足控制系统对性能指标的要求。串联校正装置常设于系统前向通道的能量较低的部位，以减少功率损耗。一般多采用有源校正网络。

并联校正中以反馈校正应用广泛，反馈校正的信号是从高功率点传向低功率点，往往采用无源校正装置。当必须改造未校正系统某一部分特性方能满足性能指标要求时，应采用反馈校正。

3. 串联超前校正是利用校正装置的相位超前补偿原系统的相位滞后，以增大校正后系统的相角裕度，从而改善系统的平稳性。与此同时，也使得系统剪切频率增大，提高了系统的快速性。但如果未校正系统在剪切频率 ω_c 附近，相角急剧减小，例如以 -60dB/dec 或更小的斜率通过剪切频率附近，采用串联校正往往效果不大。或者，当需要超前相角的数值很大时，则超前网络的 α 值必须选得很大，从而使系统带宽过大，高频噪声易于通过系统，严重时可能导致系统无法正常工作。

串联滞后校正则是利用校正装置的高频幅值衰减特性，使系统的剪切频率下降，提高系统的相角稳定裕度。或者，通过提高系统的低频幅值，以减小系统的稳态误差，并基本保持原系统动态性能不变。必须指出，当为了保证在需要的频率范围内产生有效的幅值衰减特性，要求滞后网络的第一个转折频率 $1/T$ 足够小，可能会使时间常数大到不能实现的程度。

串联滞后-超前校正是利用校正装置的超前部分改善系统的动态性能，同时利用其滞后部分提高系统的稳态精度。当对校正后系统的稳态和动态性能都有较高要求时，应考虑采用滞后-超前校正。

4. 反馈校正也是一种常用的校正方法，它是通过反馈校正通道传递函数的倒数的特性来取代被其包围的被控对象的特性，以这种置换的方法来改善控制系统的性能，从而获得与串联校正相似的效果，同时还可以在一定程度上改变或抵消被反馈包围环节的参数波动对系统性能的影响。但一般情况，它要比串联校正略显复杂。

5. 前馈校正是一种利用扰动或输入进行补偿的办法来提高系统的性能。尤其重要的是将其与反馈控制结合，组成复合控制，将进一步改善系统的性能。

总之，控制系统的校正及综合是具有一定创造性的工作，对控制方法和校正装置的选择，不应局限于课本中的知识，要在实践中不断积累和创新。

习　　题

6-1　设一单位反馈系统的开环传递函数为

$$G(s) = \frac{200}{s(0.1s+1)}$$

试设计一个无源校正网络，使已校正系统的 $\gamma' \geqslant 45°$，$\omega'_c \geqslant 50\text{rad/s}$。

6-2　设单位反馈系统的开环传递函数

$$G(s)=\frac{K}{s(s+1)(0.5s+1)}$$

试设计校正装置，使校正后系统的开环增益 $K=5$，相角裕度 $\gamma'\geqslant40°$，幅值裕度 $h\geqslant10\text{dB}$。

6-3　设单位反馈系统的开环传递函数

$$G(s)=\frac{K}{s(s+1)(0.25s+1)}$$

如果要求校正后系统的静态速度误差系数 $K_v\geqslant5$，相角裕度 $\gamma'\geqslant45°$，截止频率 $\omega'_c\geqslant2\text{rad/s}$，试设计串联校正装置。

6-4　设未加校正装置的系统开环传递函数为

$$G(s)=\frac{4K}{s(s+2)}$$

若使系统的稳态速度误差系数 $K_v=20$，相角裕度 $\gamma'\geqslant50°$，幅值裕度 $h\geqslant10\text{dB}$，试确定串联校正装置的传递函数。

6-5　某单位反馈系统的开环传递函数为

$$G(s)=\frac{40}{s(0.2s+1)(0.0625s+1)}$$

（1）若要求校正后系统的相角裕度为30°，幅值裕度为10～12dB，试设计串联超前校正装置；

（2）若要求校正后系统的相角裕度为50°，幅值裕度为30～40dB，试设计串联滞后校正装置。

6-6　设一单位反馈系统，其开环传递函数为

$$G(s)=\frac{126}{s(0.1s+1)(0.00166s+1)}$$

要求校正后系统的相角裕度 $\gamma'=40°\pm2°$，幅值裕度 $h\geqslant10\text{dB}$，截止频率 $\omega'_c\geqslant1\text{rad/s}$，且开环增益保持不变，试确定串联滞后校正装置。

6-7　设单位反馈系统的开环传递函数为

$$G(s)=\frac{K_v}{s(0.1s+1)(0.2s+1)}$$

要求：1. 系统响应斜坡信号 $x_i(t)=t\cdot1(t)$ 的稳态误差 $e_{ss}\leqslant0.01$；2. 系统的相角裕度 $\gamma'\geqslant40°$。试设计一串联滞后—超前校正装置。

6-8　设单位反馈系统的开环传递函数

$$G(s)=\frac{8}{s(2s+1)}$$

若采用滞后—超前校正装置

$$G_c(s)=\frac{(10s+1)(2s+1)}{(100s+1)(0.2s+1)}$$

对系统进行校正，试绘制系统校正前后的对数频率特性曲线，并计算系统校正前后的相角裕度。

6-9 具有反馈校正的系统结构如图6-23所示，未校正系统的开环传递函数

$$G(s) = G_1(s)G_2(s) = \frac{100}{s(1.1s+1)(0.025s+1)}$$

反馈校正装置的传递函数 $H(s) = 0.25s$，试绘制校正前后系统开环对数频率特性曲线，写出校正后系统等效开环传递函数。

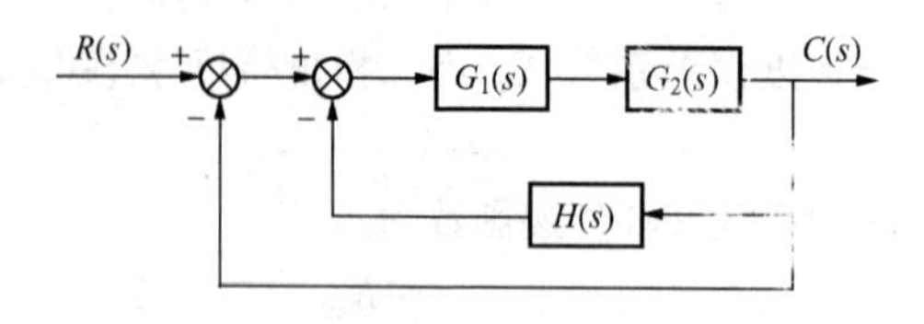

图6-23 题6-9图

第7章

现代控制理论初步

前面几章所讲述的内容都属于经典控制理论范畴。经典控制理论以传递函数为基本数学工具，主要适用于单输入单输出（SISO）的线性定常系统的分析与综合问题。但是传递函数只能从系统的外部描述输入输出之间的关系，而对于系统内部的一些变量不能描述，且忽略了初始条件的影响，因此传递函数不能概括系统的所有信息，而且对于非线性系统、时变系统、多输入多输出（MIMO）系统等，经典控制理论就更加无能为力了。

随着航天事业和电子计算机的迅猛发展，20世纪60年代开始出现了一种分析和设计复杂系统为主要目标的现代控制理论。它是以贝尔曼（Bellman）的动态规划理论、卡尔曼（Kalman）的最优滤波理论和庞德里亚金（Pontryagain）的最小值原理为代表的建立在状态空间上的理论。现代控制理论所采用的主要分析方法是状态空间分析法，广泛适用于多输入多输出（MIMO）、非线性以及时变系统的分析与设计问题。

本章主要介绍现代控制理论状态空间分析与设计方法。内容包括状态空间法的基本概念、状态方程的导出与求解、系统的可控性和可观性以及李雅普诺夫(Lyapunou)稳定性分析等问题。

7.1 状态空间法的基本概念

在探讨控制系统状态空间法之前，我们首先应明确以下一些基本概念：

(1) 状态：所谓状态，是指反映系统运动状况，并可用以确定系统未来行为的信息集合。例如：一个质点在作直线运动，这个系统的状态就是指它的每一时刻的位置和速度。

(2) 状态变量：状态变量是指能够完全确定系统运动状态的一组独立且数目最少的变量。它对于确定系统的运动状态应该是充要的。例如：一个用 n 阶微分方程描述的系统就具有 n 个状态变量。

状态变量的选取不唯一，既可用某一组又可用另一组数目最少的变量作为状态变量。在实际工程应用中，为了满足状态反馈的实现以及改善系统性能的要求，一般选取容易量测的物理量作为状态变量。

状态变量一般记为 $x_1(t)$，$x_2(t)$，…，$x_n(t)$。

(3) 状态向量：指由状态变量作为分量（或元素）所组成的向量。

例如：若某组状态变量由 n 个状态变量 $x_1(t)$，$x_2(t)$，…，$x_n(t)$ 所组成，则状态向量为

$$X(t) = [x_1(t), x_2(t), \cdots, x_n(t)]^T$$

则称 $X(t)$ 为 n 维状态向量。

(4) 状态空间：以状态变量作为坐标轴所组成的空间称为状态空间。系统在某一时刻的状态可用状态空间上的点来表示。

(5) 状态轨迹：指状态向量在状态空间中随时间的变化而形成的轨迹。

(6) 状态方程：状态变量的一阶导数与状态变量、输入量之间的数学关系称为状态方程。一般是关于系统的一阶微分（或差分）方程组。其形式为

$$\dot{x} = f[x(t), u(t), t]$$

或者

$$x(t_{k+1}) = f[x(t_k), u(t_k), t_k]$$

由于所选状态变量不同，因此导出的状态方程也具有不同形式，但是这些不同形式的状态方程之间存在着某种确定的线性变换关系。

(7) 输出方程：指系统输出变量与状态变量、输入变量之间的函数关系式。其一般形式为

$$y = g[x(t), u(t), t]$$

或者

$$y(t_k) = g[x(t_k), u(t_k), t_k]$$

(8) 状态空间表达式：状态方程与输出方程合起来，构成对一个系统的完整动态描述，称为系统的状态空间表达式，也叫做动态方程或状态空间模型。它表明了系统内部状态对系统性能的影响。线性定常系统的状态空间表达式的标准描述一般用矩阵形式表示为

$$\begin{cases} \dot{X} = AX + BU \\ Y = CX + DU \end{cases} \tag{7-1}$$

式中 X——系统状态向量；

$\dot{X}$——系统状态向量的一阶导数（或差分）；

U——系统输入变量；

Y——系统输出变量；

A，B，C，D——具有一定维数的系数矩阵。

注意：式（7-1）中所有向量或矩阵一定要符合矩阵的运算法则。由于 A，B，C，D 矩阵完整地表征了系统的动态特性，因此有时也把一个确定的系统简称为（A，B，C，D）。若 A，B，C，D 为常数，则称为单输入单输出定常系统；若 A，B，C，D 为常数矩阵，则称为多输入多输出定常系统。

所谓状态空间分析法，就是指通过状态向量或状态变量描述控制系统的方法。这种方法在实际应用中具有以下几个优点：可适用于研究非线性时变、离散、随机、多变量等各类系统；对系统进行分析描述，非常简便；能够了解系统内部状态的变化特性；考虑了初始条件的影响，与实际更加贴切；更方便于在计算机上进行求解等。

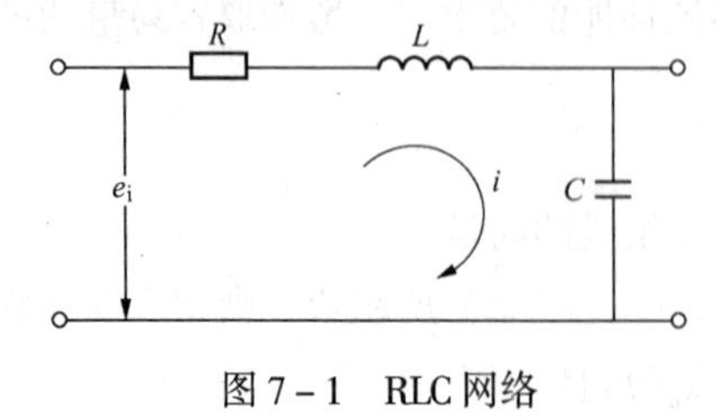

图 7-1 RLC 网络

下面通过几个示例来说明一下系统的状态空间表达式是如何建立的。

【例 7-1】 试列写如图 7-1 所示 RLC 网络的

状态空间表达式。

解　根据克希荷夫定理建立 RLC 电路的动态方程为

$$Ri + L\frac{\mathrm{d}i}{\mathrm{d}t} + \frac{1}{c}\int i\mathrm{d}t = e_{\mathrm{i}}$$

电路输出量为

$$y = e_{\mathrm{c}} = \frac{1}{c}\int i\mathrm{d}t$$

设状态变量为 i 和 $\int i\mathrm{d}t$ ；e_{i} 为输入量，e_{c} 为输出量。

而且设

$$x_1 = i$$

$$x_2 = \int i\mathrm{d}t$$

所以得到状态方程为

$$\dot{x}_1 = -\frac{R}{L}x_1 - \frac{1}{LC}x_2 + \frac{1}{L}e_{\mathrm{i}} \tag{1}$$

$$\dot{x}_2 = i = x_1 \tag{2}$$

输出方程为

$$y = \frac{1}{c}x_2 \tag{3}$$

所以由式（1）、式（2）、式（3）写成矩阵形式为

$$\begin{bmatrix} \dot{x}_1 \\ \dot{x}_2 \end{bmatrix} = \begin{bmatrix} -\frac{R}{L} & -\frac{1}{RC} \\ 1 & 0 \end{bmatrix}\begin{bmatrix} x_1 \\ x_2 \end{bmatrix} + \begin{bmatrix} \frac{1}{L} \\ 0 \end{bmatrix}e_{\mathrm{i}} \tag{4}$$

$$y = \left[0, \frac{1}{c}\right]\begin{bmatrix} x_1 \\ x_2 \end{bmatrix} \tag{5}$$

式（4）和式（5）组合在一起，即构成了该 RLC 网络的状态空间表达式。

如果设状态变量为

$$x_1 = i; x_2 = \frac{1}{c}\int i\mathrm{d}t$$

则状态方程为

$$\dot{x}_1 = -\frac{R}{L}x_1 - \frac{1}{L}x_2 + \frac{1}{L}e_{\mathrm{i}}$$

$$\dot{x}_2 = \frac{1}{c}x_1$$

输出方程为

$$y = x_2$$

得状态空间表达式为

$$\begin{bmatrix} \dot{x}_1 \\ \dot{x}_2 \end{bmatrix} = \begin{bmatrix} -\frac{R}{L} & -\frac{1}{C} \\ 1 & 0 \end{bmatrix}\begin{bmatrix} x_1 \\ x_2 \end{bmatrix} + \begin{bmatrix} \frac{1}{L} \\ 0 \end{bmatrix}e_{\mathrm{i}}$$

$$y = [0,1]\begin{bmatrix} x_1 \\ x_2 \end{bmatrix}$$

所以当所选的状态变量不同时，那么得到的状态空间表达式也不相同。但是它们都描述了同一系统，这也说明了状态变量的选取不是唯一的，但是各组变量之间存在着某种必然联系，这种联系就是线性变换。从状态空间角度来看，状态变量的线性变换就相当于状态空间的线性变换。这样一来，每一组状态变量对应着一种状态空间的坐标系，而不同的状态变量就对应于不同的坐标系。因此，同一系统的各种状态方程，就是这一系统在不同状态空间的数学描述。

7.2 状态方程的导出与求解

用状态方程来描述系统的运动不仅便于用矩阵方法表示成比较紧凑而简洁的形式，并且很容易用计算机进行求解。在上一节中，我们通过例 7 - 1 已经初步介绍了建立实际控制系统的状态空间表达式的有效方法：即首先根据物理系统（或元件）所遵循的物理定律建立系统的微分方程，然后选择恰当的物理量作为状态变量，进而导出了系统的状态空间表达式。

本节研究的主要内容是：在已知系统的微分方程或传递函数时，推导出状态空间表达式的一般方法，研究三者之间的关系，揭示系统内部固有的重要特性。

7.2.1 由系统微分方程到状态空间描述

一、输入信号中不含有导数项的 *n* 阶微分方程系统的状态空间描述

设单输入单输出系统的 n 阶微分方程为

$$y^{(n)} + a_1 y^{(n-1)} + a_2 y^{(n-2)} + \cdots + a_{n-1}\dot{y} + a_n y = u \tag{7-2}$$

式中：$y^{(n)}$，$y^{(n-1)}$，$\cdots$，$\dot{y}$，y 为系统的输出量及其各阶导数，u 为系统的输入量，a_1，a_2，a_{n-1}，a_n 为常系数。

如果已知初始条件 $y(0)$，$\dot{y}(0)$，$\cdots$，$y^{(n-1)}(0)$ 以及 $t>0$ 时的输入信号 $u(t)$，那么就可以唯一确定 $t>0$ 时的系统。因此，选择 $y(t)$ 和 $y(t)$ 的各阶导数作为系统的状态变量，并用 $x_1(t),x_2(t),x_3(t),\cdots,x_n(t)$ 表示如下：

$$\begin{cases} x_1 = y \\ x_2 = \dot{y} \\ x_3 = \ddot{y} \\ \vdots \\ x_{n-1} = y^{(n-2)} \\ x_n = y^{(n-1)} \end{cases} \tag{7-3}$$

则式（7 - 2）可化为

$$\begin{cases}\dot{x}_1 = x_2 \\ \dot{x}_2 = x_3 \\ \dot{x}_3 = x_4 \\ \quad\vdots \\ \dot{x}_{n-1} = x_n \\ \dot{x}_n = -a_n x_1 - a_{n-1}x_2 - \cdots - a_2 x_{n-1} - a_1 x_n + u\end{cases} \tag{7-4}$$

将式（7-4）写成矩阵形式为

$$\dot{X} = AX + BU \tag{7-5}$$

$$Y = CX \tag{7-6}$$

即

$$\begin{bmatrix}\dot{x}_1\\ \dot{x}_2\\ \dot{x}_3\\ \vdots\\ \dot{x}_n\end{bmatrix} = \begin{bmatrix}0 & 1 & 0 & 0 & \cdots & 0\\ 0 & 0 & 1 & 0 & \cdots & 0\\ 0 & 0 & 0 & 1 & \cdots & 0\\ \vdots & \vdots & \vdots & \vdots & \cdots & 0\\ 0 & 0 & 0 & 0 & \cdots & 1\\ -a_n & -a_{n-1} & -a_{n-2} & -a_{n-3} & \cdots & -a_1\end{bmatrix}\begin{bmatrix}x_1\\ x_2\\ x_3\\ \vdots\\ x_n\end{bmatrix} + \begin{bmatrix}0\\ 0\\ 0\\ \vdots\\ 1\end{bmatrix}u \tag{7-7}$$

$$y = [1,0,0,\cdots,0]\begin{bmatrix}x_1\\ x_2\\ x_3\\ \vdots\\ x_n\end{bmatrix} \tag{7-8}$$

则式（7-7）和式（7-8）就构成了系统的状态空间表达式。

【例 7-2】 设系统的微分方程为

$$\dddot{y} + 7\ddot{y} + 12\dot{y} + 7y = 9u$$

其中 y，u 分别为系统的输出和输入信号。试求系统的状态空间表达式。

解 选取状态变量为 $x_1 = y$，$x_2 = \dot{y}$，$x_3 = \ddot{y}$，并代入到系统微分方程中

得到

$$\begin{cases}\dot{x}_1 = x_2 \\ \dot{x}_2 = x_3 \\ \dot{x}_3 = -7x_1 - 12x_2 - 7x_3 + 9u\end{cases}$$

化成矩阵形式为

$$\begin{bmatrix}\dot{x}_1\\ \dot{x}_2\\ \dot{x}_3\end{bmatrix} = \begin{bmatrix}0 & 1 & 0\\ 0 & 0 & 1\\ -7 & -12 & -7\end{bmatrix}\begin{bmatrix}x_1\\ x_2\\ x_3\end{bmatrix} + \begin{bmatrix}0\\ 0\\ 9\end{bmatrix}u$$

$$y = [1,0,0]\begin{bmatrix} x_1 \\ x_2 \\ x_3 \end{bmatrix}$$

以上两式写成标准形式为

$$\begin{aligned} \dot{X} &= AX + BU \\ Y &= CX \end{aligned} \tag{7-9}$$

其中

$$A = \begin{bmatrix} 0 & 1 & 0 \\ 0 & 0 & 1 \\ -1 & -12 & -7 \end{bmatrix} \quad B = \begin{bmatrix} 0 \\ 0 \\ 9 \end{bmatrix} \quad C = [1,0,0]$$

式（7－9）即为系统的状态空间表达式。

二、输入信号中含有导数项的 n 阶微分方程系统的状态空间描述

设系统的 n 阶微分方程如下式所示：

$$y^{(n)} + a_1 y^{(n-1)} + \cdots + a_{n-1}\dot{y} + a_n y = b_0 u^{(n)} + b_1 u^{(n-1)} + \cdots + b_{n-1}\dot{u} + b_n u \tag{7-10}$$

如果利用式（7－3）所示方法，把 $y^{(n)}$，$y^{(n-1)}$，…，$\dot{y}$，y 作为状态向量，则 n 个方程中的最后一个方程右端将包含有 u 的各阶导数项，这样一来，系统将不可能得到唯一解。

一般来说，选择状态变量的原则是：在导出的一阶微分方程组中不能出现 u 的导数项，即所选取的状态变量必须能够消去状态方程中 u 的导数项。

为此，对于式（7－10），应选取以下 n 个变量作为一组状态变量

$$\begin{cases} x_1 = y - \beta_0 u \\ x_2 = \dot{y} - \beta_0 \dot{u} - \beta_1 u = \dot{x}_1 - \beta_1 u \\ x_3 = \ddot{y} - \beta_0 \ddot{u} - \beta_1 \dot{u} - \beta_2 u = \dot{x}_2 - \beta_2 u \\ \vdots \\ x_n = y^{(n-1)} - \beta_0 u^{(n-1)} - \beta_1 u^{(n-2)} - \cdots - \beta_{n-2}\dot{u} - \beta_{n-1} u = \dot{x}_{n-1} - \beta_{n-1} u \end{cases} \tag{7-11}$$

式中：β_0，β_1，β_2，…，β_n 分别为

$$\begin{cases} \beta_0 = b_0 \\ \beta_1 = b_1 - a_1\beta_0 \\ \beta_2 = b_2 - a_1\beta_1 - a_2\beta_0 \\ \beta_3 = b_3 - a_1\beta_2 - a_2\beta_1 - a_3\beta_0 \\ \vdots \\ \beta_n = b_n - a_1\beta_{n-1} - \cdots - a_{n-1}\beta_1 - a_n\beta_0 \end{cases} \tag{7-12}$$

这样选取状态变量就能够保证了状态方程解的存在性与惟一性。对式（7－12）求导并写成矩阵形式就得到了系统的状态方程与输出方程

$$\begin{bmatrix}\dot{x}_1\\ \dot{x}_2\\ \vdots\\ \dot{x}_{n-1}\\ \dot{x}_n\end{bmatrix}=\begin{bmatrix}0 & 1 & 0 & \cdots & 0\\ 0 & 0 & 1 & \cdots & 0\\ \vdots & \vdots & \vdots & \vdots & \vdots\\ 0 & 0 & 0 & \cdots & 1\\ -a_n & -a_{n-1} & -a_{n-2} & \cdots & -a_1\end{bmatrix}\begin{bmatrix}x_1\\ x_2\\ \vdots\\ x_{n-1}\\ x_n\end{bmatrix}+\begin{bmatrix}\beta_1\\ \beta_2\\ \vdots\\ \beta_{n-1}\\ \beta_n\end{bmatrix}u$$

$$y=[1,0,0,\cdots,0]\begin{bmatrix}x_1\\ x_2\\ x_3\\ \vdots\\ x_n\end{bmatrix}+\beta_0 u$$

或

$$\begin{aligned}\dot{X}&=AX+BU\\ Y&=CX+DU\end{aligned}\tag{7-13}$$

其中

$$X=\begin{bmatrix}x_1\\ x_2\\ \vdots\\ x_{n-1}\\ x_n\end{bmatrix}\quad A=\begin{bmatrix}0 & 1 & 0 & \cdots & 0\\ 0 & 0 & 1 & \cdots & 0\\ \vdots & \vdots & \vdots & \vdots & \vdots\\ 0 & 0 & 0 & \cdots & 1\\ -a_n & -a_{n-1} & -a_{n-2} & \cdots & a_1\end{bmatrix}\quad B=\begin{bmatrix}\beta_1\\ \beta_2\\ \vdots\\ \beta_{n-1}\\ \beta_n\end{bmatrix}$$

$$C=[1,0,0,\cdots,0]\quad D=\beta_0=b_0$$

式（7－13）就构成了系统的状态空间表达式；初始条件 x（0）可由式（7－11）来确定。通过比较我们会发现该状态空间表达式中的 A 与式（7－5）中的 A 完全相同；方程（7－10）右边输入项的各阶导数只影响 B 中的元素。

【例7－3】 已知一个系统的微分方程为

$$\dddot{y}+6\ddot{y}+11\dot{y}+6y=\dddot{u}+8\ddot{u}+17\dot{u}+8u$$

试求该系统的状态空间表达式。

解 依题意可得到该方程的系数 a_i 和 b_j 分别为

$$\begin{cases}a_1=6,a_2=11,a_3=6\\ b_0=1,b_1=8,b_2=17,b_3=8\end{cases}$$

所以根据式（7－12）可计算出 $\beta_1=2,\beta_2=-6,\beta_3=16$

再根据式（7－13）可得状态方程为

$$\begin{bmatrix}\dot{x}_1\\ \dot{x}_2\\ \dot{x}_3\end{bmatrix}=\begin{bmatrix}0 & 1 & 0\\ 0 & 0 & 1\\ -6 & -11 & -6\end{bmatrix}\begin{bmatrix}x_1\\ x_2\\ x_3\end{bmatrix}+\begin{bmatrix}2\\ -6\\ 16\end{bmatrix}u\tag{7-14}$$

输出方程为

$$y = \begin{bmatrix} 1 & 0 & 0 \end{bmatrix} \begin{bmatrix} x_1 \\ x_2 \\ x_3 \end{bmatrix} \tag{7-15}$$

式（7－14）、式（7－15）即构成了系统的状态空间表达式。

7.2.2　由系统传递函数到状态空间描述

系统传递函数和微分方程一样，也是一种完整的系统描述方法，特别适用于研究线性定常系统。

由于许多实际的控制系统可以直接写出其传递函数，而且由已知的微分方程也可方便地导出传递函数。因此可以首先把系统的传递函数转化为微分方程，然后利用上面的方法转化为系统的状态方程。当然也可以直接把传递函数转化为状态方程，由于篇幅有限，本书不过多介绍。

不仅系统的微分方程和传递函数可以转化为状态空间表达式的形式，而且系统的状态空间表达式也可以方便的转化为微分方程和传递函数的形式，关于这些方面的论述非常多，感兴趣的读者可以参考其它相关文献。

7.3　状态能控性和能观性

通过前面分析我们知道，经典控制理论利用传递函数来研究系统的输入与输出之间的关系，输出量就是被控量，如果系统稳定，那么输出量就能够完全被控制。而且输出量又总是能够被量测的。因此无论从理论上还是从实践上来说，经典控制理论都不存在是否能被控制，是否能被量测的问题。而现代控制理论主要研究对系统状态的控制，状态向量能否被输入量控制？状态向量的每一个分量能否可被量测？

能控性（Controllability）和能观性（Observability）是现代控制理论中两个非常重要的概念，它们深刻地揭示了系统内部的状态与系统输入输出之间的关系。一般来说，能控性指的是输入量 $u(t)$ 影响系统状态向量 $X(t)$ 的能力，这解决了 $u(t)$ 能否使 $X(t)$ 作任意转移的问题；能观性指由系统的输出 $y(t)$ 反映系统状态向量 $X(t)$ 的能力，这解决了能否通过 $y(t)$ 的量测来确定 $X(t)$ 的问题。

现代控制理论将状态向量作为被控量，主要研究状态的控制与观测问题。本节主要讨论线性定常系统的能控性与能观性问题。

7.3.1　线性定常系统的能控性

一、能控性定义

设系统的状态方程为 $\dot{X} = AX + BU$，若在一个有限的时间间隔 $t \in [t_0, t_f]$ 内，存在无约束但不一定是唯一的控制函数 $U(t)$，能够使系统从任意初始状态 $X(t_0)$ 转移到另一终止状

态 $X(t_f)$，则称此状态是能控的。若系统所有的状态都是能控的，则称此系统是状态完全能控的，简称系统是能控的；若系统中至少存在一个状态不能控，则称这些状态不可控，那么对于整个系统，该系统是不能控的。

能控性在设计控制系统时是非常重要的。在设计控制系统时，应首先判断系统是否能控，这样可以避免对于那些不可控制的系统非要进行控制的徒劳。

对于系统的能控性问题我们应注意以下两点：

①研究系统的能控性问题，需从系统的状态方程入手，与系统输出无关；

②对系统作任何线性非奇异变换，不改变系统的状态能控性。

二、能控性常用判据

n 阶系统状态完全能控的充要条件

$$\mathrm{rank}[B \quad AB \quad A^2B \quad \cdots \quad A^{n-1}B] = n \tag{7-16}$$

式中，rank［•］表示对矩阵［•］求秩。

【例7-5】 考虑由下式确定的控制系统：

$$\begin{bmatrix} \dot{x}_1 \\ \dot{x}_2 \\ \dot{x}_3 \end{bmatrix} = \begin{bmatrix} -\frac{1}{3} & 0 & \frac{2}{3} \\ 0 & 0 & 1 \\ -\frac{1}{3} & -1 & -\frac{4}{3} \end{bmatrix} \begin{bmatrix} x_1 \\ x_2 \\ x_3 \end{bmatrix} + \begin{bmatrix} \frac{1}{3} \\ 0 \\ \frac{1}{3} \end{bmatrix} u$$

试判断系统是否状态可控。

解 因为

$$[B \quad AB \quad A^2B] = \begin{bmatrix} \frac{1}{3} & \frac{1}{9} & -\frac{11}{27} \\ 0 & \frac{1}{3} & -\frac{5}{9} \\ \frac{1}{3} & -\frac{5}{9} & \frac{10}{27} \end{bmatrix}$$

$$\mathrm{rank}[B \quad AB \quad A^2B] = 3$$

所以系统状态可控。

7.3.2 线性定常系统的能观性

一、能观性定义

对于任意给定的输入 $U(t)$ 以及在有限时间间隔 $t \in [t_0, t_f]$ 内量测得的输出 $y(t)$，若能唯一确定系统在初始时刻的某一初始状态 $X(t_0)$，则称系统是完全能观的，简称系统是能观的。

对于系统的能观性问题应注意：

(1) 系统的能观性描述的是输出 $y(t)$ 反映状态向量 $X(t)$ 的能力，与输入 $u(t)$ 没有直接关系；

(2) 对系统作任何线性非奇异变换，不改变系统的能观性。

二、能观性常用判据

n 阶系统状态完全能观的充要条件

$$\text{rank}\begin{bmatrix} C \\ CA \\ \vdots \\ CA^{n-1} \end{bmatrix} = n$$

【例 7-6】 对于［例题 7-5］，若系统输出方程为

$$y = [1 \quad 0 \quad 0]\begin{bmatrix} x_1 \\ x_2 \\ x_3 \end{bmatrix}$$

试判断系统是否状态可观。

解 因为

$$\begin{bmatrix} C \\ CA \\ CA^2 \end{bmatrix} = \begin{bmatrix} 1 & 0 & 0 \\ -\frac{1}{3} & 0 & \frac{2}{3} \\ -\frac{1}{9} & -\frac{2}{3} & -\frac{10}{9} \end{bmatrix}$$

$$\text{rank}\begin{bmatrix} C \\ CA \\ CA^2 \end{bmatrix} = 3$$

所以系统能可观。

【例 7-7】 证明下列系统是状态不可观的。

$$\dot{x} = AX + BU$$

$$y = CX$$

其中 $$X = \begin{bmatrix} x_1 \\ x_2 \\ x_3 \end{bmatrix} \quad A = \begin{bmatrix} 0 & 1 & 0 \\ 0 & 0 & 1 \\ -6 & -11 & -6 \end{bmatrix} \quad B = \begin{bmatrix} 0 \\ 0 \\ 1 \end{bmatrix}$$

$$C = [4 \quad 5 \quad 1]$$

证明：

因为 $$C = [4 \quad 5 \quad 1]$$

$$CA = [-6 \quad -7 \quad -1]$$

$$CA^2 = [6 \quad 5 \quad -1]$$

所以 $$\begin{bmatrix} C \\ CA \\ CA^2 \end{bmatrix} = \begin{bmatrix} 4 & 5 & 1 \\ -6 & -7 & -1 \\ 6 & 5 & -1 \end{bmatrix}$$

又因为
$$\mathrm{rank}\begin{bmatrix} C \\ CA \\ CA^2 \end{bmatrix} = 2 < 3$$
故该系统状态不可观。

大量工程应用实践表明，对于单输入单输出系统，系统能控能观的充要条件是：传递函数中没有零极点对消现象。

7.4 稳定性问题

稳定性是系统的重要特性，也是系统正常工作的必要条件。在经典控制理论中应用劳斯（Routh）判据，奈奎斯特（Nyquist）判据以及根轨迹判据来判断线性定常系统的稳定性，但是这些判据不适合于非线性或线性时变系统。

1892年，前俄国学者李雅普诺夫（Lyapunov）提出的稳定性理论，是解决非线性系统稳定性问题的一般方法。李雅普诺夫针对一般微分方程的稳定性问题，提出了两种方法，被称为李雅普诺夫第一方法（也称为间接法）；李雅普诺夫第二方法（也称为直接法）。特别是第二方法，它是确定非线性或线性时变系统的最一般方法，当然这种方法也可用于线性定常系统的稳定性分析。

7.4.1 平衡状态

对于线性定常系统，其稳定性与系统的初始条件以及外界干扰的大小无关，只取决于系统的结构和参数。而非线性系统的稳定性不仅与系统的结构和参数，而且与初始条件和外界干扰都有关系，针对非线性系统的这一特点，李雅普诺夫提出的关于稳定性的一般定义，是针对平衡点及其邻域的。系统的稳定性都是相对于系统的平衡状态而言的。对于线性定常系统，只存在唯一的一个孤立平衡点，而对于其它系统，有着不同的平衡状态。因此应首先介绍有关平衡状态的意义。

平衡状态：设系统的状态方程为 $\dot{x} = f(x,t)$，对于所有的 t，满足 $\dot{x}_e = f(x_e,t)$ 的状态 x_e 就称为平衡状态。

零状态是线性系统的平衡状态，且当系统矩阵非奇异时，零状态是唯一的平衡状态。对于非线性系统，其平衡点可能不止一个，而且针对不同的平衡点，稳定性也是不同的。

7.4.2 李雅普诺夫意义下的稳定性

设系统初始状态位于以平衡状态 X_e 为球心，半径为 δ 的闭球域 S（δ）内，即 $\| X_0 - X_e \| \leqslant \delta(t = t_0)$，且能使系统方程的解 X 在 $t \to \infty$ 的过程中，都位于以 X_e 为球心，半径为 ε（$\varepsilon \leqslant \delta$）的闭球域 S（ε）内，即 $\| X(t) - X_e \| \leqslant \varepsilon(t_0 < t < \infty)$，那么称 X_e 稳定的，通常称为李雅普诺夫意义下的稳定性。

（1）渐进稳定性：如果平衡点是李雅普诺夫稳定的，且 $\lim\limits_{t \to \infty} \| X(t) - X_e \| = 0$，则称 X_e

为渐进稳定的。

(2) 大范围渐进稳定：当初始条件扩展到整个状态空间，并且具有渐进稳定性时，则称 X_e 为大范围渐进稳定的。

(3) 不稳定性：无论 δ 的值取多么小，只要在 $S(\delta)$ 内有一从 X_e 出发的轨迹越出 $S(\varepsilon)$以外，这时就称平衡状态 X_e 是不稳定的。

在实际的控制工程中，总希望系统具有大范围渐进稳定的特性；对于线性系统，渐进稳定通常等价于大范围渐进稳定。

最后须指出：我们在前面经典控制理论中所学过的稳定性概念，与本章所讲的李雅普诺夫意义下的稳定性概念是不完全相同的，二者的区别与联系如表 7－1 所示：

表 7－1　两种稳定性概念区别

李雅普诺夫意义下的稳定性	渐进稳定	稳　定	不稳定
经典控制理论下的稳定性	稳　定 $Re(s)<0$	临界稳定 $Re(s)=0$	不稳定 $Re(s)>0$

7.5 最优控制理论

在前面的章节中，我们详细介绍了经典控制理论以及利用其对控制系统进行设计的基本方法，主要是以如何满足系统某些给定的性能指标为出发点，至于所采取的控制律是否最优并没有涉及到。而且利用经典控制理论设计系统所用到的各种方法，多数都是建立在试凑的基础上，这往往与设计人员的经验有很大的关系。

最优控制是现代控制理论的一个重要组成部分。它的形成与发展奠定了整个现代控制理论的基础。本节只简单介绍最优控制的基本概念及一般提法。

7.5.1 最优控制的基本概念

一、最优控制系统

所谓最优控制系统，就是指在一定的条件下，系统在完成所规定的具体任务时，某一(或几个) 性能指标为最优值。

二、性能指标

性能指标一般用符号 J 来表示。性能指标，也被称为指标函数。最优控制实际上就是指在某个性能指标下的最优控制。不同的控制问题有不同的性能指标，所选择的性能指标不同，自然所求得的控制律也不相同；即使是同一个控制问题，其性能指标也会因设计者的着眼点不同而不一样。性能指标是根据物理系统本身的要求以及条件人为确定的，确定系统的性能指标是非常不容易的，需要有大量丰富的经验。所选择的性能指标不仅要在数学上易于处理，而且所得到的控制律在工程应用中要易于实现。

在设计最优控制系统时，性能指标的选择非常关键。它也是衡量控制系统在任一容许控制作用下性能好坏的尺度。

一般来说，系统的性能指标有以下三种：

(1) 积分型性能指标：J 最小时，表明了系统的过渡过程振荡最小。

(2) 终值型性能指标：表示在控制过程结束时，要有最小的稳态误差以及最准确的定位等等。

(3) 复合型性能指标：由（1）和（2）复合构成，要求系统要同时兼顾（1）和（2）两方面的要求。这种性能指标更具有代表性，因此在最优控制中经常被采用。

最优控制问题的性能指标不是一个简单的自变量的函数，而是泛函，即函数的函数，求其极值要用到变分法。有关变分法的基本内容，远远超出了大纲的要求，本书就不介绍了，感兴趣的读者可参考相关文献。

三、最优控制问题的一般提法

设系统的动态方程为

$$\dot{x}=f(x, u, t)$$

在满足一定的约束条件下，从所有可供选择的容许控制中寻找一个最优控制 $u^*(t)$，在时间区间 $[t_0, t_f]$ 上将系统由初始状态 $x(t_0)$ 转移到所要求的终值状态 $x(t_f)$，并且使性能指标 J 为极小（或极大）。

这时 $u^*(t)$ 也被称为极值控制，而相应得到的轨线 $x^*(t)$ 称之为最优轨线或极值轨线；相应由 $u^*(t)$、$x^*(t)$ 得到的 J^* 称之为最优性能指标。

小　　结

本章主要介绍了现代控制理论中状态空间法的基本内容。详细介绍了线性系统状态空间表达式的建立过程，在此基础上讨论了线性系统状态空间法的两个非常重要的概念：系统的能控性与能观性，并给出了相应的判据。

稳定性是控制系统研究的重要问题，本章介绍了李雅普诺夫稳定性理论的基本内容和含义，并且阐述了与经典控制理论中稳定性的区别与联系。

最后，本章简单介绍了最优控制的基本概念和一般提法等。

习　　题

7-1　简述经典控制理论与现代控制理论的区别与联系。

7-2　设控制系统的微分方程为

$$\ddot{y}+3\dot{y}+2y=\dot{u}+3u$$

试求出该系统的状态空间表达式。

7-3　已知系统状态方程为

$$\dot{x}=\begin{bmatrix} a & 1 \\ -1 & 0 \end{bmatrix}+\begin{bmatrix} b \\ -1 \end{bmatrix}u$$

试确定使系统具有可控性时，常数 a，b 应满足的关系。

7-4　简述系统能控性与能观性两个概念的基本含义及意义。

7-5　判别下列系统 $[A \quad B \quad C]$ 的能控性与能观性。

(1) $A=\begin{bmatrix} 3 & 0 & -5 \\ -2 & 1 & 5 \\ 0 & 0 & -2 \end{bmatrix}$　$B=\begin{bmatrix} 1 & 0 \\ 2 & 0 \\ 0 & 1 \end{bmatrix}$　$C=\begin{bmatrix} 4 & 1 & -3 \\ 3 & 2 & -1 \end{bmatrix}$

(2) $A=\begin{bmatrix} 0 & 1 & 0 \\ 0 & 0 & 1 \\ -6 & -11 & -6 \end{bmatrix}$　$B=\begin{bmatrix} 0 \\ 0 \\ 1 \end{bmatrix}$　$C=\begin{bmatrix} 20 & 9 & 1 \end{bmatrix}$

(3) $A=\begin{bmatrix} 0 & 1 & 0 & 0 \\ 0 & 0 & 0 & 0 \\ 0 & 0 & -1 & 0 \\ 0 & 0 & 0 & 1 \end{bmatrix}$　$B=\begin{bmatrix} 0 \\ 1 \\ 1 \\ 1 \end{bmatrix}$　$C=\begin{bmatrix} 0 & 1 & 1 & 0 \end{bmatrix}$

7-6　试确定系统 $[A \quad B \quad C]$ 状态完全能控与能观时的待定系数 α 和 β 值。

$$A=\begin{bmatrix} 3 & 1 \\ -1 & 0 \end{bmatrix} \quad B=\begin{bmatrix} \beta \\ -1 \end{bmatrix} \quad C=\begin{bmatrix} \alpha & 0 \end{bmatrix}$$

7-7　什么是李雅普诺夫关于稳定性的一般定义？

7-8　什么是最优控制？

附　　录

附录 A　常用函数的拉普拉斯变换对照表

序号	像函数 $F(s)$	原函数 $f(t)$	序号	像函数 $F(s)$	原函数 $f(t)$
1	1	$\delta(t)$	11	$\frac{\omega}{s^2+\omega^2}$	$\sin\omega t$
2	e^{-ksT}	$\delta(t-kT)$	12	$\frac{s}{s^2+\omega^2}$	$\cos\omega t$
3	$\frac{1}{s}$	$1(t)$	13	$\frac{\omega^2}{s(s^2+\omega^2)}$	$1-\cos\omega t$
4	$\frac{1}{s^{r+1}}$	$\frac{1}{r!}t^r$	14	$\frac{\omega}{(s+a)^2+\omega^2}$	$e^{-at}\sin\omega t$
5	$\frac{1}{s-a}$	e^{at}	15	$\frac{s+a}{(s+a)^2+\omega^2}$	$e^{-at}\cos\omega t$
6	$\frac{1}{s+a}$	e^{-at}	16	$\frac{b-a}{(s+a)(s+b)}$	$e^{-at}-e^{-bt}$
7	$\frac{1}{(s+a)^2}$	te^{-at}	17	$\frac{s+a_0}{s(s+a)}$	$\frac{1}{a}[a_0-(a_0-a)e^{-at}]$
8	$\frac{1}{(s+a)^3}$	$\frac{1}{2}t^2e^{-at}$	18	$\frac{s^2+a_1s+a_0}{s^2(s+a)}$	$\frac{1}{a^2}[a_0at+a_1a-a_0+(a_0+a_1a+a^2)e^{-at}]$
9	$\frac{a}{s(s+a)}$	$1-e^{-at}$	19	$\frac{a^2b^2}{s^2(s+a)(s+b)}$	$abt-(a+b)-\frac{b^2}{a-b}e^{-at}+\frac{a^2}{a-b}e^{-bt}$
10	$\frac{a}{s^2(s+a)}$	$t-\frac{1}{a}(1-e^{-at})$	20	$\frac{s+b}{(s+a)^2+\omega^2}$	$\frac{\sqrt{(b-a)^2+\omega^2}}{\omega}e^{-at}\sin(\omega t+\varphi)$, $\varphi=\tan^{-1}\frac{\omega}{b-a}$

附录B 用MATLAB语言编制的计算机仿真实验程序

本附录中的实验采用控制系统计算机辅助设计软件工具MATLAB软件，对经典控制理论中的线性定常、连续系统综合分析；利用理论知识解析控制系统、进行仿真，对系统施加一定类型信号，测取其响应，进而分析系统特性的实验方法。此实验在系统模型（数学模型）上进行。在计算机上用MATLAB6.1软件模拟、仿真、得出响应曲线进行系统动态特性研究。

B.1 MATLAB入门教程

通过实验了解并熟悉MATLAB软件的内容及各种功能与操作指令的使用，为解析控制系统提供方便的环境。

B.1.1 实验目的

1. 了解MATLAB软件的计算功能，掌握模型的特定输入法；
2. 了解MATLAB软件绘图功能，并能用MATLAB软件把规定模型的计算结果可视化。

B.1.2 实验内容

一、MATLAB的数值计算功能

1.MATLAB基本运算与表达式

(1) 表达式：MATLAB语句有两种最常见的形式：①表达式；②变量 = 表达式。

例：>>(5 * 2 + 1.3 - 0.8) * 10/25,按Enter键，结果ans = 4.2000

例：》x = (5 * 2 + 1.3 - 0.8) * 10^2/25　结果：x = 42

提示：常用运算符；加（+）、减（-）、乘（*）、右除（/）、左除（\）、幂（^）等运算。

(2) MATLAB的基本计算：MATLAB常用的基本数学函数和三角函数，如sqrt（x）：开平方，sin（x）：正弦函数，cos（x）：余弦函数，tan（x）：正切函数；asin（x）：反正弦函数，acos（x）：反余弦函数，atan（x）：反正切函数，exp指数函数。

(3) MATLAB矩阵和数组的创建、运算、修改和保存：

例：》x = [1　3　5　2]; %（存储）。例：》y = 2 * x + 1 %（运算）

例：》y(3) = 2%更改第三个元素；例:》y(6) = 10%加入第六个元素；

例：》y(4) = [ ]%删除第四个元素。例：》x(2) * 3 + y(4)%　结果：ans = 9

例：》y(2:4) - 1%取出y的第二至第四个元素来做运算　结果：ans = 6　1　-1

★输入矩阵时，在每一行结尾加分号（;），如例：》A = [1 2 3 4; 5 6 7 8; 9 10 11 12];

★同样地，我们可以对矩阵A（2，3）%2为第二行，3为第三列；进行如上各种处理：

2. 重复命令

(1) 最简单的重复命令是for　圈（for - loop），如下例：

》x = zeros（1，6）；% x是一个1行6列的零矩阵

》for i = 1:6，%变数 I 的值依次是 1 到 6

》x(i) = 1/i；%矩阵 x 的第 i 个元素的值依次被设为 1/I

end

》format rat %使用分数来表示数值

》disp(x)　结果:1　1/2　1/3　1/4　1/5　1/6

(2) 另一个常用到的重复命令是 while 圈。

3. 逻辑命令

最简单的逻辑命令是 if，…，end，

二、高级数值计算

1. 关系运算和逻辑运算

(1) 关系操作符：见下表。MATLAB 关系操作符能用来比较一个同样大小的数组，或用来比较一个数组和一个标量。关系成立，运算结果为 1；否则为 0。优先级：由高到低为算术运算、关系运算、逻辑运算。

关系操作符	功　能　说　明	关系操作符	功　能　说　明
<	小于	> =	大于或等于
< =	小于或等于	= =	等　于
>	大　于	~ =	不等于

例　关系操作符（按矩阵的输入方式输入）

》A = [2　3　4　5　6　7　8]

》B = [6　5　4　3　2　1　0]

》t = A > 4

说明：找出 A 中大于 4 的元素。0 出现在 A < = 4 的地方，1 出现在 A > 4 的地方。

(2) 逻辑操作符：逻辑操作符提供了一种组合或否定关系表达式。操作符见下表。

逻辑操作符	说　　明
&	“与”
|	“或”
~	“非”

逻辑操作符用法:》 t = ~（A > 4）说明：对上面结果取“非”，也就是 1 替换 0，0 替换 1。

2. 多项式

(1) 多项式表达和求根：MATLAB 多项式由一个行向量表示，它的系数是按降序排列。

例： 输入多项式　$x^4 - 17x^3 + 34x^2 + 0x + 16$

》p = [1　-17　34　0　16]　%行向量中必须包括具有零系数的项。

例： 求解上例中多项式的根　》roots（p）

多项式和它的根，都是向量。MATLAB 按惯例规定，多项式是行向量，根是列向量。

例：由给定的根求多项式的系数行向量

》pp = poly（r） %利用上例中求出的根

pp =

1.0000 －17.0000 34.0000 0.0000 + 0.0000i 16.0000

（2）多项式的运算：多项式的函数名称及功能简介见下表。

函 数 名 称	功 能 简 介
Conv（a，b）	乘 法
[q，r] = deconv（a，b）	除法（a除以b，q为商，r余数）
ploy（r）	用根构造多项式
Polyval（p，x）	计算x点处的多项式的值
[r，p，k] = residue（a，b）	部分分式展开式
[a，b] = residue（r，p，k）	部分分式组合
Roots（a）	求多项式的根

3. 数值分析

（1）求极值

MATLAB提供的函数fminbnd、fminsearch可完成求最大值和最小值的功能

例：求解函数 $fn = 2e^{-x}\sin x$ 的极小值

》fn = '2 * exp * sin(x)'; %定义函数

》xmin = fminbnd（fn，2，5） %在区间 2 < x < 5 内寻找最小值并显示结果

》x = xmin; %令x为最小值

》ymin = eval（fn） %计算最小值的函数值

（2）求零点（非线形方程式的实根）

例：方程式为：定义方程》sin（x）= 0 我们知道上式的有根，求根方式如下

》r = fzero('sin',3) % sin(x)内建函数，不定义，选择 x = 3 附近求根，结果：r = 3.1416 fzero即能寻找零点（求根），还能求函数等于常数值的点。例如，为寻找f（x）= c的点，定义函数g(x) = f(x) − c，然后，在fzero中使用g(x)为零的x的值，它发生在f(x) = c时。

三、符号计算功能

而在符号计算的整个过程中，所运作的变量都是符号变量。

1. 符号表达式和符号矩阵的创建

（1）表达式：符号表达式无等号符号方程含等号；》f = 'sin(x)^2' % $\sin^2(x)$ 赋给变量f

（2）符号矩阵的创建：sym指令创建符号矩阵直接输入法》msy = sym('[1/(a + m), sin(x), (b − x)/(a + x); 1, exp(x), x^2]') %说明：行矩阵之间用分号（;）分开，各矩阵元素间用逗号（,）分隔。符号矩阵的基本运算：symadd求和；symsub求差；symmul求乘积。

2. 符号微分

先定义方程式，再用diff演算其微分项：

>> S1 = '6 * x^3 − 4 * x^2 + b * x − 5'; >> diff(S1) %传回S1对预设独立变数x的一次微分值，结果：ans = 18 * x^2 − 8 * x + b;

>> diff(S1, 'b') %传回S1对独立变数b的一次微分值结果：ans = x;

3. 符号积分

int 函数用以演算一函数的积分项，

>> S3 = 'sqrt(x)'; >> int(S3)　%对 S1 中变数 x 积分结果：ans = 2/3 * x^(3/2)

>> int(S3,'a','b')　%在符号区间[a,b]间积分结果：ans = 2/3 * b^(3/2) - 2/3 * a^(3/2)

>> numeric(int(S3,0.5,0.6))　%使用 numeric 函数可计算积分数值　结果：ans = 0.0741

4. 求解常微分方程式

MATLAB 解常微分方程式的语法是dsolve('equation','condition')，equation 为常微分方程式y' = g(x,y)，Dy 代表一阶微分项y' D2y 代表二阶微分项y''，condition 为初始条件。

例：y' = 3x2，y(2) = 0.5　>> soln _ 1 = dsolve('Dy = 3 * x^2','y(2) = 0.5')

四、绘图

1. 基本 xy 平面绘图命令

本节介绍 MATLAB 基本 xy 平面及 xyz 空间的各项绘图命令，包含一维曲线及二维曲面的绘制；plot 是绘制一维曲线的基本函数，使用此函数之前，需先定义曲线上每一点的 x 及 y 坐标。

例 1：可画出一条正弦曲线（见图 B1）：

》close all;

》x = linspace(0,2 * pi,100);%100 个点的 x 坐标

》y = sin(x);%对应的 y 坐标

》plot(x,y);

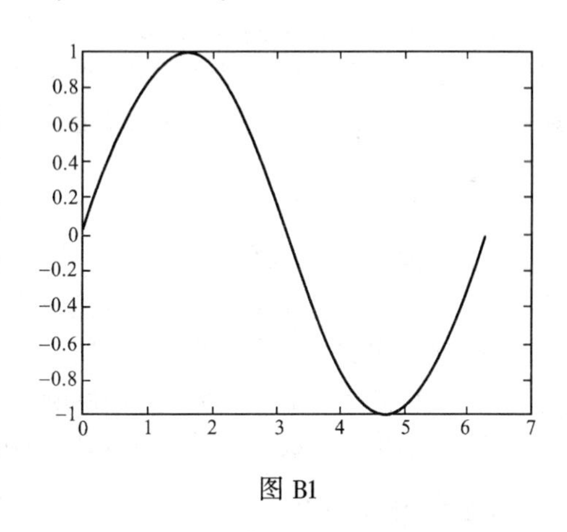

图 B1

★我们可用 subplot 来同时画出数个小图形於同一个视窗之中：

subplot(2,2,1); plot(x,sin(x)); subplot(2,2,2);plot(x,cos(x));

★若要产生极坐标图形用 polar；★stairs 可画出阶梯图 ★stems 可产生针状图。

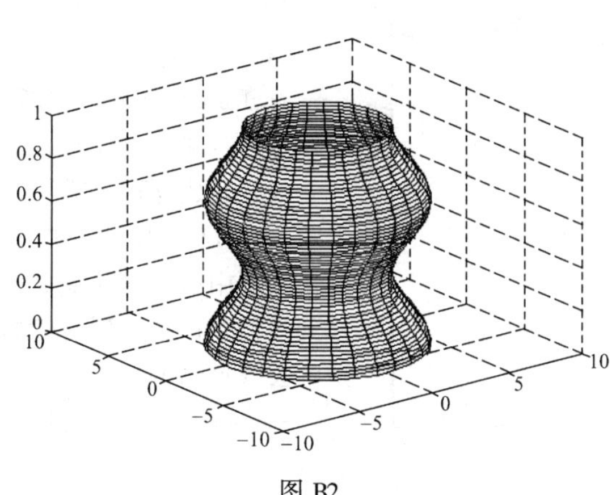

图 B2

2. 三维网图的高级处理

（1）三维旋转体的绘制：MATLAB 专门提供了 2 个函数：柱面函数 cylinder 和球面函数 sphere。

（2）网图消除

（3）裁剪处理

柱面图：柱面图绘制由函数 cylinder 实现。

例：柱面函数演示举例（见图 B2）

x = 0:pi/20:pi * 3;

r = 5 + cos(x);

[a,b,c] = cylinder(r,30);

mesh(a,b,c)

B.1.3 实验要求

仔细阅读实验指导书，复习所给出的内容，反复练习相关内容；

B.1.4 思考题

MATLAB 软件的计算功能包括哪些？并用例题说明？

B.2 控制系统 SIMULINK 仿真实验

本实验介绍的 SIMULINK 是 MATLAN 软件的扩展，主要用于对动态系统进行建模、仿真和分析的软件包，为用户提供了用方框图进行建模的图形接口。在此主要介绍 SIMULINK 仿真系统对经典控制系统进行仿真的功能。

B.2.1 实验目的

(1) 了解 SIMULINK 的基本内容、基本概念与在仿真过程中常用的一些指令；
(2) 掌握实际简单经典控制系统模型的建立；
(3) 掌握用仿真方法求取给定控制系统的响应曲线的方法；
(4) 观察分析给定控制系统在阶跃响应、斜坡和 Sine 信号输入下的响应曲线；
(5) 了解仿真参数的设置对仿真结果的影响。

B.2.2 实验内容

一、创建简单模型的基本步骤

例题：对正弦波积分模型的建立。

(1) 要创建新模型，首先在 MATLAB 命令行窗口中输入》SIMULINK；或在 MATLAB 工具条中选中“ ”按钮，弹出 SIMULINK Library Browser 窗口。在 SIMULINK Library Browser 工具条中选中“新建”按钮即可（见图 B3）。

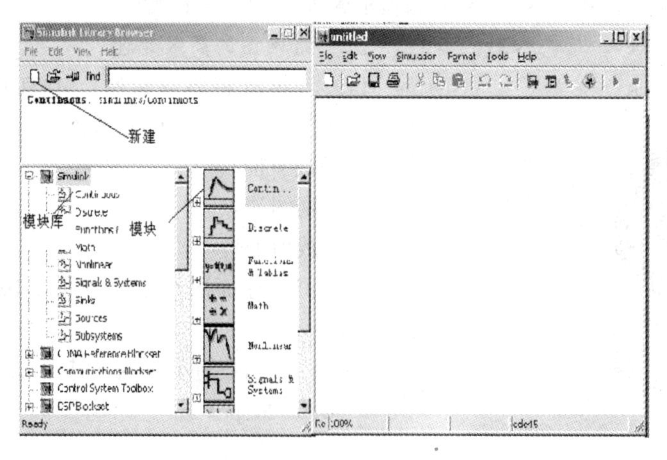

图 B3

(2) 要建立这个模型，从上图 SIMULINK 模块库中复制模块（选中后，拖动鼠标把它移到模型窗口中）到新建的模型中去（见图 B4）。

Sources library 模块库 Sine Wave 模块；

Continuous 模块库 Integrator 模块；

Signals&Systems 模块库的 Mux 模块；

Sinks 模块库的 Scope 模块。

(3) 把不同的模块连接起来，鼠标指针定位模块输出端口按下鼠标按键；拖动鼠标指针到模块输入端口并释放鼠标按键；SIMULINK 会在两个模块之间画一条带箭头的信号线；（箭头的方向为信号线的流向）（见图 B4）。

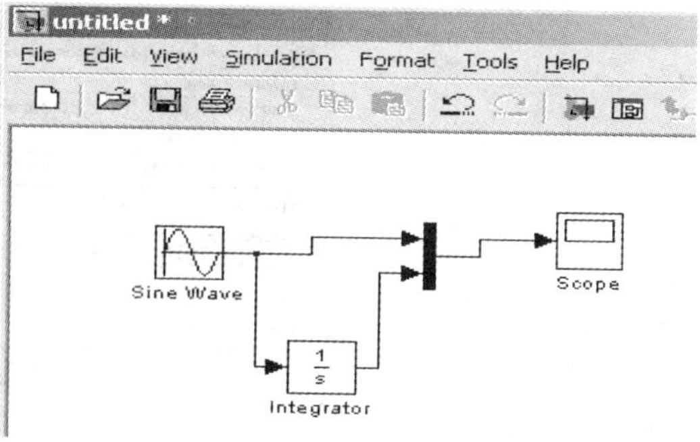

图 B4

(4) 建立模型后，对模型进行仿真：

- 双击示波器模块，打开示波器窗口（见图 B6）；
- 打开仿真菜单，开始仿真（见图 B5）；在示波器上可以看到逼真的波形（见图 B6）。

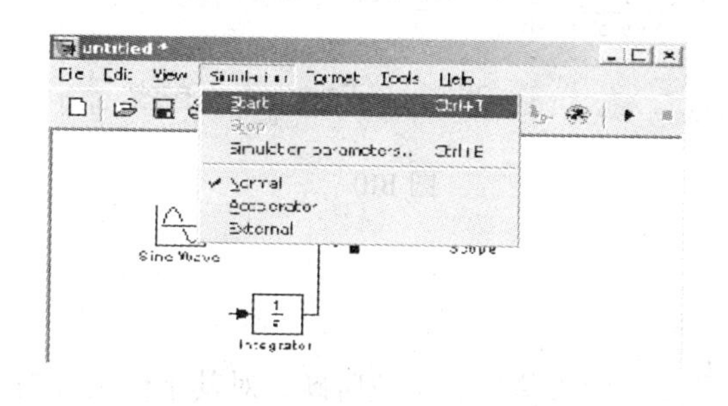

图 B5

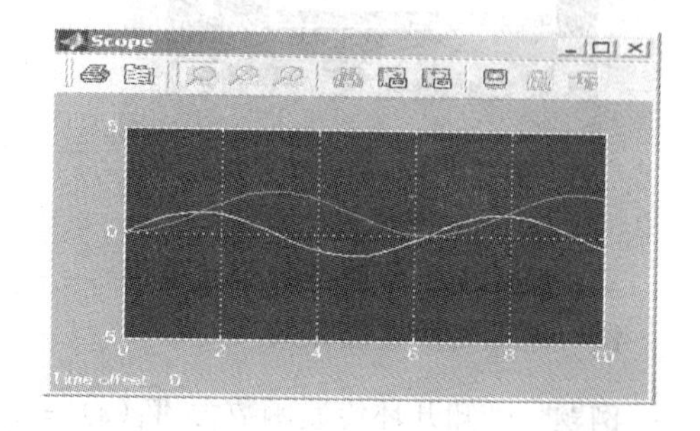

图 B6

(5) 设置各种模块参数：

- 双击正弦波模块（Sine Wave），打开该模块参数窗口，设置相应的参数；
- 操作下列菜单打开仿真设置窗口，设置仿真时间（见图 B7、B8）。

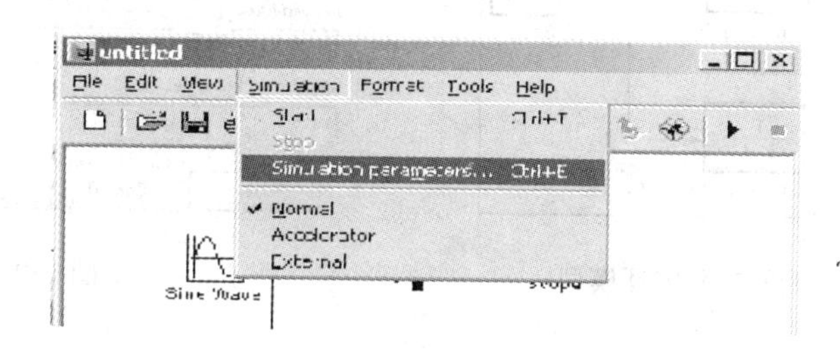

图 B7

示波器纵轴按下列操作进行

在示波器窗口下单击鼠标右键，打开相应窗口，进行参数设定（见图 B9、B10）。

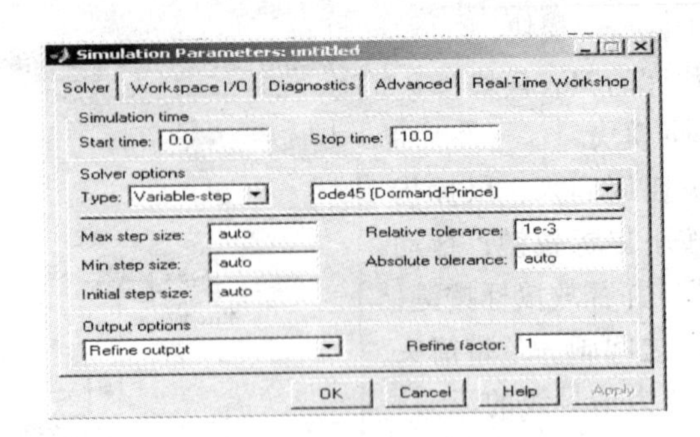

图 B8

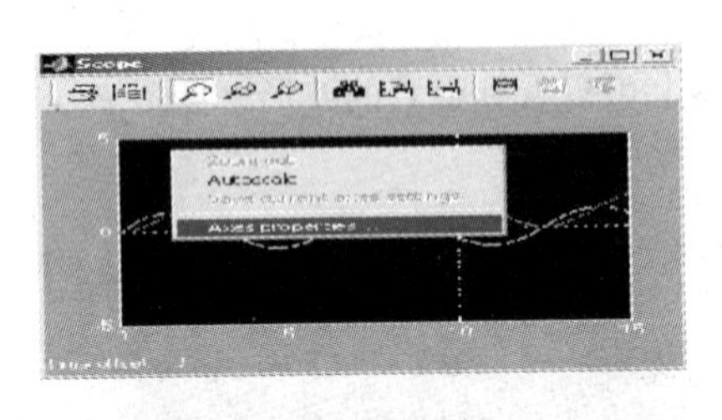

图 B9

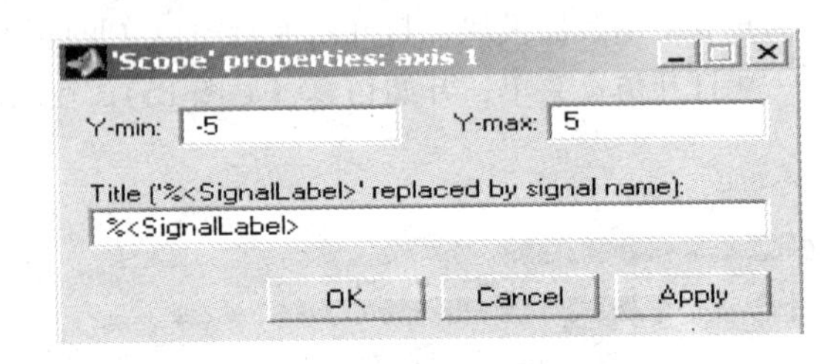

图 B10

二、SIMULINK 模型的构造事例

例 模拟二阶连续系统

例题 已知开环传递函数为 $W_k(s) = \dfrac{4}{s^2 + 2s}$，输入信号为单位阶跃，对其单位负反馈阶跃闭环响应进行仿真。

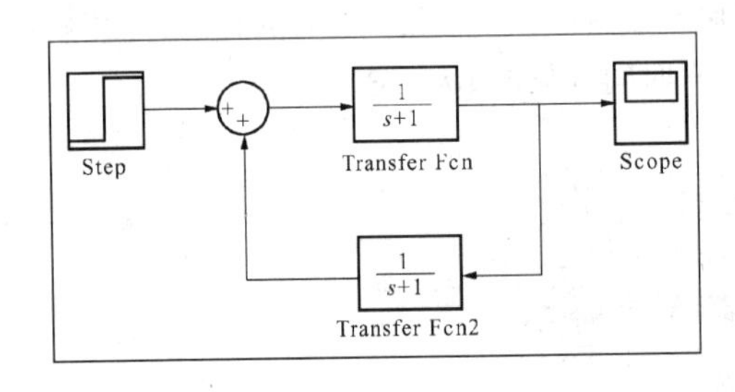

图 B11 带负反馈的二阶闭环模型

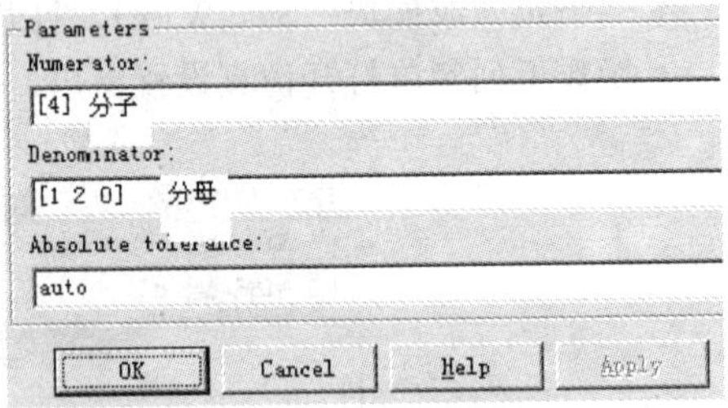

Parameters
Numerator:
[4] 分子
Denominator:
[1 2 0] 分母
Absolute tolerance:
auto
OK Cancel Help Apply

图 B12

操作步骤如下：

- 确定建模所需模型（见图 B11）
- Sources 模块库中 Step 模块，作为输入信号
- Math 模块库中的 Sum 模块，用来把两项相减
- inks 模块库中 Scope 模块，用来显示输出

◆ Continuous 模块库中 Transfer Fcn 模块（输入二阶传函）

- 复制模块到新建的模型中
- 连接模块
- 设置各模块参数（见图 B12）

输入二阶传递函数：双击传递函数模块，打开参数窗口，输入传函（分子、分母输入以 S 的降幂排列的开环传递函数的分子和分母多项式 S 项前系数，并用逗号“,”或空格隔开）；

- 设置反馈信号：双击 Sum 模块，打开参数窗口设置反馈信号属性（见图 B13）
- 修改后的模型（见图 B14）
- 仿真（见图 B15）

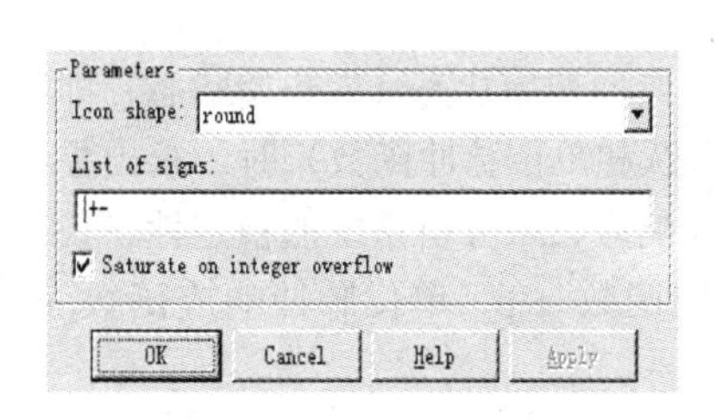

图 B13　Sum 模块

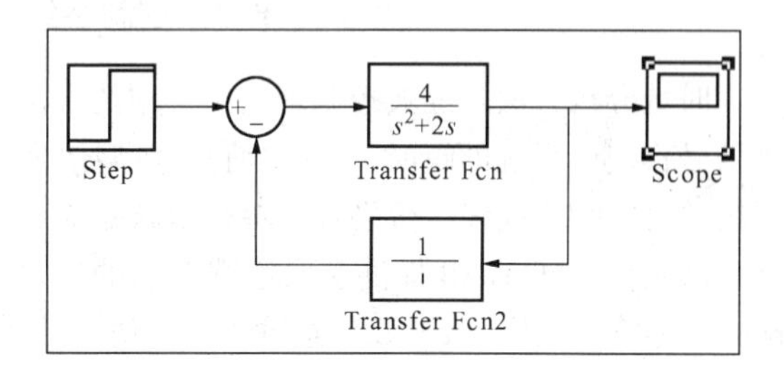

图 B14

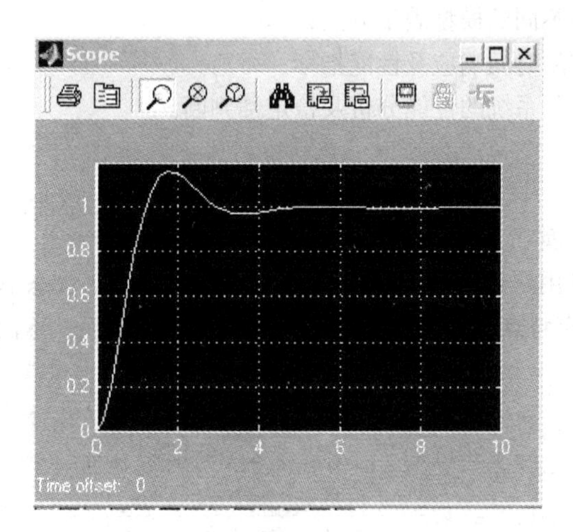

图 B15

B.2.3 练习题

(1) 某单位负反馈系统的开环传函为 $W_k(s)=\dfrac{4}{s(s+1)}$，仿真其单位阶跃（斜坡函数）下的响应曲线。

(2) 某单位负反馈系统的开环传函为 $W_k(s)=\dfrac{4}{s^2+2.828s}$ 仿真其单位阶跃（斜坡函数）下的响应曲线。

B.2.4 思考题

(1) 仿真步长的设置对结果曲线的影响如何?

(2) 系统动态性能如何改变?

B.3 控制系统时域分析法

时域分析方法是经典控制理论中常用的方法。当输入典型初始状态（零初始状态：即输入信号作用于系统的瞬时 $t=0$ 之前）、典型信号（单位阶跃和单位脉冲函数）时，求出控制系统的时间响应曲线，分别称为单位阶跃响应和单位脉冲响应，来分析系统的稳定性、快速性和准确性。MATLAB 提供求取连续系统的单位阶跃响应函数 step，单位脉冲响应函数 impulse，零输入响应 initial 几任意输入下的仿真函数 1sim。

B.3.1 实验目的

(1) 了解控制系统的时域分析法；

(2) 掌握同系统的不同的模型表示方法；

(3) 理解控制系统的时间响应及性能指标；

(4) 掌握一阶、二阶系统的性能分析及稳定性判断。

B.3.2 实验内容

一、模型之间的转换

简单系统的表示可用三种模型：传递函数、零极点增益、状态空间。每种模型均有连续/离散之分，它们各有特点，有时需在各种模型之间进行转换。下面我们主要研究的是连续系统的各种模型

传递函数模型 $H(s)=\dfrac{\mathrm{num}(s)}{\mathrm{den}(s)}=\dfrac{b_1s^m+b_2s^{m-1}+\cdots+b_{m+1}}{a_1s^n+a_2s^{n-1}+\cdots+a_{n+1}}$

零极点增益模型 $H(s)=k\dfrac{(s-z_1)(s-z_2)\cdots(s-z_m)}{(s-p_1)(s-p_2)\cdots(s-p_n)}$；

系统的状态空间模型为 $\begin{cases}x(t)=ax(t)+bu(t)\\ y(t)=cx(t)+du(t)\end{cases}$

例题：设系统的零极点增益模型为

$$H(s) = \frac{6(s+3)}{(s+1)(s+2)(s+5)}$$

求：1. 系统的传递函数及状态空间模型

》k = 6；

》z = [-3];

》p = [-1, -2, -5];

》[num, den] = zp2tf(z, p, k)

》[a, b, c, d] = zp2ss(z, p, k)

注：z（零点）p（极点）k（增益系数）abc（状态空间系数）

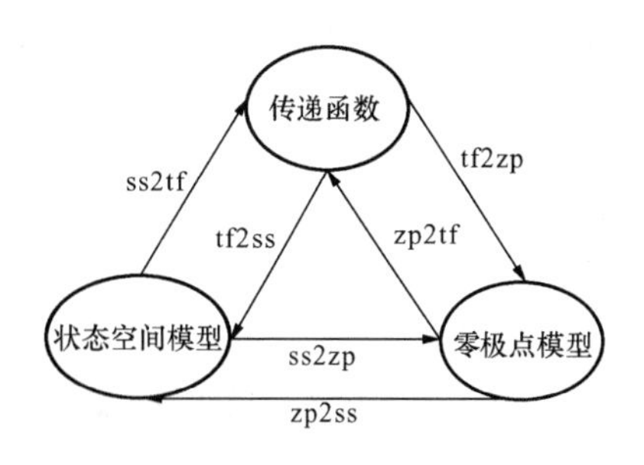

图 B16　模型转换图

其它模型的转换均按上图表进行（见图 B16）

二、一阶连续系统典型输入信号和时域性能指标分析

1. 一阶连续系统典型输入信号

(1) 一阶连续系统单位阶跃响应

格式：》[y, x, t] = step (a, b, c, d)

》[y, x, t] = step (a, b, c, d, iu)

》[y, x, t] = step (a, b, c, d, iu, t)%从第 iu 个输入到所有输出

》[y, x, t] = step (num, den)

》[y, x, t] = step (num, den, t)　%用户指定时间矢量 t

说明：step 函数可计算出线形系统的单位阶跃响应，当不带输出变量时，step 函数可在当前图形窗口中绘出系统的阶跃响应曲线。

例题：有一一阶系统 $G(s) = \frac{1}{s+10}$，求其系统的阶跃响应。

```
>> num = 1;
>> den = [1   10];
>> step(num, den);
```

执行后得到图 B17 左图的单位阶跃响应曲线

》step(num, den, 1)

得到图 B17 右图单位阶跃响应曲线 →

(2) 一阶连续系统单位脉冲响应

格式：》[y, x, t] = impulse (a, b, c, d)

》[y, x, t] = impulse (a, b, c, d, iu)

》[y, x, t] = impulse (a, b, c, d, iu, t)%从第 iu 个输入到所有输出

》[y, x, t] = impulse (num, den)

》[y, x, t] = impulse (num, den, t)%用户指定时间矢量 t

说明：impulse 函数可计算出线形系统的单位脉冲响应，当不带输出变量时，impulse 函数可在当前图形窗口中直接绘出系统的单位脉冲响应曲线。

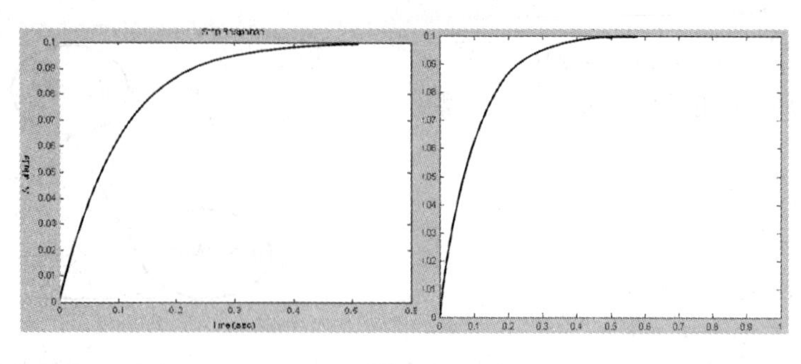

图 B17

例题：有一一阶系统 $G(s) = \dfrac{1}{s+10}$，求其系统的单位脉冲响应

```
>> figure(2);
>> hold on
>> num = 1;
>> den = [1  10];
>> impulse(num,den,1);
>> title(Impulse Response')
```

所得到图 B18 单位阶跃响应曲线

2. 一阶连续系统时域性能指标分析

系统的响应，从时间上分 $\begin{cases} \text{动态（暂态）是指系统在典型输入信号作用下，系统输出量从初始状态到最终状态的响应过程} \\ \text{稳态：指时间 } t \text{ 趋于无穷大时系统的输出状态} \end{cases}$

通常用单位作用下的响应，定义系统时域性能指标

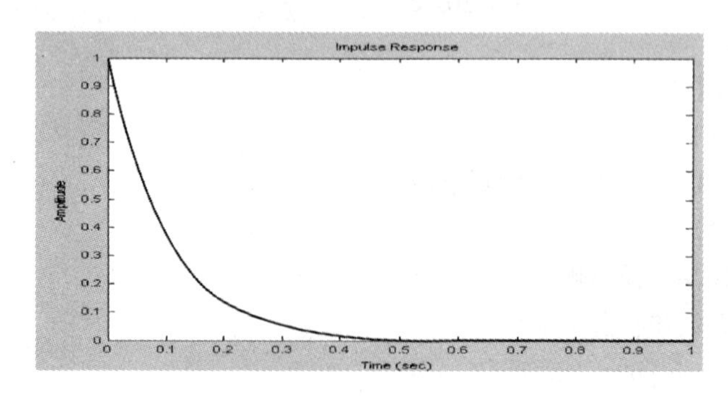

图 B18

稳定系统的单位阶跃具有两种类型 $\begin{cases} \text{衰减振荡} \\ \text{单调变化} \end{cases}$

例题：对一阶系统 $G(s) = \dfrac{1}{s+10}$ 的单位阶跃响应的时域性能用响应曲线直接说明

```
》num = 1;
```

》den = [1　10];

》step (num, den)

注：鼠标对准图形窗口双击左键，得出图 B19 窗口，选中相应对话框，在响应曲线上能找到相应性能指标系统性能就能一目了然。

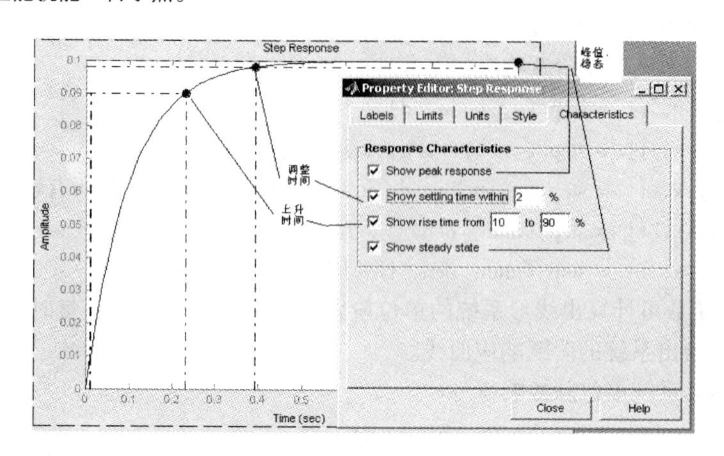

图 B19

例题：比较两系统的时域性能指标

① $G(s)=\dfrac{1}{s+10}$

系统数据

$t_p=0.099$

$t_r=0.22$

$T_s=0.391$

$\sigma_p=0$

② $G(s)=\dfrac{1}{2s+10}$

$t_p=0.1$

$t_r=0.439$

$T_s=0.782$

$\sigma_p=0$

$e_{ss}=0$

系统数据见图 B20，系统②数据见图 B21

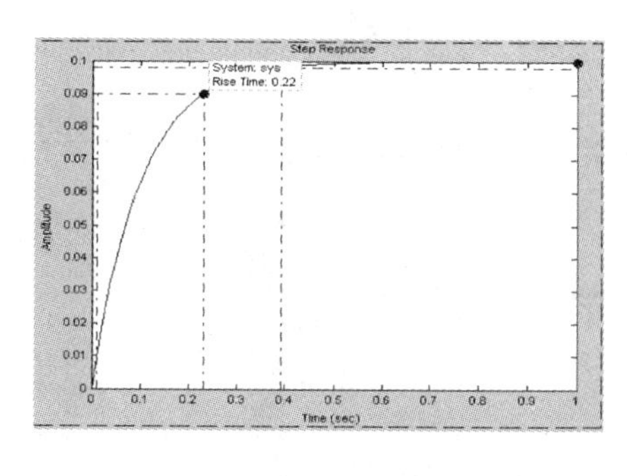

图 B20

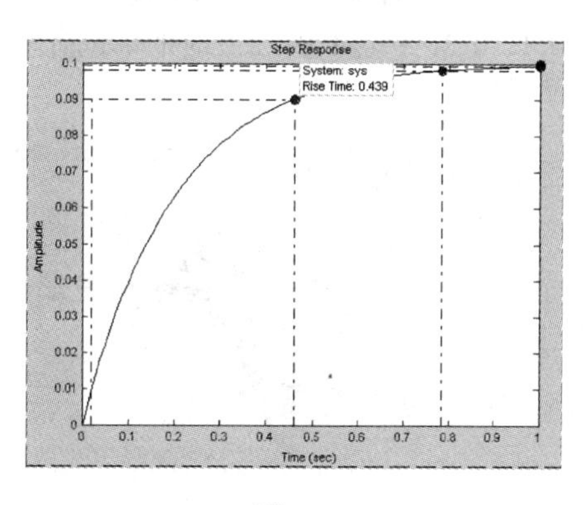

图 B21

结论：★一阶系统性能指标主要由调整时间 T_s 描述★系统① $t_r=0.22$，$T_s=0.391<$ 系

统② $t_r = 0.439$，$T_s = 0.782$，所以系统①的快速性较好；

注：响应曲线上的任何一点的参数用鼠标左键单击，鼠标指针变为手型，可以抓取任意点的参数。

三、二阶连续系统典型输入信号和时域性能指标分析

1. 二阶连续系统典型输入信号

(1) 二阶连续系统单位阶跃响应

格式：》[y，x，t] = step（a，b，c，d）

》[y，x，t] = step（a，b，c，d，iu）

》[y，x，t] = step（a，b，c，d，iu，t）%从第 iu 个输入到所有输出

》[y，x，t] = step（num，den）

》[y，x，t] = step（num，den，t）%用户指定时间矢量 t

说明：step 函数可计算出线形系统的单位阶跃响应，当不带输出变量时，step 函数可在当前图形窗口中绘出系统的阶跃响应曲线。

(2) 二阶连续系统单位脉冲响应

格式：》[y，x，t] = impulse（a，b，c，d）

》[y，x，t] = impulse（a，b，c，d，iu）

》[y，x，t] = impulse（a，b，c，d，iu，t）%从第 iu 个输入到所有输出

》[y，x，t] = impulse（num，den）

》[y，x，t] = impulse（num，den，t）%用户指定时间矢量 t

说明：impulse 函数可计算出线形系统的单位脉冲响应，当不带输出变量时，impulse 函数可在当前图形窗口中直接绘出系统的单位脉冲响应曲线。

2. 典型二阶系统的单位阶跃响应与性能指标分析

典型二阶系统的单位阶跃响应

例题 1：有一典型二阶系统 $H(s) = \dfrac{w_n^2}{s^2 + 2\xi w_n s + w_n^2}$

其中 w_n 为自然频率（无阻尼震荡频率），ξ 为相对阻尼系数。试绘制出当 $w_n = 6$，ξ 分别为 0.1，0.2，…，1.0，2.0 时的单位阶跃响应（见图 B22 ~ B24）。

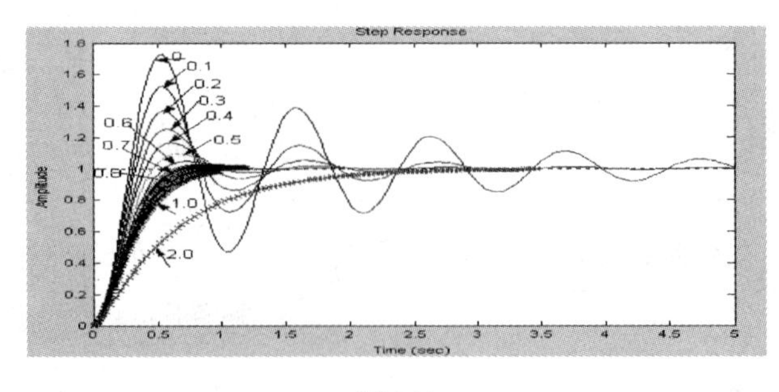

图 B22

```
》wn = 6;
》kosi = [0.1: 0.1: 1.0, 2.0];
》figure (1)
》hold on
》for kos = kosi
》num = wn.^2;
》den = [1, 2 * kos * wn, wn.^2];
》step (num, den)
end
》title (' Step Response')
》hold off
```

说明：①$0<\xi<1$，欠阻尼情况：系统响应暂态分量为幅值随时间按指数曲线衰减正弦振荡项。

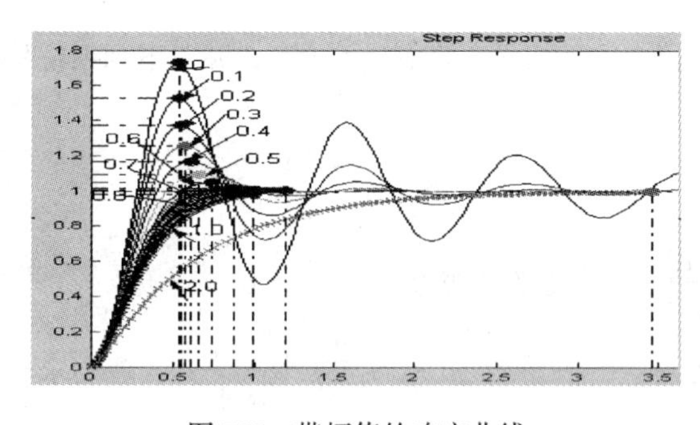

图 B23　带幅值的响应曲线

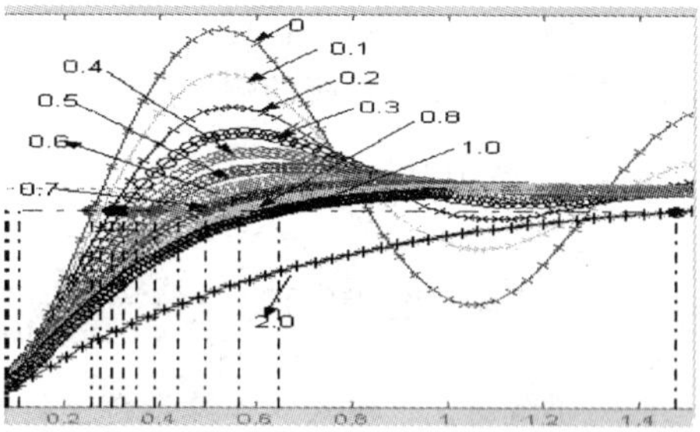

图 B24　带上升时间的响应曲线

②$\xi=1$，临界阻尼情况：(图中黑色线)

响应曲线为单调上升、无振荡及超调的曲线。

③$\xi>1$，过阻尼情况：

过阻尼二阶系统的单位阶跃响应为无超调单调上升的曲线。

④$\xi=0$，无阻尼情况：等幅振荡（见图 B25)。

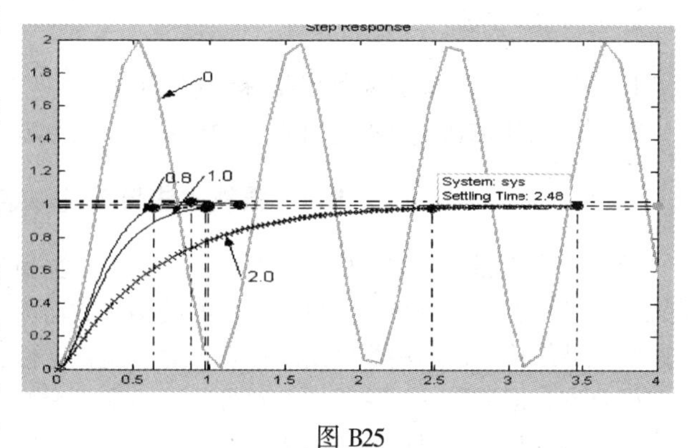

图 B25

例题 2：同上典型二阶系统 $H(s)=\dfrac{w_n^2}{s^2+2\xi w_n s+w_n^2}$，$w_n$ 为自然频率（无阻尼振荡频率），ξ 为相对阻尼系数。试绘制出当 $\xi=0.7$，w_n 分别为 2，4，6，8，10，12 时的单

位阶跃响应（见图 B26）。

解

```
》wn= [2: 2: 12];
》kos=0.7;
》figure (1)
》hold on
》for wn=w
》num=wn. ^2;
》den= [1, 2*kos*wn, wn. ^2];
》step (num, den)
end
》title ('Step Response')
》hold off
```

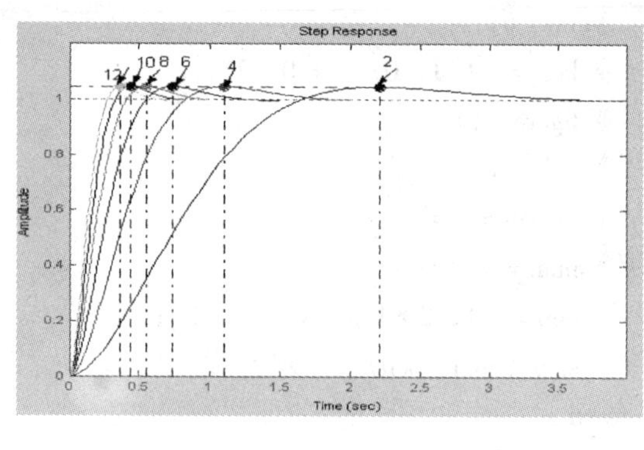

图 B26

B.3.3　实验要求

仔细阅读实验指导书，复习所给出的内容，反复练习实验中相关内容，并对下列系统按要求编写程序、完成系统的响应曲线。

B.3.4　练习题

（1）求三阶系统 $H(s)=\dfrac{5(s^2+5s+6)}{s^3+6s^2+10s+8}$ 的单位阶跃响应。

（2）了解对任意输入的连续系统进行仿真。二阶系统 $H(s)=\dfrac{2s^2+5s+1}{s^2+2s+3}$，现要求出周期为 4s 的方波输出响应。

（3）练习典型二阶系统 $H(s)=\dfrac{w_n^2}{s^2+2\xi w_n s+w_n^2}$，当 $\xi=0.7$，$w_n=6$ 时的单位脉冲响应。

B.3.5　思考题

1. 一阶、二阶系统衡量性能指标参数是什么？
2. 对实验中的例题进行各种性能的分析并得出结论？

B.4　根轨迹法与系统稳定性分析

稳定是系统能够正常工作的首要条件，是系统去掉外作用后，自身的一种恢复能力，是系统的一种固有特性，它只取决于系统的结构参数而与初始条件及外作用无关；从系统单位阶跃响应结果可知，利用系统闭环极点可对系统稳定性进行分析。

根轨迹是描述当一特殊传递函数参数（通常为增益）变化时，闭环系统极点位置的变化轨迹。根轨迹是确定闭环系统的绝对稳定性与相对稳定性的非常好的方法。

B.4.1 实验目的

(1) 了解根轨迹的基本概念。
(2) 掌握根轨迹的绘制方法。
(3) 掌握系统的零极点图的绘制方法。
(4) 会用根轨迹图与零极点图分析系统的稳定性。

B.4.2 实验内容

一、求解系统的零极点图与系统稳定性的分析

1. 绘制系统的零极点图

格式：[p, z] = pzmap (a, b, c, d)

[p, z] = pzmap (num, den)

[p, z] = pzmap (p, z)　　%说明：pzmap 函数可绘出线形定常控制系统的零极点图

例题：求解系统零极点与稳定性判别。

已知分子、分母数；显示传递函数并求零极点。

★显示传递函数

》num = [6　18];

》den = [1　8　17　10];

》printsys (num, den)

$$num/den = H(s) = \frac{6s + 18}{s^3 + 8s^2 + 17s + 10}$$

★求函数零极点并绘出零极点 (见图 B27)：

》[z, p, k] = tf2zp (num, den)

》pzmap (p, z);

》title ('Poly - Zero Map')

★线性连续系统的稳定性分析

传递函数分子多项式的根称为传递函数的零点。传递函数分母多项式方程，即传递函数的特征方程的根成为传递函数的极点。

一般零点、极点可为实数，也可为复数；若为复数，必共轭成对出现。将零极点在复平面上表示出来，则得传递函数零极点分布图 (图又叫复平面图，横轴为实轴，纵轴为虚轴)。图中用“○”表示零点，用“×”表示极点。(上例题中从图中可看出：系统有一个零点，有三个极点;)

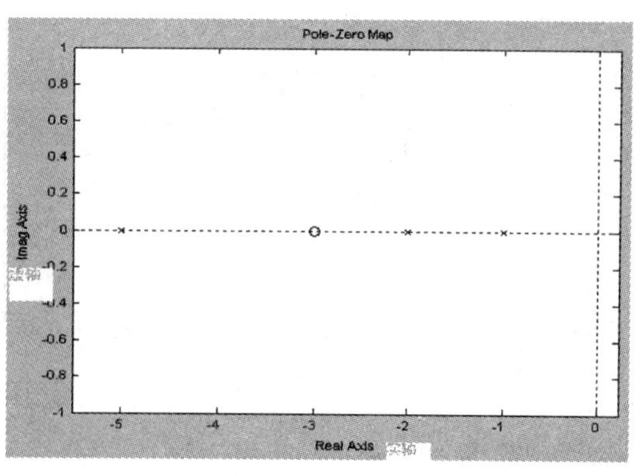

图 B27

★从零极点图可以看出系统的稳定性：

对连续系统，如果系统的所有极点都位于左半复平面，则系统是稳定的；否则系统是不稳定的。如果稳定系统的所有零点都位于左半复平面，则称系统是最小相位的。

(从上例题零极点图可知，此系统为稳定的系统)

做如下练习：对线性系统作出零极点图并分析系统的稳定性：$H(s)=\frac{s+6}{s^2+4s+13}$

$H(s)=\frac{s-1}{s^3+10s^2+27s+18}$, $H(s)=\frac{s}{s^3+10s^2+27s+18}$, $H(s)=\frac{2s^2+5s+1}{s^2+2s+3}$

二、控制系统的根轨迹与系统稳定分析

根轨迹法是分析和设计线性定常控制系统的图解方法，使用十分简便。特别是适用于多回路系统的研究，应用根轨迹比其它方法更为方便。

根轨迹是指，当开环系统某一参数从零变到无穷大时，闭环系统特征方程的根在复平面上的轨迹。一般来说，参数选作开环系统的增益 k，而在无零极点对消时，闭环系统特征方程的根就是闭环传递函数的极点（即用系统开环零、极点的分布确定此闭环极点的图解方法）。

系统开环传递函数为 $$G(s)=\frac{K_g}{s(s+a)}$$

系统闭环传递函数为 $$\Phi(s)=\frac{X_o(s)}{X_i(s)}=\frac{K_g}{s^2+as+K_g}$$

1. 绘制系统根轨迹

(1) 绘制　格式：[r, k] = rlocus (num, den) 或 [r, k] = rlocus (num, den, t)

说明：rlocus 函数可计算出系统的根轨迹，并在当前窗口中绘制出系统的根轨迹；

为说明根轨迹的作用，先绘制出简单二阶开环系统 $H(s)=\frac{k}{s(0.5s+1)}$ 的根轨迹（见图 B28）；

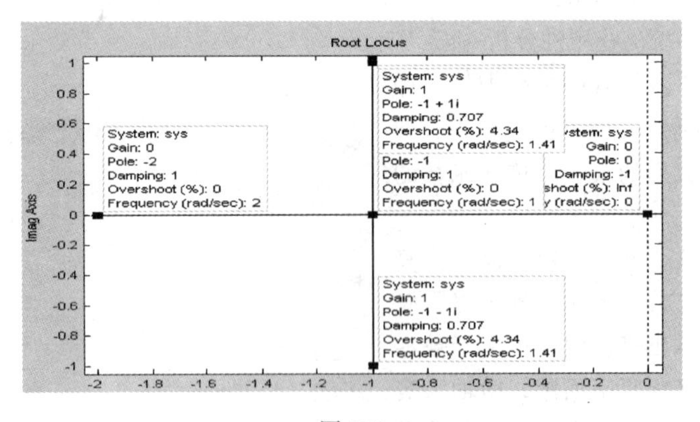

图 B28

```
>> num = [1];
>> den = [0.5  1  0];
```

```
>> rlocus(num,den)
```

参数变化系统轨迹分析：

当 $k=0$ 时，$s=0$、$s=2$；

当 $0<k<0.5$ 时，s 都为负实数；

当 $0.5<k<\infty$ 时，s 是实部为 0.5 共轭复根

(2) 例题分析：用上例题进行验证所画出的根轨迹数是否与前面介绍的绘制根轨迹的基本法则相符。

上例题中 $N(s)=1, D(s)=0.5s^2+s$,

$\frac{dD(s)}{ds}=0.5\times 2s+1=s+1, \frac{dN(s)}{ds}=0, S+1=0; s=-1$ 为两条根轨迹的分离点

2. 利用根轨迹来分析系统的稳定性

(1) 当开环增益 k 从零变到无穷大时，图中根轨迹不会越过虚轴进入右半复平面，因此这个系统对所有的 k 值都是稳定的。

(2) 若根轨迹越过虚轴进入右半复平面，则其交点的 k 值就是临界开环增益。即 $k=1$ 时，系统为临界阻尼状态。

(3) $1<k<\infty$ 时，系统为欠阻尼状态，阶跃响应为衰减振荡过程。

例题：已知开环传递函数为

$$H(s)=\frac{k}{s^4+16s^3+36s^2+80s}$$

绘出闭环系统的根轨迹。

解

```
>> num=[1];
>> den = [1  16  36  80  0];
>> rlocus(num,den)
>> title('Root Locus')
```

得出根轨迹图（见图 B29）。

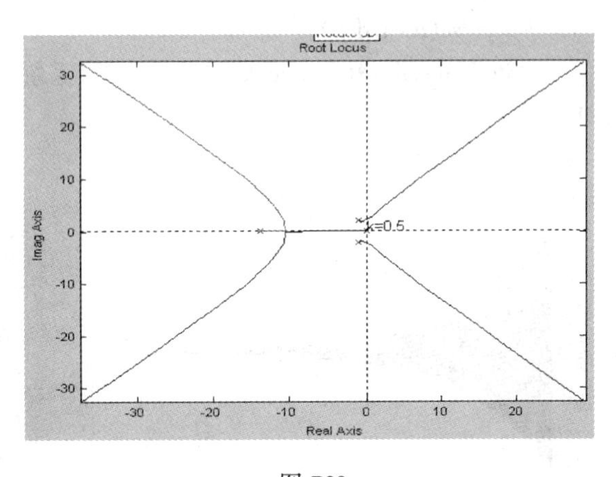

图 B29

例题：已知开环系统传递函数 $H(s)=\frac{k(s+2)}{(s^2+4s+3)^2}$ 绘制闭环系统的根轨迹，并分析其稳定性。

解

```
%求根轨迹（见图 B30）
>> num=[1  2];
>> den1=[1  4  3];
>> den=conv(den1,den1);
>> figure(1)
>> rlocus(num,den)
>> title('Root Locus')
```

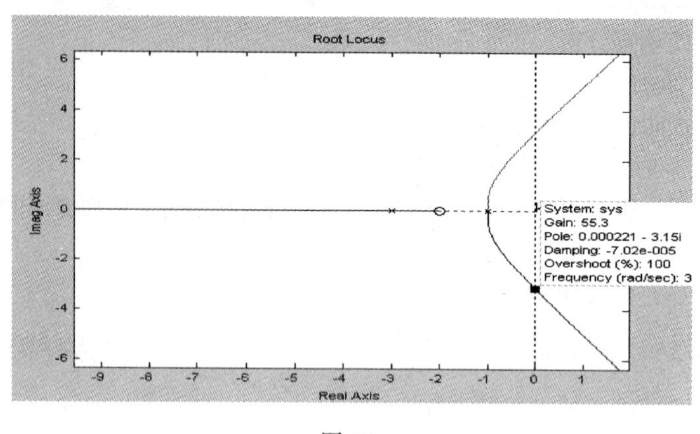

图 B30

```
>> [k,p] = rlocfind(num,den)
  %校核稳定性
>> figure(2);
>> k = 55;
>> num1 = k * [1  2];
>> den = [1  4  3];
>> den1 = conv(den,den);
>> [num,den] = cloop(num1,den1, -1);
>> impulse(num,den)
>> title('Impulse Response(k = 55)')  %(系统稳定)k = 55 时闭环系统的脉冲响应(见图 B31)
```

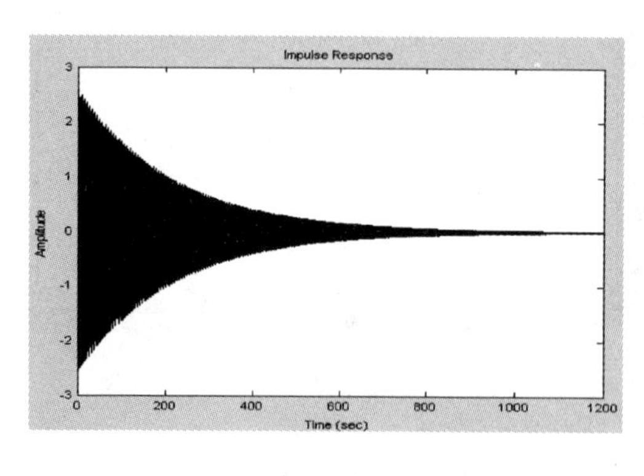

图 B31

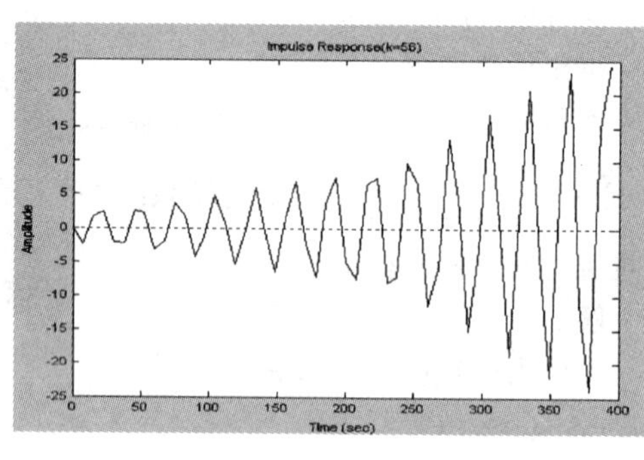

图 B32

```
  %校核系统的稳定性
>> figure(3);
>> k = 56;
```

```
>> num1 = k * [1  2];
>> den = [1  4  3];
> den1 = conv(den,den);
>> [num,den] = cloop(num1,den1,-1);
>> impulse(num,den)
>> title('Impulse Response(k = 56)')   %k = 56 时闭环系统的脉冲响应(系统不稳定)
```

得到根轨迹的图。利用 rlocifnd 函数找出根轨迹与虚轴的交点处的增益 k = 55.6，这说明当 k < 55.6 系统稳定；当 k > 55.6 时，系统不稳定，这可借助于脉冲响应图来说明，我们分别取 k = 55 和 k = 56 时，求出闭环系统的脉冲响应，从图可以看出，当 k = 55 时，闭环系统稳定；k = 56 闭环系统发散。

B.4.3　实验要求

仔细阅读实验指导书，复习所给出的内容，反复练习实验中相关内容；

B.4.4　练习下列各题并分析系统的稳定性

(1) 设开环系统 $H(s)=\dfrac{K(3s+1)}{s(2s+1)}$，绘制出通过单位负反馈构成的闭环系统的根轨迹。

(2) 设开环系统 $H(s)=\dfrac{K(s+5)}{s(s+2)(s+3)}$ 绘制出闭环系统的根轨迹，并确定交点处的增益 K；

B.4.5　思考题

1. 根轨迹增益与系统开环增益有何不同?
2. 从根轨迹图上怎样求取闭环系统临界稳定时的开环增益值?

B.5　控制系统的频域分析

频域分析法是应用频率特性研究控制系统的一种经典方法。采用这种方法可直观地表达出系统的频率特性，对于诸如防止结构谐振、抑制噪声、改善系统稳定性和暂态性能问题，都可以从系统的频率特性上明确地看出其物理实质和解决途径。频率特性主要适用于线形定常系统，在正弦输入信号作用下，输出的稳态分量与输入的复数比。

对控制系统进行分析和设计时，通常把频率特性用曲线表示，从这一类曲线的某些特点来判别系统的性能，并可以找出改善系统性能的途径。频率特性曲线主要包括三种方法：Bode 图（对数幅频/对数相频特性曲线的组合）、Nyquist 曲线（幅相频率特性曲线或极坐标图）、Nichols 图（对数幅相特性曲线）；

B.5.1　实验目的

(1) 了解频率特性的基本概念与表示方法；
(2) 掌握典型环节的 Bode 图的绘制方法；

(3) 掌握典型环节的 N 氏图的绘制方法。

B.5.2 实验内容

一、求连续系统的 Bode（伯德）图的并分析系统的性能

设已知系统的传递函数模型 $H(s)=\dfrac{b_1s^m+b_2s^{m-1}+\cdots+b_{m+1}}{a_1s^n+a_2s^{n-1}+\cdots+a_{n+1}}$

则系统的频率响应可直接求出 $H(\mathrm{j}w)=\dfrac{b_1(\mathrm{j}w)^m+b_2(\mathrm{j}w)^{m-1}+\cdots+b_{m+1}}{a_1(\mathrm{j}w)^n+a_2(\mathrm{j}w)^{n-1}+\cdots+a_{n+1}}$

Bode（伯德）图就是 H（jw）的幅值与相位 w 进行绘图，称为幅频和相频特性曲线。

格式：[mag，phase，w] =bode（a，b，c，d）

[mag，phase，w] =bode（a，b，c，d，iu）

[mag，phase，w] =bode（a，b，c，d，iu，w）

[mag，phase，w] =bode（num，den）

[mag，phase，w] =bode（num，den，w）

说明：bode 函数可计算出连续时间线形系统的幅频和相频响应曲线（bode 图），（bode 图）用于分析系统的增益裕度、相位裕度、直接增益、带宽、扰动抑制及其稳定等特性。

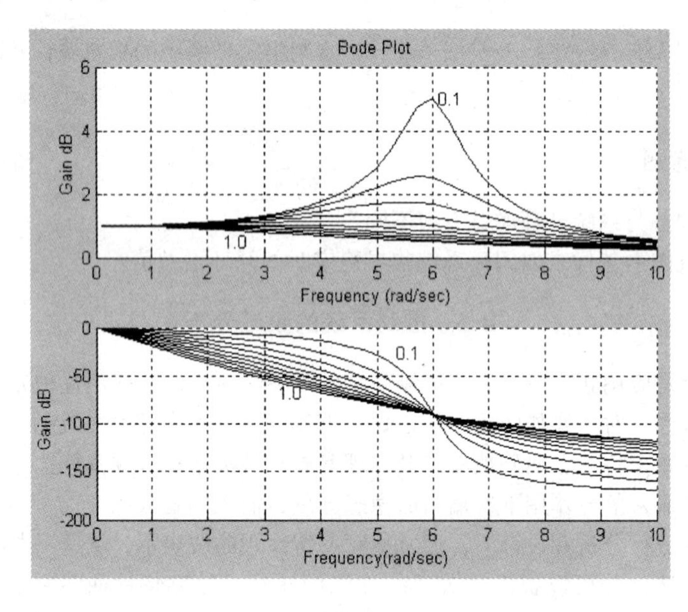

图 B33

例题： 典型二阶系统（振荡环节）$H(s)=\dfrac{w_\mathrm{n}^2}{s^2+2\xi w_\mathrm{n}s+w_\mathrm{n}^2}$ 绘制出 $w_\mathrm{n}=6$，$\xi=0.1$，0.2，…，1.0 时、Bode 图

解 在 MATLAB 命令窗口下输入下列程序：

》wn=6;

```
》kosi = [0.1: 0.1: 1.0];
》w = logspace (-1, 1, 100);
》figure (1)
》num = [wn .^2];
》for kos = kosi
  den = [1, 2 * kos * wn, wn .^2];
  [mag, pha, w1] = bode (num, den, w);
  subplot (2, 1, 2); hold on
  semilogx (w1, mag);
  subplot (2, 1, 2); hold on
  semilogx (w1, mag);
end
》subplot (2, 1, 1); grid on
》title (' Bode Polt');
》xlabel (' Frequency (rad/sec)');
》ylabel (' Gain dB');
》subplot ( 2, 1, 2 ); grid on
》xlabel (' Frequency (rad/sec)');
》ylabel (' Phase dB');
》hold off
```

从图 B33 中可以看出，当 $w \to 0$ 时，$A(w)=1$，相角 $\theta(w)$ 也趋于0；特性曲线为正实轴上一点（1，0j）；当 $w \to \infty$ 时，$A(w) \to 0$；$\theta(w) \to -180°$；即特性曲线沿负实轴方向趋于原点；$w=w_n$ 时，$A(w)=1/(2\xi), \theta(w) \to -90°$，特性曲线与负虚轴相交，且 ξ 值越小，曲线与虚轴的交点离原点越远。当 $w=w_n$ 时，频率响应的幅度最大。

二、求连续系统的 Nyquist 图并分析系统的性能

Nyquist 图是根据开环频率特性在复平面上绘出幅相轨迹，根据开环的 Nyquist 图，可判断闭环系统的稳定性。

反馈控制系统稳定的充要条件是，Nyquist 曲线按逆时针包围临界点（-1，j0）p 圈，p 为开环传递函数位于右半复平面的极点数，否则，闭环系统不稳定。

格式：

```
[re,im,w] = nyquist(a,b,c,d)
[re,im,w] = nyquist(a,b,c,d,iu)
[re,im,w] = nyquist(a,b,c,d,iu,w)
[re,im,w] = nyquist(num,den)
[re,im,w] = nyquist(num,den,w)
```

说明：Nyquist 函数可计算连续时间线性系统的 Nyquist 频率曲线，Nyquist 曲线可用来分析包括增益裕度、相位裕度及稳定性在内的系统特性。当不带输出变量引用函数时，Nyquist 函数会在当前图形窗口中直接绘制出 Nyquist 曲线。

Nyquist 函数可以确定单位负反馈系统的稳定性，给定开环传递函数 $G(s)$ Nyquist 曲线，如果 Nyquist 曲线按逆时针包围临界点（-1，j0）p 次（p 为不稳定开环极点数），则闭环系统 $G(s)=\dfrac{G(s)}{1+G(s)}$ 稳定的。

例题：开环系统 $H(s)=\dfrac{50}{(s+5)(s-2)}$，绘制出系统的 Nyquist 曲线，并判别系统的稳定性，最后求出闭环系统的单位脉冲响应加以验证。

解　根据开环系统传递函数，利用 Nyquist 函数可绘出系统 Nyquis 曲线，并判别闭环系统的稳定性，最后利用 cloop 函数构成闭环系统，并用 impulse 函数求出脉冲响应以验证系统的稳定性结论。

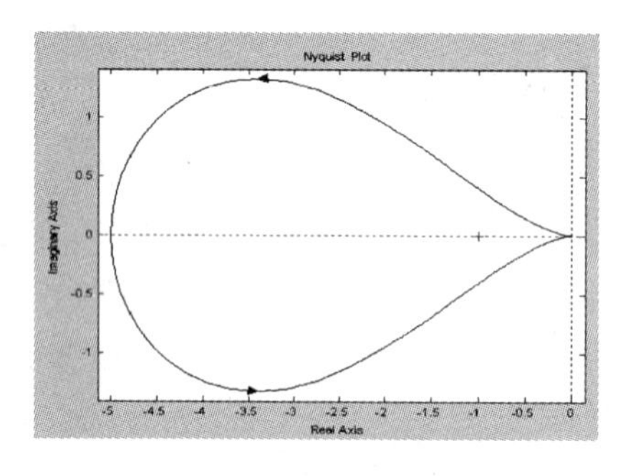

图 B34　系统 Nyquist 曲线

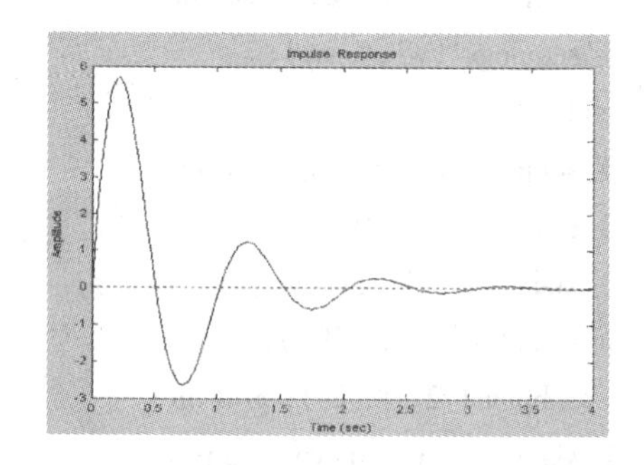

图 B35　闭环系统单位脉冲

在 MATLAB 命令窗口下输入下列程序：

```
》k = 50;
》z = [ ];
》p = [ -5 2];
》[num, den] = zp2tf (z, p);
》figure(1)
》nyquist(num, den)
》title('Nyquist Plot');
》figure(2)
》[num1, den1] = cloop(num, den);
响应
》impulse(num1, den1)
》title('Impulse Response')
```

从图 B34 中可以看出，系统 Nyquist 曲线按逆时针方向包围（-1，0j）点 1 圈，而开环系统包含右半 s－平面上 1 个极点（$p=2$），因此，以此构成的闭环系统稳定，这可从闭环系统单位脉冲响应图 B35 中得到证实（系统在 2.84 秒时趋于稳定）；

三、典型环节的频率特性

对以下典型环节进行仿真，绘制其 Bode 图和 Nyquist 图。

（1）比例环节　比例环节传递函数 $G(s) = 10$

（2）积分环节　积分环节传递函数 $G(s) = \frac{1}{s}$

（3）微分环节　微分环节传递函数 $G(s) = s$

（4）惯性环节　惯性环节传递函数 $G(s) = \frac{1}{s+1}$

B.5.3　实验要求

仔细阅读实验指导书，复习所给出的内容，反复练习实验中相关内容；

B.5.4　思考题

二阶振荡环节频率特性与一阶惯性环节频率特性各有何特点？

参 考 文 献

1 胡寿松主编．自动控制原理（第3版）．北京：国防工业出版社，1994
2 王划一主编．自动控制原理．北京：国防工业出版社，2001
3 孙亮，杨鹏主编．自动控制原理．北京：北京工业大学出版社，1999
4 顾树生，王建辉主编．自动控制原理（第3版）．北京：冶金工业大学出版社，2001
5 董景新，赵长德编著．控制工程基础．北京：清华大学出版社，1992
6 梁其俊，张永相，徐霖，吴荣珍合编．控制工程基础．重庆：重庆大学出版社，1994
7 刘祖润主编．自动控制原理．北京：机械工业出版社，2001
8 孙德宝主编．自动控制原理．北京：化学工业出版社，2002
9 朱骥北主编．机械控制工程基础．北京：机械工业出版社，1994
10 孙炳达主编．自动控制原理（第一版）．机械工业出版社，2000
11 文锋主编．自动控制理论（第二版）．中国电力出版社，2002
12 胡寿松主编．自动控制原理习题集．北京：国防工业出版社，1990
13 袁冬莉编．自动控制原理解题题典．西安：西北工业大学出版社，2003
14 王彤主编．自动控制原理试题精选与答题技巧．哈尔滨：哈尔滨工业大学出版社，2000
15 南航，西工大，北航合编．自动控制原理（第一版）．国防工业出版社，1979
16 吴麒主编．自动控制原理．北京：清华大学出版社，1992
17 王敏主编．自动控制原理试题精选题解．武汉：华中科技大学出版社，2002
18 冯勇等编著．现代计算机数控系统．北京：机械工业出版社，1996
19 绪方胜彦著（日）．现代控制工程．卢伯英等译．北京：科学出版社，1976
20 魏克新，王云亮，陈志敏．MATLAB语言与自动控制实验设计．北京：机械工业出版社
21 楼顺天，于卫，华梁．MATLAB程序设计语言．西安：西安电子科技大学出版社
22 楼顺天，于卫．基于MATLAB的系统分析与设计．西安：西安电子科技大学出版社
23 龚剑，朱亮．MATLAB入门与提高．北京：清华大学出版社